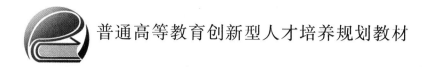
普通高等教育创新型人才培养规划教材

电子系统设计与实践
——模拟部分

张芝贤　孙克梅　**编著**

北京航空航天大学出版社

内 容 简 介

本书采用先全局后具体的层次结构，注重理论知识与实际应用的结合，在保证基本理论知识的前提下，强调设计思想和实际应用。全书以电子系统设计实践中必需的知识和技能为出发点，全面介绍了电子系统中模拟电子技术的相关理论知识。全书共分 7 章，内容包括：基本放大电路、功率放大电路、放大电路的频率响应、集成运算放大器、反馈、集成运算放大器的应用、直流电源。与以往的电子技术基础书籍相比，本书在各章节的编排上也做了调整，首先介绍基本电压放大电路，接着介绍功率放大电路，然后介绍放大电路的频率响应等基础知识。同时，为了突出与实际应用的结合，除了 7 章的基本内容外，本书还增加了附录Ⅰ和附录Ⅱ，分别介绍了半导体分立元件的测试和常用电子元器件的识别。

本书可以作为高等院校电子、通信、计算机、自动化等专业模拟电子技术基础课程的教材或参考书，也可以作为工程技术人员的参考工具书。

图书在版编目(CIP)数据

电子系统设计与实践. 模拟部分 / 张芝贤,孙克梅编著. -- 北京：北京航空航天大学出版社，2017.3
ISBN 978-7-5124-2335-0

Ⅰ. ①电… Ⅱ. ①张… ②孙… Ⅲ. ①电子系统－系统设计 Ⅳ. ①TN02

中国版本图书馆 CIP 数据核字(2017)第 021702 号

版权所有，侵权必究。

电子系统设计与实践——模拟部分

张芝贤 孙克梅 编著

责任编辑 杨 昕

*

北京航空航天大学出版社出版发行

北京市海淀区学院路 37 号(邮编 100191) http://www.buaapress.com.cn
发行部电话：(010)82317024 传真：(010)82328026
读者信箱：goodtextbook@126.com 邮购电话：(010)82316936
北京时代华都印刷有限公司印装 各地书店经销

*

开本：787×1 092 1/16 印张：14.25 字数：365 千字
2017 年 3 月第 1 版 2017 年 3 月第 1 次印刷 印数：2 000 册
ISBN 978-7-5124-2335-0 定价：34.00 元

若本书有倒页、脱页、缺页等印装质量问题，请与本社发行部联系调换。联系电话：(010)82317024

前　　言

随着电子信息技术的迅速发展和高校教学改革的不断深入，特别是为配合"卓越工程师计划"的实施，在以"保证基础理论"、"强化工程实践"为指导思想的前提下，我们编写了《电子系统设计与实践》这本教材。教材主要采用先全局后具体的"自顶向下"的编写思路与方法，先总体给出电子系统的功能及框架；然后介绍为实现具体系统设计所需的基本理论知识及基本分析方法；最后再通过具体的电子线路设计实例和实用电路的仿真设计，有针对性地进行设计方法的论述与基础理论的强化。这样使读者在开始阶段不会先被大量的器件内部结构和原理等所困扰，而是形成一种从系统整体到系统具体实现的认识过程，有利于培养读者电子系统总体设计的意识，形成先系统功能和系统构建，然后再具体理论和具体器件的实际工程设计理念。教材的这种"自顶向下"的层次结构，弥补了以往教材只注重基础理论论述，忽视实际工程设计能力培养的不足。本书既可以作为普通高等学校模拟电子线路课程的教材，也可以供电子工程技术人员参考。

实际的电子系统设计一般包括模拟电路部分和数字电路与系统部分，本书为《电子系统设计与实践——模拟部分》，即电子系统设计的模拟电子线路部分。教材以基本理论为主线，以项目或系统总体为切入点引入相关课程内容。例如，在第1章基本放大电路部分，首先给出实际扩音系统的总体框图，然后说明系统组成及放大电路在系统中的地位和作用，进而引出放大的基本概念；接着进行整体指标的论述，再介绍设计放大电路所需的基本理论知识；最后给出放大电路的设计实例与分析，从开始实际系统的引入到最后的总结实例，充分体现了课程的工程性。教材的编写思路可以总结为实际问题的提出→问题分析的切入点→所需要的基本理论→具体的分析及设计方法→分析、设计结果的评估等。读者在学习的过程中不再重复以往"只见树木而不见森林的"认知过程，而是在整体理解课程理论知识的实际应用的基础上，先看到了"整片森林"，更有利于读者理解基本理论知识及其实际应用，强化读者的实际工程意识，适合当今素质教育的理念。

全书由正文和附录两部分组成。正文共分7章：第1章基本放大电路，第2章功率放大电路，第3章放大电路的频率响应，第4章集成运算放大器，第5章反馈，第6章集成运算放大器的应用，第7章直流电源。附录分为两部分：附录Ⅰ半导体分立元件的测试，附录Ⅱ常用电子元器件的识别。第1、3、4、5章介绍了模拟电子线路的基础知识和分析方法，包含基本放大电路中所需元、器件和基本原理、概念的介绍，基本放大电路的组成及工作原理，基本放大电路的实际应用和工程设计方法，放大电路频率响应的基本概念及应用，反馈的概念及应用，负反馈放大电路的分析与设计方法等，在各部分内容的引入过程中都注重了以实际工程应用为切入点；第 2、6、7 章为基本应用电路，包括功率放大电路及集成功率放大电路，集成运算放大器构成的信号产生电路及电压比较器、有源滤波电路和直流电源电路，每部分均以实际工程整体需求为出发点，引入各部分基本概念、基本理论及分析设计方法。另外，每章的最后均以实际工程电路设计实例或 Multisim 应用电路仿真实例的形式体现本书注重实际工程应用能力培养的主旨。最后，为了更好地配合实际工程应用需求，书中给出了附录Ⅰ和附录Ⅱ，主要介绍半导体分立元件测试及常用元器件的识别方法。

本书由张芝贤担任主编，负责全书内容的编排、整合、统稿和审查。孙克梅担任副主编，编写了第 1、2、5、6、7 章，部分习题及索引内容。关宗安编写了第 3 章和附录。赵雪莹编写了第 4 章及部分习题。

作　者
2017 年 1 月

目　　录

第1章　基本放大电路 ··· 1
  1.1　放大电路的基础知识 ··· 2
    1.1.1　放大电路的性能指标 ··· 2
    1.1.2　放大电路中的半导体器件 ·· 4
    1.1.3　基本共射放大电路的组成及工作原理 ······················· 29
  1.2　放大电路的分析方法 ·· 30
    1.2.1　图解法 ·· 32
    1.2.2　微变等效电路法 ··· 34
  1.3　放大电路静态工作点的稳定 ·· 37
    1.3.1　静态工作点稳定的必要性 ·· 37
    1.3.2　静态工作点稳定的放大电路 ···································· 38
  1.4　基本共集电极放大电路和共基极放大电路 ······················· 41
    1.4.1　共集电极放大电路 ·· 41
    1.4.2　共基极放大电路 ··· 42
    1.4.3　三种组态的比较 ··· 43
  1.5　场效应管放大电路 ·· 44
    1.5.1　场效应管偏置电路 ·· 44
    1.5.2　场效应管放大电路的动态分析 ································· 45
  1.6　多级放大电路 ··· 47
    1.6.1　级间耦合方式 ··· 47
    1.6.2　多级放大电路的分析 ·· 50
  1.7　分立元件放大电路设计实例 ·· 51
    1.7.1　设计任务与要求 ··· 51
    1.7.2　设计方法 ·· 52
  习　　题 ··· 53

第2章　功率放大电路 ··· 60
  2.1　功率放大电路概述 ·· 60
    2.1.1　功率放大电路的特点 ·· 60
    2.1.2　提高功率放大电路效率的主要途径 ·························· 61
  2.2　互补功率放大电路 ·· 62
    2.2.1　OCL 电路 ··· 63
    2.2.2　OTL 功率放大电路 ·· 67

2.2.3 BTL 功率放大电路 ········ 69
2.2.4 双通道功率放大电路 ········ 69
2.3 集成功率放大电路 ········ 70
2.3.1 LM386 集成功率放大电路及其应用 ········ 70
2.3.2 LM1875 集成功率放大电路及其应用 ········ 72
2.3.3 TDA2030 集成功率放大电路及其应用 ········ 73
2.4 功率电路的安全运行 ········ 74
2.5 功率放大电路设计实例 ········ 74
2.5.1 设计要求 ········ 74
2.5.2 设计方法及电路 ········ 74
习 题 ········ 75

第 3 章 放大电路的频率响应 ········ 79

3.1 频率响应概述 ········ 79
3.1.1 频率响应的基本概念 ········ 79
3.1.2 无源 RC 电路的频率响应分析 ········ 80
3.2 单管共射放大电路的频率响应 ········ 83
3.2.1 三极管的混合 π 模型 ········ 83
3.2.2 阻容耦合共射放大电路的频率响应 ········ 84
3.3 多级放大电路的频率响应 ········ 89
3.4 实际电子系统频率响应分析与设计举例 ········ 91
习 题 ········ 92

第 4 章 集成运算放大器 ········ 95

4.1 集成运算放大器概述 ········ 95
4.2 集成运算放大器的电流源电路 ········ 96
4.2.1 基本电流源电路 ········ 96
4.2.2 有源负载放大电路 ········ 98
4.3 差动放大电路 ········ 99
4.3.1 差动放大电路的组成 ········ 99
4.3.2 差动放大电路抑制零点漂移的原理 ········ 100
4.3.3 差动放大电路对共模信号的抑制作用 ········ 101
4.3.4 差动放大电路对差模信号的放大作用 ········ 102
4.3.5 具有恒流源的差动放大电路 ········ 103
4.3.6 差动放大电路对任意输入信号的放大特性 ········ 104
4.4 集成运算放大器的输出级电路 ········ 105
4.5 集成运算放大器电路举例 ········ 105
4.6 集成运算放大器的使用 ········ 107
4.6.1 集成运算放大器的主要参数 ········ 107

4.6.2　集成运算放大器的使用及保护措施 …………………………………………………… 109
　4.7　集成运算放大器的电压传输特性及理想运算放大器 ……………………………………… 110
　　　4.7.1　集成运算放大器的电压传输特性 …………………………………………………… 110
　　　4.7.2　理想运算放大器 ……………………………………………………………………… 111
　习　　题 ………………………………………………………………………………………… 111

第5章　反　馈 ………………………………………………………………………………… 116

　5.1　反馈的基本概念和一般表达式 ……………………………………………………………… 116
　5.2　反馈的判断及负反馈组态 …………………………………………………………………… 118
　　　5.2.1　反馈的判断 …………………………………………………………………………… 118
　　　5.2.2　四种负反馈组态 ……………………………………………………………………… 120
　5.3　深度负反馈放大电路的分析 ………………………………………………………………… 122
　　　5.3.1　深度负反馈的实质 …………………………………………………………………… 122
　　　5.3.2　深度负反馈放大电路电压放大倍数的计算 ………………………………………… 123
　5.4　负反馈对放大电路性能的影响 ……………………………………………………………… 125
　　　5.4.1　提高放大倍数的稳定性 ……………………………………………………………… 126
　　　5.4.2　减小非线性失真和抑制干扰 ………………………………………………………… 126
　　　5.4.3　改变输入电阻和输出电阻 …………………………………………………………… 127
　　　5.4.4　展宽频带 ……………………………………………………………………………… 128
　　　5.4.5　放大电路中引入负反馈的一般原则 ………………………………………………… 128
　5.5　负反馈放大电路的自激振荡 ………………………………………………………………… 129
　　　5.5.1　自激振荡产生的原因和条件 ………………………………………………………… 129
　　　5.5.2　负反馈放大电路的稳定性判断 ……………………………………………………… 129
　　　5.5.3　自激振荡的消除 ……………………………………………………………………… 130
　5.6　负反馈放大电路的设计实例 ………………………………………………………………… 131
　　　5.6.1　设计要求 ……………………………………………………………………………… 131
　　　5.6.2　设计方法 ……………………………………………………………………………… 131
　习　　题 ………………………………………………………………………………………… 132

第6章　集成运算放大器的应用 ……………………………………………………………… 136

　6.1　数学运算电路 ………………………………………………………………………………… 136
　　　6.1.1　比例运算电路 ………………………………………………………………………… 136
　　　6.1.2　加减运算电路 ………………………………………………………………………… 138
　　　6.1.3　积分运算和微分运算电路 …………………………………………………………… 140
　　　6.1.4　对数和指数运算电路 ………………………………………………………………… 141
　　　6.1.5　乘法运算电路 ………………………………………………………………………… 142
　6.2　有源滤波电路 ………………………………………………………………………………… 143
　　　6.2.1　滤波电路的基础知识 ………………………………………………………………… 143
　　　6.2.2　低通滤波电路 ………………………………………………………………………… 143

6.2.3 其他滤波电路	145
6.2.4 有源滤波电路 Multisim 仿真举例	146
6.3 电压比较器	151
6.3.1 单限比较器	152
6.3.2 滞回比较器	153
6.3.3 窗口比较器	153
6.4 集成运算放大器在波形产生方面的应用	154
6.4.1 正弦波产生电路	154
6.4.2 矩形波产生电路	156
6.4.3 三角波产生电路	157
6.4.4 波形产生电路 Multisim 仿真举例	159
6.5 集成运算放大器综合应用电路设计实例	163
6.5.1 设计要求	163
6.5.2 设计方法	164
6.6 集成运算放大器实际应用电路举例	165
习　　题	168
第 7 章 直流电源	**173**
7.1 直流电源的组成	173
7.2 单相桥式整流电路	174
7.2.1 工作原理	174
7.2.2 参数计算	174
7.3 滤波电路	175
7.3.1 电容滤波电路	175
7.3.2 其他滤波电路	176
7.4 稳压电路	177
7.4.1 稳压管稳压电路	178
7.4.2 串联型稳压电路	180
7.4.3 集成稳压电路	181
7.5 直流稳压电源电路设计实例	182
7.5.1 设计要求	182
7.5.2 设计思路	182
7.5.3 具体设计过程及器件选择	182
习　　题	183
附录Ⅰ 半导体分立元件的测试	**188**
一、二极管	188
二、三极管	191
三、场效应管	195

四、单结管 …………………………………………………………………… 196
  五、晶闸管 …………………………………………………………………… 197

附录Ⅱ 常用电子元器件的识别 ……………………………………………………… 202
  一、电阻器 …………………………………………………………………… 202
  二、电容器 …………………………………………………………………… 204
  三、电感器 …………………………………………………………………… 206
  四、电声器件 ………………………………………………………………… 207
  五、二极管 …………………………………………………………………… 208
  六、三极管 …………………………………………………………………… 210
  七、模拟集成电路 …………………………………………………………… 211
  八、三端稳压 IC ……………………………………………………………… 212
  九、电　池 …………………………………………………………………… 213
  十、特殊器件 ………………………………………………………………… 213

索　引 ………………………………………………………………………………… 215

参考文献 ……………………………………………………………………………… 217

第1章 基本放大电路

本章从扩音系统的应用实例出发,首先介绍放大电路的性能指标、半导体二极管、晶体三极管、场效应管等放大电路中的半导体器件;然后分别介绍三极管放大电路的组成原理、分析方法及基本组态,场效应管放大电路的组成和分析;最后介绍多级放大电路。

本章的难点在于电子系统中放大概念的建立、三极管及场效应管的工作原理、放大电路的组成原理和分析。

本章知识要点:

1. 什么是电子系统的放大?
2. 放大电路有哪些性能指标?
3. 为什么采用半导体材料制作二极管、三极管等电子元器件?
4. 三极管是通过什么方式来控制集电极电流的?场效应管是通过什么方式来控制漏极电流的?为什么它们均可以用于实现放大?
5. 怎样将三极管或场效应管接入电路才能使其实现放大作用?
6. 放大电路的组成原则是什么?
7. 三极管放大电路与场效应管放大电路有什么区别?如何选用不同的放大电路?

在实践中,放大电路的应用十分广泛,无论是日常使用的收音机、电视机,还是各类测量仪器和复杂的自动控制系统,都可以找到各种各样的放大电路。比如一个歌手在一个能容纳上万人的体育场举办演唱会,无论他怎样拼尽全力歌唱,也不能让所有观众都能清楚地听到他的歌声,这是因为人发出的声音强度有限,且在空气中传播时还要衰减。但是,如果经过扩音系统的处理和放大,即先用话筒采集声音,经过放大之后再由扬声器播放出来,就可以解决这个问题。扩音系统框图如图 1-1 所示。

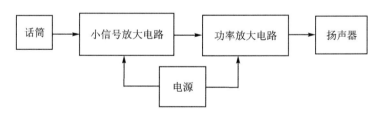

图 1-1 扩音系统框图

由图 1-1 可见,电子学中的放大分为小信号放大和功率放大两种。话筒将声音信号转变为微小的电信号,首先经过小信号放大电路(或前置放大电路)进行幅度放大,然后再送入功率放大电路(或主放大电路)进行功率放大后方能推动扬声器发声。

扩音系统中有小信号放大电路和功率放大电路两级放大电路,为什么不能只用小信号放大电路或功率放大电路之一来实现扩音呢?首先,因为小信号放大电路虽然把电信号的幅度放大了,但是对于扬声器这种消耗功率较大的负载而言,单一放大了幅度的信号还是无法直接驱动的。再者,若直接将话筒输出的电信号送到功率放大电路中,则由于功率放大电路的输入阻抗与话筒的阻抗不匹配,会使话筒的输入信号还没被放大就被消耗了,功率放大电路势必无法获得足够的输入信号,也就更无法输出足够大的信号驱动扬声器了。所以,在扩音系统中,要通过小信号放大电路与功率放大电路的组合,才能有效地实现信号的传递和放大。

通常,小信号放大电路都是电压放大电路,本章主要研究的就是小信号放大电路。

三极管的一个典型应用就是构成放大电路。放大是对模拟信号最基本的处理,它是利用三极管的电流控制作用,把微弱的电信号不失真地放大到所需要的数值,实现将直流电源的能量转换为较大能量的输出信号。

1.1 放大电路的基础知识

1.1.1 放大电路的性能指标

为了衡量放大电路的性能,必须引入若干指标。对于信号而言,任何一个放大电路均可看成一个两端口网络,放大电路的示意图如图1-2所示。由于任何稳态信号都可以分解为若干频率的正弦信号之和,所以放大电路常以正弦波作为测试信号。当内阻为 R_s 的正弦波信号源 $\dot{U}_s$ 作用在放大电路输入端口时,放大电路得到输入电压 $\dot{U}_i$,同时产生输入电流 $\dot{I}_i$,在输出端口的输出电压为 $\dot{U}_o$,输出电流为 $\dot{I}_o$,R_L 为负载电阻。

1. 放大倍数

放大倍数是衡量放大电路放大能力的重要指标,其定义为放大电路输出量与输入量之比。按照输出量与输入量的类型,放大倍数可以分为电压放大倍数、电流放大倍数、互阻放大倍数和互导放大倍数几类。

(1) 电压放大倍数

电压放大倍数定义为输出电压与输入电压之比,即

$$\dot{A}_{uu} = \dot{A}_u = \frac{\dot{U}_o}{\dot{U}_i} \tag{1-1}$$

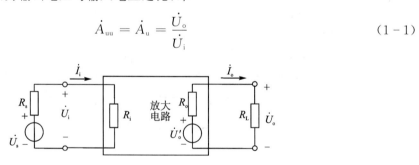

图 1-2 放大电路示意图

(2) 电流放大倍数

电流放大倍数是输出电流与输入电流之比,即

$$\dot{A}_{ii} = \dot{A}_i = \frac{\dot{I}_o}{\dot{I}_i} \tag{1-2}$$

(3) 互阻放大倍数

互阻放大倍数是输出电压与输入电流之比,即

$$\dot{A}_{\mathrm{ui}} = \frac{\dot{U}_{\mathrm{o}}}{\dot{I}_{\mathrm{i}}} \tag{1-3}$$

(4) 互导放大倍数

互导放大倍数是输出电流与输入电压之比,即

$$\dot{A}_{\mathrm{iu}} = \frac{\dot{I}_{\mathrm{o}}}{\dot{U}_{\mathrm{i}}} \tag{1-4}$$

对于一般放大电路而言,电压放大倍数是最重要的指标。应当指出,在实际测量时,必须用示波器观察输出波形,只有在输出不失真的情况下,测试数据才有意义。

2. 输入电阻

实际应用中,放大电路与信号源或前一级放大电路相连接,相当于信号源或前级放大电路的一个负载电阻,这个电阻就是放大电路的输入电阻 R_i。输入电阻是从放大电路输入端看进去的等效电阻,如图 1-2 所示,定义为输入电压有效值与输入电流有效值之比,即

$$R_\mathrm{i} = \frac{U_\mathrm{i}}{I_\mathrm{i}} \tag{1-5}$$

R_i 越大,表明放大电路从信号源或前级索取的电流越小,换言之,信号电压的损失越小。

3. 输出电阻

对于负载或后一级放大电路而言,任何放大电路都相当于一个有内阻的电压源,这个电压源的内阻称为放大电路的输出电阻 R_o,如图 1-2 所示。输出电阻定义为当输入信号短路、输出端负载开路时,在输出端外加一个正弦电压 U_o,得到相应的输出电流 I_o,二者之比即为输出电阻,即

$$R_\mathrm{o} = \frac{U_\mathrm{o}}{I_\mathrm{o}}\bigg|_{\substack{\dot{U}_\mathrm{s}=0 \\ R_\mathrm{L}=\infty}} \tag{1-6}$$

实际测试输出电阻时,通常在输入端加上一个固定的正弦交流电压 $\dot{U}_\mathrm{i}$,首先使负载开路,测得输出电压为 $\dot{U}'_\mathrm{o}$,然后接上负载电阻 R_L,测得此时的输出电压为 U_o。根据图 1-2 中的输出回路可得

$$R_\mathrm{o} = \left(\frac{\dot{U}'_\mathrm{o}}{\dot{U}_\mathrm{o}} - 1\right)R_\mathrm{L} \tag{1-7}$$

输出电阻用来描述放大电路的带负载能力,输出电阻越小,负载电阻变化时放大电路输出电压的变化越小,放大电路的带负载能力越强。

4. 通频带

由于放大电路中电容、电感及半导体器件的结电容等电抗元件的存在,因此,放大电路的放大倍数将随着信号频率的变化而变化。一般情况下,当频率升高或降低时,放大倍数的数值都将减小并产生相移,而只在中间一段频率范围内,因各电抗元件的作用可以忽略,故放大倍数基本不变,如图 1-3 所示。当信号频率下降使放大倍数的数值下降到中频时的 0.707 倍时,其所对应的频率称为下限截止频率 f_L;同理,当信号频率上升使放大倍数的数值下降到中频时的 0.707 倍时,其所对应的频率称为上限截止频率 f_H。f_L 与 f_H 之间的频率范围称为通频带,记为 f_bw。

$$f_\mathrm{bw} = f_\mathrm{H} - f_\mathrm{L} \tag{1-8}$$

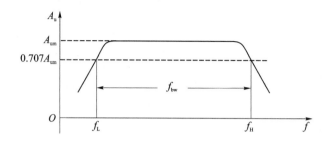

图 1-3 放大电路的通频带

通频带越宽,表明放大电路对不同频率信号的适应能力越强。但应当指出,实际中应根据具体需求为放大电路设计相应的通频带,而不是单一追求宽频带。

5. 最大不失真输出电压

最大不失真输出电压是在输出波形没有明显失真的情况下,放大电路能够提供给负载的输出电压最大值,一般用有效值 U_{om} 表示,也可以用峰-峰值 U_{opp} 表示。对于正弦信号而言,有

$$U_{opp} = 2\sqrt{2}U_{om} \tag{1-9}$$

6. 最大输出功率和效率

放大电路的最大输出功率,表示在输出波形基本不失真的情况下能够向负载提供的最大输出功率,记为 P_{om}。当电路达到最大输出功率时,输出电压也达到最大不失真输出电压。

放大的本质是能量的控制和转换,负载上得到的输出功率,实际上是利用放大器件的控制作用将直流电源的功率转换成交流信号功率而得到的,因此就存在一个能量转换效率问题。放大电路的效率 η 定义为最大输出功率 P_{om} 与直流电源消耗的功率 P_V 之比,即

$$\eta = \frac{P_{om}}{P_V} \tag{1-10}$$

7. 非线性失真系数

由于放大器件的非线性特性,放大电路的输出波形不可避免地会产生或大或小的非线性失真。其具体表现为,当输入为某一频率的正弦信号时,输出波形中除基波成分之外,还包含一定数量的谐波。输出波形中谐波成分总量与基波成分之比称为非线性失真系数,记为 D,有

$$D = \sqrt{\left(\frac{A_2}{A_1}\right)^2 + \left(\frac{A_3}{A_1}\right)^2 + \cdots} \tag{1-11}$$

式中:A_1 为基波幅值,A_2、$A_3 \cdots$ 为各次谐波分量的幅值。

以上介绍的是放大电路的几个主要技术指标。此外,针对不同的应用场合,还可提出其他指标,如抗干扰能力、信号噪声比、工作温度等。需要说明的是,在实际测试各指标参数时,对于 $\dot{A}$、R_i、R_o,应给放大电路输入中频段小幅值信号;对于 f_L、f_H、f_{bw},应给放大电路输入宽频率范围且小幅值的信号;对于 U_{om}、P_{om}、η,应给放大电路输入中频段大幅值信号。

1.1.2 放大电路中的半导体器件

电子学中放大的本质是能量的控制和转换,即在半导体器件的控制下,将直流电源供给的能量转换为交流信号能量输出。半导体器件是放大电路的核心,常用的构造放大电路的半导体器件是晶体三极管和场效应管。由半导体材料制成的 PN 结是半导体器件的基本组成单元,利用 PN 结的特性及多个 PN 结之间的相互作用,可以使三极管和场效应管具有电流控制

作用,从而实现放大。

1. 半导体基础知识

导电能力介于导体和绝缘体之间的物质为半导体。自然界中属于半导体的物质很多,用来制作半导体器件的材料主要是硅(Si)、锗(Ge),它们都是四价元素,其中硅的应用最广泛。

(1) 本征半导体

纯净的具有晶体结构的半导体称为本征半导体。硅(或锗)原子的最外层轨道上有4个价电子,为便于讨论,常采用如图1-4(a)所示的简化原子结构模型。在硅(或锗)的晶体中,原子在空间形成排列整齐的点阵,称为晶格。其中,每个原子最外层的价电子不仅受到自身原子核的束缚,还受到相邻原子核的吸引。因此,价电子不仅围绕自身的原子核运动,同时也出现在相邻原子核的轨道上,即两个相邻原子共有一对价电子,组成共价键结构,如图1-4(b)所示。由于本征半导体中共价键的结合力很强,在绝对零度(即热力学温度 $T=0$ K,相当于 -273.15 ℃)时,价电子的能量不足以挣脱共价键的束缚,因此,晶体中没有自由电子,半导体不导电,相当于绝缘体。

当温度逐渐升高时,例如在室温条件下,少数价电子获得足够能量足以挣脱共价键的束缚而成为自由电子。与此同时,在共价键中留下一个空位,称为空穴。在本征半导体中,自由电子和空穴是成对出现的,即自由电子与空穴数目相等,如图1-5所示。原子因失掉一个价电子而带正电,或者说空穴带正电。由于空穴的存在,邻近共价键中的电子就比较容易进来填补,而在附近的共价键中留下一个新的空位,其他价电子又有可能来填补后一个空位,相当于带正电的空穴在运动。在外加电场的作用下,一方面自由电子将产生定向运动,形成电子电流;另一方面,由于空穴的存在,价电子将按一定方向依次填补空穴,也就是说空穴产生定向运动,形成空穴电流。本征半导体中的电流是自由电子与空穴两种载流子的电流之和。

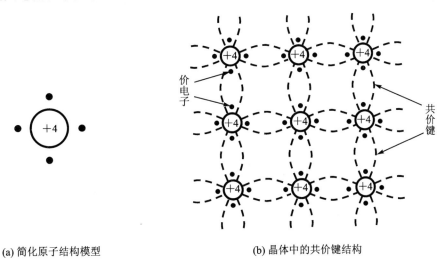

(a) 简化原子结构模型　　　　　(b) 晶体中的共价键结构

图1-4　本征半导体结构示意图

能运载电荷的粒子称为载流子,半导体中有两种载流子,即自由电子和空穴。空穴的产生也是半导体区别于导体的本质特征。

本征半导体在受热时,产生激发,从而产生自由电子-空穴对的现象,称为本征激发或热激发。自由电子在运动过程中如果与空穴相遇,就会填补空穴,使两者同时消失,这种现象称为

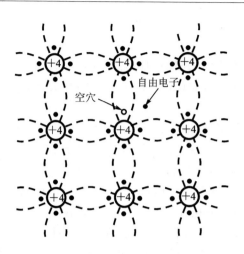

图 1-5 本征半导体中的自由电子和空穴

复合。本征半导体中同时存在激发和复合两种矛盾的运动。在一定温度下,激发与复合两种运动达到了动态平衡,使自由电子-空穴对浓度一定。本征半导体中载流子的浓度除与半导体材料本身的性质有关外,还与温度密切相关,随着温度升高,浓度基本按指数规律增加。半导体材料性能对温度的这种敏感性,一方面可以用来制作光敏和热敏器件,另一方面是造成半导体器件温度稳定性差的原因。

自由电子-空穴对的产生使本征半导体具有一定的导电能力,但因载流子的数量很少,所以本征半导体的导电能力很弱。

(2) 杂质半导体

为了提高半导体的导电能力,可以在本征半导体中掺入某种特定的杂质元素,掺杂后的半导体称为杂质半导体。按掺入杂质元素的不同,杂质半导体可分成 N 型半导体和 P 型半导体。控制掺入杂质元素的浓度,就可以控制杂质半导体的导电性能。

在纯净的硅(或锗)晶体中掺入五价元素,如磷、砷等,则原来晶格中某些硅原子将被杂质原子取代。因为杂质原子的最外层有 5 个价电子,所以它与周围 4 个硅原子组成共价键时多出一个价电子。这个多余的价电子不受共价键的束缚,在室温下即可成为自由电子,如图 1-6(a)所示。在 N 型半导体中,自由电子的浓度将大大高于空穴浓度,自由电子为多数载流子(简称多子),空穴为少数载流子(简称少子)。N 型半导体主要依靠自由电子导电,其中的 5 价杂质原子可以提供电子,所以称为施主原子。

在纯净的硅(或锗)晶体中掺入三价元素,如硼、铝等,就构成了 P 型半导体。由于杂质原子的最外层只有 3 个价电子,当杂质原子与周围的硅原子组成共价键时,因缺少一个价电子而产生一个空位,这个空位易被相邻共价键中的价电子填补,而在其相应共价键中产生一个空穴,如图 1-6(b)所示。在 P 型半导体中,空穴的浓度将大大高于自由电子浓度,因而主要依靠空穴导电。P 型半导体中的空穴为多子,自由电子为少子。因 3 价杂质原子的空位可以吸收电子,故称为受主原子。

2. 半导体二极管

半导体二极管,以下简称二极管(Diode),由杂质半导体制成,广泛应用于各种电子设备中。二极管种类很多,按制造材料可分为硅(Si)二极管和锗(Ge)二极管;按用途可分为普通二

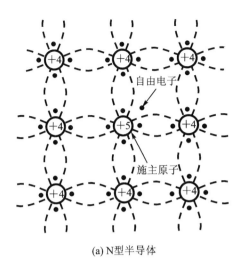
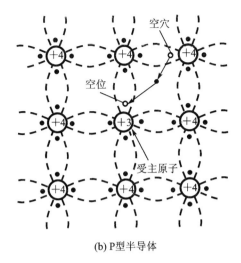

(a) N型半导体　　　　　　　　　　　　　　(b) P型半导体

图 1-6　杂质半导体

极管、整流二极管、检波二极管、稳压二极管、发光二极管、光电二极管、变容二极管、开关二极管等；按电流容量可分为大功率二极管、中功率二极管和小功率二极管。二极管的常见外形如图 1-7 所示。

二极管的应用实例如图 1-8 所示，图(a)为电视机中使用的高频调谐器，俗称高频头，它利用变容二极管的电容随外加电压变化的特性，通过调节外加电压实现对变容二极管电容的调节，从而实现对不同频道电视节目的调谐，最终选出所需的电视节目；图(b)为

图 1-7　二极管外形图

新型 LED 节能灯，它利用整流二极管把交流电转变为直流电后，点亮高亮度发光二极管，用来照明；图(c)为电视机的遥控器，它利用红外发光二极管将操作电视机的控制信号发射出去，与配套的遥控接收器配合，实现电视节目调节、音量调节等遥控操作；图(d)为由发光二极管组成的交通信号灯，它将多个发光二极管拼排成所需的交通标志或字符，在控制信号控制下，实现交通指挥。

(a) 电视机高频头　　　(b) LED节能灯　　　(c) 电视机遥控器　　　(d) LED交通灯

图 1-8　二极管应用实例

二极管是一种由 PN 结构成的基本电子器件。PN 结是由 P 型半导体和 N 型半导体有机结合而形成的。二极管结构及电路符号如图 1-9 所示。它有 2 个电极，由 P 型半导体区引出

的电极称为阳极(或正极),由 N 型半导体区引出的电极称为阴极(或负极)。

图 1-9 二极管结构及电路符号

二极管的重要特性是单向导电性。当外加正向电压(正向偏置),即阳极电位高于阴极电位时,流过管子的正向电流很大,二极管导通;当外加反向电压(反向偏置),即阳极电位低于阴极电位时,流过管子的反向电流很小,二极管截止。二极管电路符号中的箭头方向表示正向电流的流通方向。

(1) PN 结

如果将一块半导体的一侧制成 P 型半导体,另一侧制成 N 型半导体,则在二者的交界处将形成一个 PN 结。PN 结具有单向导电性。

1) PN 结的形成

当 P 型半导体和 N 型半导体结合在一起时,在二者交界面两侧明显地存在着电子和空穴的浓度差,该浓度差将引起多子的扩散运动,即 N 区中的多子(自由电子)要向 P 区扩散;同时,P 区中的多子(空穴)也要向 N 区扩散,如图 1-10(a)所示。当电子和空穴相遇时,将发生复合而消失。于是,在交界面两侧形成由正、负离子组成的空间电荷区,也就是 PN 结,如图 1-10(b)所示。由于空间电荷区内的载流子都复合掉了,所以又称为耗尽层。显然,空间电荷区内存在着由 N 区指向 P 区的内电场,如图 1-10(b)所示。内电场将阻止两区多子的扩散,却有利于少子的漂移运动,即推动 P 区的电子向 N 区运动,N 区的空穴向 P 区运动,少子的漂移将使空间电荷区变窄。

综上所述,在 PN 结中同时存在着多子的扩散运动和少子的漂移运动。扩散运动产生的电流称为扩散电流,漂移运动产生的电流称为漂移电流。随着扩散运动的进行,空间电荷区的宽度将逐渐增大,而随着漂移运动的进行,空间电荷区的宽度将逐渐减小。当扩散和漂移达到动态平衡时,无论电子或空穴,它们各自产生的扩散电流和漂移电流都达到相等,PN 结中总的电流为零,空间电荷区的宽度也达到稳定,内电场强度一定。一般而言,空间电荷区很薄(宽度约几微米到几十微米),内电场主要取决于半导体材料,硅管约为 0.5 V,锗管约为 0.1 V。

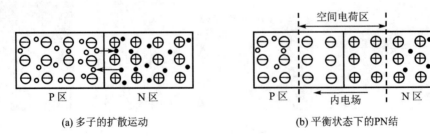

图 1-10 PN 结的形成

2) PN 结的单向导电性

PN 结的单向导电性要通过外加电压来体现。当在 PN 结的两端外加电压时,将破坏多子扩散运动和少子漂移运动的平衡,此时将有电流流过 PN 结。外加电压的极性不同,PN 结表现出截然不同的导电性,即呈现出单向导电性。

当 PN 结外加正向电压(也称正向接法或正向偏置)时,即电源的正极接 P 区,电源的负极接 N 区,如图 1-11 所示。此时,外电场与 PN 结内电场的方向相反,因而外电场削弱了内电场。外电场将多子推向空间电荷区,使其变窄,扩散运动加剧,漂移运动减弱。因此,回路中的扩散电流将大大超过漂移电流,最后形成一个较大的正向电流 I,PN 结导通。正向偏置时,只要在 PN 结两端加上一个很小的正向电压,即可得到较大的正向电流,而 PN 结导通时的结压降只有零点几伏,为了防止回路电流过大而损坏 PN 结,应在回路中串联一个限流电阻 R。

当 PN 结外加反向电压(也称反向接法或反向偏置)时,即电源的正极接 N 区,负极接 P 区,如图 1-12 所示。此时,外电场与 PN 结内电场的方向相同,因而外电场加强了内电场。外电场使多子向着远离空间电荷区的方向移动,从而使空间电荷区变宽,阻止扩散运动的进行,而加剧漂移运动。因此,在回路中形成一个基本上由少子漂移运动产生的反向电流,如图 1-12 所示。因为少子浓度很低,所以反向电流很小,几乎为零,PN 结截止。在一定温度下,当外加反向电压超过某个数值(大约零点几伏)后,反向电流将不再随着外加反向电压的增大而增大,所以又称为反向饱和电流,通常用 I_S 表示。正因为反向电流是由少子产生的,所以对温度十分敏感,随着温度升高,I_S 将急剧增大。

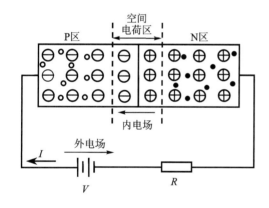

图 1-11　正向偏置的 PN 结

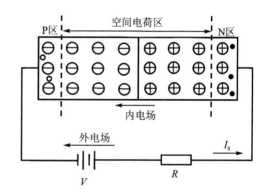

图 1-12　反向偏置的 PN 结

综上可见:PN 结具有单向导电性。正向偏置时,PN 结导通;反向偏置时,PN 结截止。

3) PN 结的电容特性

如上所述,PN 结外加电压变化时,其内储存的电荷量也随之变化,这种现象与电容的充放电过程相同,说明 PN 结具有电容效应。PN 结具有两种电容:势垒电容 C_B 和扩散电容 C_D,PN 结的结电容是 C_B 与 C_D 之和。正偏时以扩散电容为主,反偏时以势垒电容为主。由于 C_B 与 C_D 一般都很小(约几皮法到几百皮法),对于低频信号呈现出很大的容抗,所以其作用可以忽略不计,而只有在信号频率较高时才考虑结电容的作用。

(2) 二极管的伏安特性

二极管的核心是一个 PN 结,在近似分析中,可以用 PN 结的电流方程来描述二极管的伏安特性。PN 结两端的端电压与流过 PN 结的电流之间的关系为

$$i = I_S(e^{\frac{u}{U_T}} - 1) \tag{1-12}$$

式中：I_S 为 PN 结的反向饱和电流；$U_T = \dfrac{kT}{q}$ 为温度的电压当量（或热电压），在常温 $T = 300\ \text{K}$ 时，$U_T = 26\ \text{mV}$。其中 k 为玻耳兹曼常数，T 为热力学温度，q 为电子的电量。

如图 1-13 所示为二极管的伏安特性。可见特性曲线分为两个部分：外加正向电压时的特性称为正向特性；外加反向电压时的特性称为反向特性。当二极管外加正向电压较小时，正向电流很小，几乎为零。只有当二极管两端的正向电压超过某一数值时，正向电流才开始随端电压按指数规律增大。使二极管开始导通的电压称为开启电压（或死区电压）U_{on}，如图 1-13 所示。开启电压的大小与二极管的材料及温度等因素有关，通常硅管的开启电压为 0.5 V 左右，锗管为 0.1 V 左右。

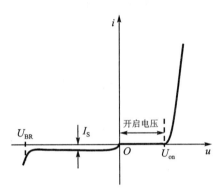

图 1-13 二极管的伏安特性

由图 1-13 可见，当二极管外加反向电压时，反向电流的值很小；而且当反向电压超过零点几伏以后，反向电流不再随着反向电压而增大，即达到了饱和，这个电流称为反向饱和电流 I_S。当反向电压超过 U_{BR} 以后，反向电流急剧增大，这种现象称为击穿，U_{BR} 称为反向击穿电压。二极管击穿后，不再具有单向导电性。发生击穿并不意味着二极管被损坏。实际上，当反向击穿时，只要控制反向电流的数值，不使其过大，就不会过渡到热击穿而烧坏二极管，当反向电压降低后，二极管的性能仍可能恢复正常。

由于 PN 结特性对温度变化很敏感，所以当环境温度升高时，二极管的正向特性曲线将左移，反向特性曲线将下移。在室温附近，温度每升高 1 ℃，正向压降减小 2～2.5 V；温度每升高 10 ℃，反向电流约增大一倍。

(3) 二极管的主要参数

器件参数是定量描述器件性能和安全工作范围的重要数据，是合理选择和正确使用器件的依据。各种电子器件的参数可以通过手册查到，也可以通过直接测量得到。二极管的主要参数如下：

1) 最大整流电流 I_F

I_F 是二极管长期工作时所允许通过的最大正向平均电流。I_F 取决于 PN 结的面积、材料和散热情况。使用时，管子的平均电流不得超过此值，否则可能使二极管过热而损坏。

2) 最高反向工作电压 U_R

工作时加在二极管两端的反向电压不得超过此值，否则二极管可能被击穿。通常将 U_{BR} 的一半定为 U_R。

3) 反向电流 I_R

I_R 是二极管未击穿时的反向电流值。此值越小,二极管的单向导电性越好。由于反向电流是由少子形成的,所以 I_R 对温度十分敏感。

4) 最高工作频率 f_M

高频工作时,电流容易从二极管的结电容通过,使管子的单向导电性变差,甚至可能使其失去单向导电性,为此规定了一个最高工作频率 f_M。f_M 主要取决于 PN 结的结电容大小,结电容越大,二极管允许的最高工作频率越低。

(4) 二极管的等效电路

由伏安特性可知,二极管是一种非线性元件,这给二极管应用电路的分析带来了一定的困难。为了便于分析,常用线性元件所构成的电路来近似模拟二极管的特性,得到二极管的等效电路(或等效模型),并用之取代电路中的二极管,从而简化电路的分析。

1) 理想模型

将二极管的伏安特性曲线折线化,如图 1-14(a) 所示,忽略二极管导通时的正向压降和截止时的反向电流,可以得到二极管的理想模型,称为理想二极管,用空心的二极管符号来表示,如图 1-14(b) 所示。它在电路中相当于一个理想开关。

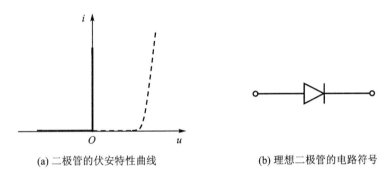

(a) 二极管的伏安特性曲线　　　　　(b) 理想二极管的电路符号

图 1-14　二极管的理想模型

2) 恒压降模型

用折线近似二极管的伏安特性,如图 1-15(a) 所示,认为二极管导通时正向压降为常量 U_D,截止时反向电流为零,即得到二极管的恒压降模型,用理想二极管串联一个恒压源来表示,如图 1-15(b) 所示。硅管导通压降 U_D 的值通常取 0.7 V,锗管 U_D 的值通常取 0.2 V。显然,恒压降模型较理想模型更接近实际的二极管特性。

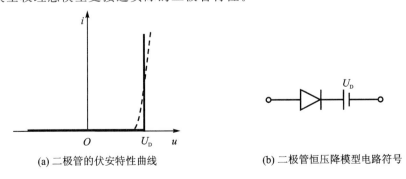

(a) 二极管的伏安特性曲线　　　　　(b) 二极管恒压降模型电路符号

图 1-15　二极管的恒压降模型

3) 折线模型

用两条直线来近似二极管的伏安特性，如图 1-16(a)所示，就得到二极管的折线模型如图 1-16(b)所示。在这个模型中，两条直线在 U_D 转折，当二极管两端电压小于 U_D 时，二极管截止，流过二极管的电流为零；当二极管两端电压大于 U_D 时，直线的斜率为 R_D，$R_D = \dfrac{U_D}{I_D}$ 称为二极管的导通电阻。由于二极管的正向特性曲线很陡，所以导通电阻很小，约为几十欧姆。

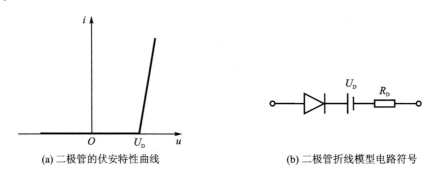

(a) 二极管的伏安特性曲线　　　　　(b) 二极管折线模型电路符号

图 1-16　二极管的折线模型

4) 小信号模型

如果在二极管电路中，除直流电源外，再加入幅值很小的交流信号，则二极管两端的电压及流过它的电流将在某一固定值（常称为工作点 Q）附近作微小变化。由于电压的变化量与电流的变化量比较微小，所以可以用特性曲线在 Q 点处的切线来近似代替这一小段曲线，如图 1-17(a)所示。该切线斜率的倒数，即为二极管在该固定值处的动态电阻 r_d。所以，可用 r_d 来近似代替二极管，称为二极管的小信号模型（或微变等效电路），如图 1-17(b)所示。

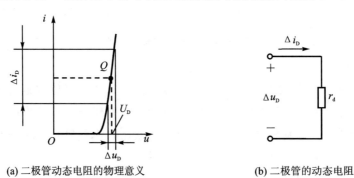

(a) 二极管动态电阻的物理意义　　　　　(b) 二极管的动态电阻

图 1-17　二极管的小信号模型

利用二极管的电流方程可以求出 r_d。

$$\frac{1}{r_d} = \frac{\Delta i_D}{\Delta u_D} \approx \frac{\mathrm{d}i_D}{\mathrm{d}u_D} = \frac{\mathrm{d}[I_S(\mathrm{e}^{\frac{u}{U_T}}-1)]}{\mathrm{d}u} \approx \frac{I_S}{U_T} \cdot \mathrm{e}^{\frac{u}{U_T}} \approx \frac{I_D}{U_T}$$

$$r_d = \frac{U_T}{I_D} \tag{1-13}$$

式(1-13)中的 I_D 是工作点 Q 处流过二极管的电流。一定温度下，I_D 不同，r_d 不同。由二极管的正向特性可见，Q 点越高，r_d 的数值越小。

【例 1-1】 电路如图 1-18 所示,已知 $U=6$ V,$u_i=5\sin 6280t$ mV,$R=90$ Ω,二极管的导通压降 $U=0.7$ V,$r_d=10$ Ω,试求 u_R。

解：u_R 是在一定的直流电压基础上叠加一个交流电压,该交流电压的幅值取决于 r_d 与 R 的分压。

u_R 的直流分量为

$$U - U_D = 6 \text{ V} - 0.7 \text{ V} = 5.3 \text{ V}$$

u_R 的交流分量幅值为

$$\frac{R}{R+r_d} \times 5 \text{ mV} = \frac{90 \text{ Ω}}{90 \text{ Ω}+10 \text{ Ω}} \times 5 \text{ mV} = 4.5 \text{ mV}$$

因此 $u_R = 5.3 \times 10^3$ mV $+ 4.5\sin 6280t$ mV。

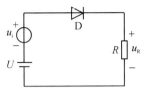

图 1-18 例 1-1 图

（5）二极管的使用

二极管的种类很多,其中较为常用的是整流二极管,常用在整流电路、检波电路中；发光二极管是目前最为流行的光源器件,常用在指示灯、照明灯中；稳压二极管常用来构成稳压电路；光电二极管可以接收可见光或不可见光,把光信号转换成电信号。

发光二极管和光电二极管的长脚为阳极,短脚为阴极。小功率的二极管有一个圆柱形的外壳,外壳上均印有型号和标记,在外壳一端一般都有一个色环(银色、黑色、白色等)作为二极管阴极的标记。使用时应注意不要将二极管的正、负极接反。如果遇到标记不清时,则可以借助万用表的欧姆挡作简单判别。若使用的是模拟式万用表,则先将万用表欧姆挡置"$R \times 100$"或"$R \times 1k$"处,将红、黑两表笔接触二极管的两端,表头有一指示,再将红、黑表笔反过来测试一次,表头又将有一指示。若两次指示的阻值相差很大,则说明二极管的单向导电性好,并且阻值大的那次红表笔所接为二极管的阳极。如果相差很小,则说明二极管已经失去单向导电性。若两次指示的阻值均很大,则说明二极管已经开路。**注意**：如果用数字式万用表测试二极管时,红表笔接二极管的阳极,黑表笔接阴极,则此时测得的阻值才是二极管正向导通的阻值,这与模拟式万用表接法刚好相反。

3. 晶体三极管

晶体三极管(Bipolar Junction Transistor),简称三极管(BJT)或晶体管,是电子电路中非常重要的器件,在现代电路中有着广泛的应用。三极管是具有电流放大作用的半导体电子器件,主要用于构成各类放大电路。另外,在电路中还能起振荡或开关等作用。

（1）三极管的结构

三极管外形图如图 1-19 所示。在半导体锗或硅的单晶体上制作两个能相互影响的 PN 结,组成一个 NPN(或 PNP)结构,中间的 N 区(或 P 区)叫基区,两边的区域叫发射区和集电区,这三部分各有一条电极引线,分别叫基极 b、发射极 e 和集电极 c。如图 1-20 所示为 NPN 型三极管结构示意图,发射区与基区间的 PN 结称为发射结,基区与集电区间的 PN 结称为集电结。同样,PNP 型三极管也是由两个 PN 结、三层半导体制成的,只是中间为 N 型半导体区,两边为 P 型半导体区。三极管电路符号如图 1-21 所示。

 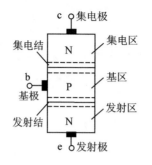 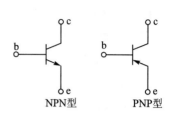

图 1-19 三极管外形图　　图 1-20 NPN 型三极管结构示意图　　图 1-21 三极管电路符号

无论是 NPN 型还是 PNP 型三极管,虽然发射区和集电区材料相同,但发射区的掺杂浓度比集电区的掺杂浓度高;基区很薄且掺杂浓度低;在几何尺寸上,集电区面积比发射区大。这些特点是保证三极管具有电流放大作用的内部条件。

(2) 三极管的电流放大作用

放大是对模拟信号最基本的处理。在实际生产和科学实验中,从传感器获得的电信号往往都很微弱,只有经过放大后才能进行后续处理,或者使之具有足够的能量来推动执行机构动作。三极管是构成放大电路的核心元件,它能够控制能量的转换,将输入的微小变化进行放大后输出。

1) 三极管工作在放大状态的条件

要想使三极管具有放大作用,除了要具备上述不同特点的三层半导体区结构的内部条件外,还需要具备适当的外部条件,即外部偏置电压要保证三极管的发射结正向偏置,集电结反向偏置。如图 1-22 所示为基本放大电路,为保证三极管工作在放大状态,即发射结正向偏置且集电结反向偏置,要在输入回路加电源 V_{BB},在输出回路加电源 V_{CC},V_{BB} 和 V_{CC} 的极性如图 1-22 所示,且 V_{CC} 应大于 V_{BB}。由于发射极是输入回路和输出回路的公共端,故称电路为共射放大电路,Δu_1 为输入动态电压信号。

2) 放大状态下三极管内部载流子的传输过程

放大电路先不加入输入电压信号 Δu_1。三极管的电流放大作用表现为小的基极电流可以控制大的集电极电流。放大由载流子的运动来体现,三极管放大状态内部载流子运动示意图如图 1-23 所示。

a) 发射区向基区注入电子

由于发射结外加正向电压,有利于多子扩散运动,且发射区掺杂浓度高,所以发射区就会有大量的自由电子向基区注入(扩散),形成发射极电子电流 I_{EN}。与此同时,空穴也从基区向发射区扩散,形成空穴电流 I_{EP},但由于基区掺杂浓度低,所以 I_{EP} 非常小,在近似分析时可忽略不计。因此发射极电流 $I_E \approx I_{EN}$。

b) 电子在基区边扩散边复合

发射区注入基区的电子成为基区中的非平衡少子,它们在基区靠近发射结的边界累积,在发射结处浓度最高,而在集电结处浓度最低。因此,在基区形成了非平衡少子的浓度差,在该浓度差的作用下,注入基区的电子将继续向集电结扩散。在扩散过程中,非平衡电子会与基区中的空穴相遇,使部分电子因复合而失去,形成复合电流 I_{BN}。为了补充因复合而消失的空穴,基极电源 V_{BB} 不断从基区拉走价电子,即向基区提供新的空穴,形成基极电流 I_B。因此,I_{BN} 是 I_B 的主要部分。但是,由于基区很薄且掺杂浓度很低,所以被复合的电子很少,而绝大部分电子都能扩散到集电结边缘,故 I_B 很小。

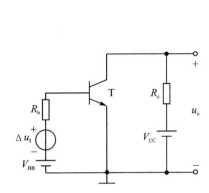

图 1-22 基本共射放大电路图

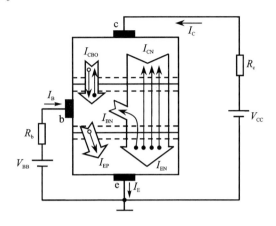

图 1-23 三极管内部载流子运动示意图

c) 集电区收集扩散过来的电子

因集电结外加反向电压且结面积大,所以基区的非平衡电子在该外加反向电场的作用下到达集电区,形成漂移电流 I_{CN}。该电流是集电极电流 I_C 的主要部分。与此同时,集电区和基区本身的平衡少子也参与漂移运动,形成集电结反向饱和电流 I_{CBO},并流过集电极和基极支路,它是构成 I_C、I_B 的另一部分电流。由于该电流是由热激发的少子形成的,所以数值很小,在近似分析中可以忽略不计。同时这个电流受温度的影响很大,又对放大没有贡献,容易使管子工作不稳定,所以在制造过程中要尽量减小 I_{CBO}。

综上,三极管内部的自由电子和空穴都参与导电,由于自由电子和空穴两种载流子带电极性不同,所以称为双极型三极管。

3) 三极管的电流分配关系

由以上分析可知,集电极电流由两部分组成:I_{CN} 和 I_{CBO}。前者是由发射区发射的电子被集电区收集后形成的,后者是由集电区和基区的少子漂移运动形成的。于是有

$$I_C = I_{CN} + I_{CBO} \approx I_{CN} \tag{1-14}$$

发射极电流 I_E 也由两部分组成:I_{EN} 和 I_{EP}。I_{EN} 为发射区发射的电子所形成的电流,I_{EP} 是由基区向发射区扩散的空穴所形成的电流。因为发射区是重掺杂的,所以 I_{EP} 可以忽略不计。I_{EN} 又分成两部分,主要部分是 I_{CN},极少部分是 I_{BN}。I_{BN} 是电子在基区与空穴复合所形成的电流,基区空穴是由电源 V_{BB} 提供的,故它是基极电流的一部分。于是有

$$I_E = I_{EN} + I_{EP} \approx I_{EN} = I_{CN} + I_{BN} \tag{1-15}$$

基极电流 I_B 是 I_{BN} 与 I_{CBO} 之差

$$I_B = I_{BN} - I_{CBO} \approx I_{BN} \tag{1-16}$$

发射区发射的电子大部分被集电区收集,形成集电极电流,即 $I_{CN} \gg I_{BN}$。常用 $\bar{\alpha}$ 来表示集电极电流与发射极电流之比,即

$$\bar{\alpha} = \frac{I_C}{I_E} \tag{1-17}$$

式(1-17)中的 $\bar{\alpha}$ 称为共基极直流电流放大系数。

从外部看，$I_E = I_C + I_B$，因此，基极电流可以表示为发射极电流的其余部分，即

$$I_B = (1-\bar{\alpha})I_E \tag{1-18}$$

由此可推导出集电极电流与基极电流之间的关系

$$\frac{I_C}{I_B} = \frac{\bar{\alpha} I_E}{(1-\bar{\alpha})I_E} = \frac{\bar{\alpha}}{(1-\bar{\alpha})} = \bar{\beta} \tag{1-19}$$

式(1-19)中的 $\bar{\beta}$ 称为共射极直流电流放大系数。式(1-19)体现了放大状态下三极管的基极电流对集电极电流的控制作用，利用这一性质可以实现三极管的放大作用。

若有输入电压 Δu_1 作用，则三极管的基极电流将在 I_B 的基础上叠加动态电流 Δi_B，当然集电极电流也将在 I_C 基础上叠加动态电流 Δi_C，由三极管内部的电流分配规律可知，必有 $\Delta i_C \gg \Delta i_B$，$\Delta i_C$ 与 Δi_B 之比称为共射交流电流放大系数 β，即

$$\beta = \frac{\Delta i_C}{\Delta i_B} \tag{1-20}$$

由于 I_E 在较宽的数值范围内基本不变，因此在近似分析中可以认为

$$\beta \approx \bar{\beta} \tag{1-21}$$

小功率管的 β 较大，有的可达三四百倍；大功率管的 β 较小，有的甚至只有三四十倍。一般，β 在 20～200 之间的管子性能比较稳定。

同理，定义共基极交流电流放大系数 α，即

$$\alpha = \frac{\Delta i_C}{\Delta i_E} = \frac{\beta}{1+\beta} \tag{1-22}$$

(4) 三极管的特性曲线

三极管的特性曲线用于描述三极管各极电流和各极电压间的关系，它是三极管内部载流子运动的外部表现。由于三极管构成的放大电路有输入回路和输出回路两个回路，所以工程上常用输入特性曲线和输出特性曲线描述三极管的特性。下面以共射极接法加以说明。

1) 输入特性曲线

输入特性描述当管压降 u_{CE} 不变时，输入回路中基极电流 i_B 与发射结压降 u_{BE} 之间的关系，可写成表达式

$$i_B = f(u_{BE}) \Big|_{u_{CE}=常数} \tag{1-23}$$

当 $u_{CE} = 0$ V 时，相当于集电极与发射极短路，即集电结和发射结并联，相当于两个二极管并联，所以，输入特性曲线与二极管的正向伏安特性相类似，如图 1-24 中左边那条特性曲线所示。

当 $u_{CE} > 0$ V 时，将有利于发射区扩散到基区的自由电子收集到集电区。如果 $u_{CE} > u_{BE}$，则三极管的发射结正偏，集电结反偏，管子处于放大状态。此时，发射区发射的电子只有一小部分在基区与空穴复合，成为 i_B，大部分将被集电区收集，成为 i_C。所以，与 $u_{CE} = 0$ V 时相比，在同样的 u_{BE} 下，基极电流 i_B 将大大减小，结果使输入特性曲线右移，如图 1-24 中右边那条特性曲线所示。

当 u_{CE} 继续增大时，严格地说，输入特性曲线应继续右移。但是，当 $u_{CE} > 1$ V 以后，在一定的 u_{BE} 下，集电结的反向电压已经足以将注入基区的电子基本上都收集到集电区，即使 u_{CE} 再增大，i_B 也不会减小太多。因此，当 $u_{CE} > 1$ V 以后，对应不同 u_{CE} 的各条输入特性曲线几乎重

叠在一起,所以,对于小功率管,可以用 $u_{CE} > 1$ V 的任何一条特性曲线来近似所有曲线。

2) 输出特性曲线

输出特性曲线是描述基极电流 i_B 不变时,集电极电流 i_C 与管压降 u_{CE} 之间的关系,可写成表达式

$$i_C = f(u_{CE}) \bigg|_{i_B = 常数} \qquad (1-24)$$

对于每一个确定的 i_B,都有一条曲线,因此输出特性是一族曲线,如图 1-25 所示。对于某一条曲线,当 u_{CE} 从零逐渐增大时,集电结电场随之增强,收集电子的能力逐渐增强,因此 i_C 也随着逐渐增大。而当 u_{CE} 增大到一定数值时,集电结电场足以将绝大部分电子收集到集电区,u_{CE} 再增大,收集能力也不能明显变强,即 i_C 不再增大,而仅取决于 i_B,表现为曲线几乎平行于横轴。输出特性曲线可以划分为三个工作区域:截止区、放大区和饱和区。

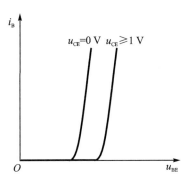

图 1-24 三极管的输入特性曲线

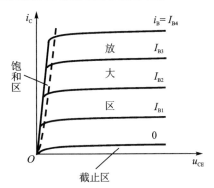

图 1-25 三极管的输出特性曲线

a) 截止区

$i_B = 0$ 的那条曲线以下的区域称为截止区,此时,i_C 也近似为零。由于各极电流基本都为零,因此三极管处于截止状态,没有放大作用。其实,当 $i_B = 0$ 时,i_C 并不为零,而是等于穿透电流 I_{CEO}。由于 I_{CEO} 较小,在近似分析中可以认为三极管截止时的 $i_C \approx 0$。当发射结反向偏置时,发射区不再向基区注入电子,三极管处于截止状态。所以,在截止区,三极管的发射结和集电结均处于反向偏置状态,所以有 $u_{BE} \leq U_{on}$ 且 $u_{CE} > u_{BE}$。

b) 放大区

各条输出特性曲线比较平坦的区域称为放大区。在放大区内,i_C 几乎仅取决于 i_B,即当 i_B 一定时,i_C 的值基本上不随 u_{CE} 而变化,此时,$i_C = \beta i_B$,三极管具有电流放大作用。在理想的情况下,当 i_B 按等差变化时,输出特性是一族平行于横轴的等距离直线。在放大区,三极管的发射结正向偏置,集电结反向偏置,有 $u_{BE} > U_{on}$ 且 $u_{CE} > u_{BE}$。

c) 饱和区

各条输出特性曲线的起始上升部分称为饱和区。此时,对应不同 i_B 值的各条特性曲线几乎重叠在一起。也就是说,当 u_{CE} 较小时,i_C 基本上不随 i_B 而变化,这种现象称为饱和。在饱和区,三极管没有电流放大作用。一般认为,当 $u_{CE} = u_{BE}$,即 $u_{CB} = 0$ 时,三极管达到临界饱和或临界放大状态。当 $u_{CE} < u_{BE}$ 时称为过饱和(或深饱和)。三极管饱和时的管压降用 U_{CES} 表示,对于小功率管,在近似分析时,通常取硅管 $U_{CES} \approx 0.3$ V,锗管 $U_{CES} \approx 0.1$ V。三极管工作在饱和区时,发射结和集电结均处于正向偏置状态,有 $u_{BE} > U_{on}$ 且 $u_{CE} < u_{BE}$。

从输出特性曲线可见,三极管有放大、饱和、截止三个工作区。模拟电路中的三极管绝大多数均工作在放大区。

工程上,特性曲线是选用三极管的主要依据。各种型号管子的特性曲线可以从器件手册中查得。若需要,则可以利用专用的特性图示仪进行实际测试。

(5) 三极管的主要参数

三极管的参数用于表示其性能和使用范围,也是选用三极管的重要依据。三极管的参数主要分为性能参数和极限参数两大类。

1) 性能参数

a) 直流参数

① 共射极直流电流放大系数 $\bar{\beta}$:是指共射极电路中,在无输入信号时,集电极电流与基极电流之比,详见式(1-19)。

② 共基极直流电流放大系数 $\bar{\alpha}$:是指共基极电路中,在无输入信号时,集电极电流与发射极电流之比,详见式(1-17)。

③ 极间反向电流:集电极-基极反向电流 I_{CBO} 是指发射极开路时,集电结的反向饱和电流;集电极-发射极反向电流 I_{CEO} 是指基极开路时,集电极与发射极间的穿透电流,$I_{CEO}=(1+\bar{\beta})I_{CBO}$。同一型号的管子反向电流越小,性能越稳定。实际应用中,应尽量选用 I_{CBO} 与 I_{CEO} 小的管子。在室温下,一般 I_{CBO} 的值比较小。小功率硅管的 I_{CBO} 小于 $1~\mu A$,而小功率锗管的 I_{CBO} 约为 $10~\mu A$。硅管的极间反向电流比锗管的极间反向电流小很多,因此,温度稳定性比锗管好。

b) 交流参数

① 共射极交流电流放大系数 β:是指共射极电路中,集电极电流的变化量与基极电流的变化量之比,详见式(1-20)。

在选管时,β 应适中。小功率管的 β 一般在 $10\sim200$ 之间,β 值太小放大作用弱,太大则温度稳定性差。

② 共基极交流电流放大系数 α:是指共基极电路中,集电极电流的变化量与发射极电流的变化量之比,详见式(1-22)。

③ 特征频率 f_T:由于三极管 PN 结结电容的存在,使其电流放大系数 β 是所加信号频率的函数。信号频率高到一定程度时,电流放大系数 β 不但数值减小,而且产生附加相移。定义使 β 的数值下降到 1 的信号频率为管子的特征频率 f_T。

2) 极限参数

三极管的极限参数是指为使其安全工作或保证其参数变化不超过规定的允许值而对它的电压、电流和功率损耗的限制。

① 最大集电极电流 I_{CM}:当集电极电流过大时,三极管的 β 值要减小。定义当管子的 β 值下降到额定值的三分之二时集电极电流为 I_{CM}。

② 最大集电极耗散功率 P_{CM}:当三极管工作时,集电极耗散功率为 $P_C=i_C u_{CE}$。集电极消耗的电能将转化成热能使管子的温度升高。如果温度过高,则使管子的性能明显变坏甚至烧坏。所以,对集电极耗散功率 P_C 有一定限制,即其不能超过 P_{CM}。对于确定型号的三极管,P_{CM} 是一个确定值,在输出特性曲线上,将 i_C 与 u_{CE} 的乘积等于 P_{CM} 的各点连接起来,可得到一条双曲线,如图 1-26 所示。曲线左下方是管子的安全工作区,而曲线右上方为过损耗区。

③ 极间反向击穿电压:三极管有两个 PN 结,若反向电压超过规定值,则也会发生击穿。其反向击穿电压因发射结的偏置情况而异。

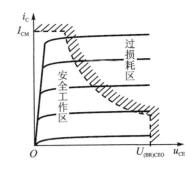

图 1-26 三极管的安全工作区

> 集电极-基极间的反向击穿电压 $U_{(BR)CBO}$:是发射极开路时,集电极与基极之间的反向击穿电压。其值通常为几十伏,有的管子高达几百伏。
> 集电极-发射极间的反向击穿电压 $U_{(BR)CEO}$:是基极开路时,集电极与发射极之间的反向击穿电压,与 $U_{(BR)CBO}$ 的关系为 $U_{(BR)CEO} < U_{(BR)CBO}$。
> 发射极-基极间的反向击穿电压 $U_{(BR)EBO}$:是集电极开路时,发射极与基极之间的反向击穿电压,其值通常比较小,只有几伏。

以上 3 个击穿电压之间的大小关系为:$U_{(BR)EBO} < U_{(BR)CEO} < U_{(BR)CBO}$。

(6) 半导体三极管的型号

国家标准对半导体三极管的命名如下:

第一位:用数字 3 表示三极管。

第二位:A 表示锗 PNP 管、B 表示锗 NPN 管、C 表示硅 PNP 管、D 表示硅 NPN 管。

第三位:X 表示低频小功率管、D 表示低频大功率管、G 表示高频小功率管、A 表示高频大

功率管、K 表示开关管。不同三极管的参数如表 1-1 所列。

表 1-1 双极型三极管的参数

参数型号	P_{CM}	I_{CM}	$U_{(BR)CBO}/V$	$U_{(BR)CEO}/V$	$U_{(BR)EBO}$	I_{CBO}	f_T/MHz
3AX31D	125 mW	125 mA	20	12		≤6 μA	*≥8
3BX31C	125 mW	125 mA	40	24		≤6 μA	*≥8
3CG101C	100 mW	30 mA	45			0.1 μA	100
3DG123C	500 mW	50 mA	40	30		0.35 μA	
SDD101D	5 W	5 A	300	250	4 V	<2 mA	
3DK100B	100 mW	30 mA	25	15		≤0.1 μA	300
3DKG23	250 W	30 A	400	325			8

注:* 为 f_β。

4. 场效应管

场效应晶体管(Field Effect Transistor,FET)简称场效应管,仅由多数载流子参与导电,也称为单极型晶体管。它属于电压控制型半导体器件,具有输入电阻高($>1\times10^8\ \Omega$)、噪声小、功耗低、动态范围大、易于集成、没有二次击穿现象、安全工作区域宽等优点,现已成为双极型晶体管和功率晶体管的强大竞争者。场效应管的外形图如图 1-27 所示。

通常按结构将场效应管分为结型场效应管(JFET)和绝缘栅场效应管(MOS 管)两大类。按半导体沟道材料类型,又可将结型场效应管和绝缘栅场效应管分为 N 沟道和 P 沟道两种;按导电方式可分为耗尽型与增强型。场效应管的主要作用如下:

① 场效应管可用于放大,由于场效应管放大器的输入阻抗很高,因此耦合电容可以容量较小,不必使用电解电容器。

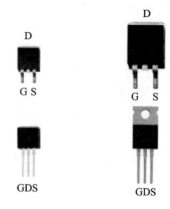

图 1-27 场效应管外形图

② 场效应管很高的输入阻抗非常适合作阻抗变换,常用于多级放大器的输入级作阻抗变换。

③ 场效应管可以用作可变电阻。

④ 场效应管可以方便地用作恒流源。

⑤ 场效应管可以用作电子开关。

(1) 结型场效应管

结型场效应管(Junction Field Effect Transistor,JFET)因有两个 PN 结而得名,结型场效应管均为耗尽型,分 N 沟道和 P 沟道两种。

1) 结 构

N 沟道结型场效应管的结构示意图如图 1-28 所示,电路符号如图 1-29 所示。在同一块 N 型硅片的两侧分别制作高掺杂的 P 型区,并将两个 P 区连接在一起,所引出的电极称为栅极 g;在 N 型半导体的两端分别引出两个电极,一个称为漏极 d,一个称为源极 s。P 区和 N 区交界面形成耗尽层,漏极与源极间的非耗尽层区域称为导电沟道。P 沟道结型场效应管的结构和 N 沟道类似,是在 P 型硅片的两侧分别制作高掺杂的 N 型区。

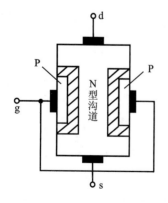

图 1-28 结型场效应管结构示意图

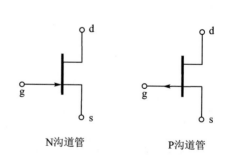

图 1-29 结型场效应管电路符号

2) 工作原理

N 沟道和 P 沟道结型场效应管的工作原理完全相同,只是偏置电压的极性和载流子的类型不同而已。下面以 N 沟道管为例说明其工作原理。

为了使 N 沟道结型场效应管能正常工作,应在其栅-源之间加反向电压(即 $u_{GS}<0$),以保证两侧 PN 结均处于反向偏置,栅-源之间呈现高电阻,即栅-源电流几乎为零;在漏-源之间加正向电压(即 $u_{DS}>0$),使 N 型沟道中的多子(自由电子)由源极出发,经过沟道到达漏极形成漏极电流 i_D。

下面通过栅-源电压 u_{GS} 和漏-源电压 u_{DS} 对导电沟道的影响来说明管子的工作原理。

a) 栅-源电压 u_{GS} 对导电沟道的控制(设 $u_{DS}=0$)

若 $u_{GS}=0$,则耗尽层很窄,导电沟道很宽,如图 1-30(a)所示。

若 $|u_{GS}|$ 增大,则耗尽层变宽,导电沟道变窄,沟道电阻增大,如图 1-30(b)所示。当 $|u_{GS}|$ 增大到某一数值 $U_{GS(off)}$ 时,两边的耗尽层合拢,导电沟道消失,如图 1-30(c)所示,此时沟道电阻趋于无穷大,这一状态称为夹断,$U_{GS(off)}$ 称为夹断电压。N 沟道结型场效应管 $U_{GS(off)}$ 的典型值为 $-1 \sim -10$ V。

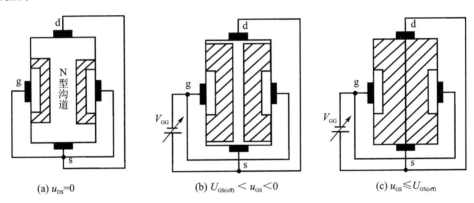

(a) $u_{DS}=0$ (b) $U_{GS(off)} < u_{GS} < 0$ (c) $u_{GS} \leq U_{GS(off)}$

图 1-30 当 $u_{DS}=0$ 时,u_{GS} 对导电沟道的控制作用

b) 漏-源电压 u_{DS} 对漏极电流 i_D 的影响

当 u_{GS} 为 $U_{GS(off)} \sim 0$ V 中某一确定值时,若 $u_{DS}=0$,则此时虽然存在一定宽度的导电沟道,但由于漏-源之间的电压为零,显然多子不会产生定向移动,所以漏极电流 i_D 为零。

当 $u_{DS}>0$ 且较小时,则沟道中的多子从源极向漏极定向移动形成漏极电流 i_D。由于漏-源之间的导电沟道具有一定的电阻,因而漏-源电压沿沟道递降,造成漏端电位高于源端电位,使沟道中各点与栅极间的电压不再相等,而是沿沟道从源极到漏极逐渐增大,造成靠近漏极一端的耗尽层比靠近源极一端的宽,如图 1-31(a)所示。

因为栅-漏电压 $u_{GD}=u_{GS}-u_{DS}$,所以当 u_{DS} 从零逐渐增大时,u_{GD} 逐渐减小,靠近漏极一端的导电沟道会随之变窄。但是,只要栅-漏间没有被夹断,沟道电阻大小仍取决于 u_{GS},所以电流 i_D 将随 u_{DS} 的增大而线性增大,漏-源呈现电阻特性。若 u_{DS} 增大到使 $u_{GD}=U_{GS(off)}$,则靠近漏极一端的耗尽层会闭合,即沟道被夹断,这种状态称为预夹断,如图 1-31(b)所示。若继续增大,则 $u_{GD}<U_{GS(off)}$,耗尽层闭合部分将从近漏端开始沿沟道方向加长,即夹断区加长,如图 1-31(c)所示。这时,一方面自由电子从漏极向源极的定向移动所受阻力加大,从而导致 i_D 减小;另一方面,随着 u_{DS} 的增大,漏-源间的纵向电场增强,必然导致 i_D 增大。两种变化趋势

相抵消，u_{DS}的增大几乎全部降在夹断区，用于克服夹断区对电流i_D形成的阻力，i_D表现出恒流特性。

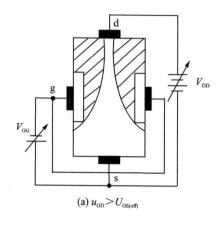
(a) $u_{GD} > U_{GS(off)}$

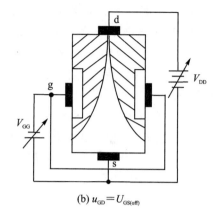
(b) $u_{GD} = U_{GS(off)}$

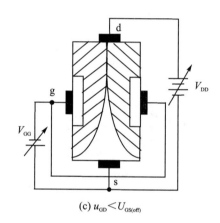
(c) $u_{GD} < U_{GS(off)}$

图 1-31　$u_{DS} > 0$ 时，u_{GS}对导电沟道的控制作用

c）栅-源电压u_{GS}对漏极电流i_D的影响（当$u_{GD} < U_{GS(off)}$时）

在$u_{GD} < U_{GS(off)}$，即$u_{DS} > u_{GS} - U_{GS(off)}$时，当$u_{DS}$为一常量时，$u_{GS}$与漏极电流$i_D$一一对应，即确定的$u_{GS}$对应确定的漏极电流$i_D$。此时，可以通过改变$u_{GS}$来控制$i_D$的大小。这就是栅-源电压对漏极电流的控制作用，所以称场效应管为电压控制型元件。

由此可见，结型场效应管的漏极电流i_D受u_{GS}的控制，也受u_{DS}的影响，可总结如下：

① 当$u_{GD} = u_{GS} - u_{DS} > U_{GS(off)}$，即$u_{DS} < u_{GS} - U_{GS(off)}$时，沟道未夹断，漏-源间可等效为电阻，电阻的大小由u_{GS}决定。

② 当u_{DS}使$u_{GD} = U_{GS(off)}$时，沟道预夹断。

③ 当u_{DS}使$u_{GD} < U_{GS(off)}$时，i_D几乎仅取决于u_{GS}，而与u_{DS}无关。此时，可以把i_D近似看成受u_{GS}控制的电流源。

3）结型场效应管的特性曲线

a）输出特性曲线

输出特性曲线是栅-源电压u_{GS}为常量时，漏极电流i_D随漏-源电压u_{DS}变化的关系曲线，如图 1-32(a)所示，可表示成函数关系

$$i_D = f(u_{DS}) \Big|_{u_{GS}=\text{常数}} \tag{1-25}$$

对应一个确定的 u_{GS}，就有一条曲线，因此输出特性为一族曲线。各条曲线的变化规律相同，u_{GS} 越小，曲线越向下移动。这是因为对于相同的 u_{DS}，u_{GS} 越小，耗尽层越宽，i_D 越小。输出特性可以分为三个工作区，即可变电阻区、恒流区和夹断区。

① 可变电阻区：指预夹断以前的区域，此时 $u_{DS} < u_{GS} - U_{GS(off)}$，$i_D$ 几乎与 u_{GS} 呈线性关系增长，其斜率由 u_{GS} 确定，直线斜率的倒数为漏-源间的等效电阻。因而在此区域内，可以通过改变 u_{GS} 的大小来改变漏-源间等效电阻的阻值。

② 恒流区：图 1-32 中对应使 $u_{DS} = u_{GS} - U_{GS(off)}$ 的各点连成的虚线右侧区域为恒流区。此时 $u_{DS} > u_{GS} - U_{GS(off)}$，各曲线近似为一族横轴的平行线。当 u_{DS} 增大时，i_D 仅略有增大。因而可将 i_D 近似为 u_{GS} 控制的电流源，故称该区为恒流区，也称饱和区。利用场效应管构成放大电路时，应使其工作在该区域。

③ 夹断区：指靠近横轴的区域，此时 $u_{GS} < U_{GS(off)}$，导电沟道被夹断，$i_D \approx 0$，一般将使 i_D 等于某一个很小电流(如 5 μA)时的 u_{GS} 定义为夹断电压 $U_{GS(off)}$。

另外，当 u_{DS} 增大到一定程度时，i_D 会骤然增大，管子将被击穿。实际使用时，为不损坏管子，应避免场效应管进入击穿区。

b) 转移特性

转移特性曲线描述当漏-源电压 u_{DS} 为常量时，漏极电流 i_D 与栅-源电压 u_{GS} 之间的关系，可表示成函数关系

$$i_D = f(u_{GS}) \Big|_{u_{DS}=\text{常数}} \tag{1-26}$$

实验表明，转移特性曲线与输出特性曲线有严格的对应关系。当场效应管工作在恒流区时，由于输出特性曲线近似为横轴的一族平行线，所以可以用一条转移特性曲线代替恒流区的所有曲线。在输出特性曲线的恒流区中做横轴的垂线(例如当 $u_{DS} = 2$ V 时)，读出垂线与各曲线交点的坐标值 (u_{GS}, i_D)，连接各点所得的曲线就是转移特性曲线，如图 1-32(b) 所示。

工程上，与恒流区相对应的结型场效应管转移特性可以近似表示为

$$i_D = I_{DSS} \left(1 - \frac{u_{GS}}{U_{GS(off)}}\right)^2 \tag{1-27}$$

式中：I_{DSS} 为 $u_{GS} = 0$ 的情况下产生预夹断时的 i_D，称为饱和漏极电流。

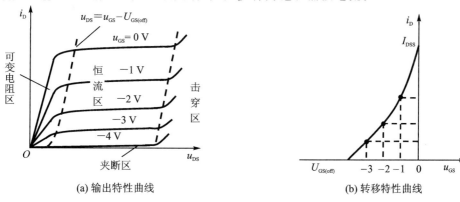

(a) 输出特性曲线　　　　(b) 转移特性曲线

图 1-32　结型场效应管的特性曲线

若管子工作在可变电阻区,则对于不同的 u_{DS},转移特性曲线将有很大差别。

P 沟道结型场效应管的工作特性与 N 沟道管类似,为保证栅-源间的耗尽层加反向电压,对于 P 沟道管应满足 $u_{GS} \geqslant 0$。

(2) 绝缘栅型场效应管

绝缘栅型场效应管(Insulated Gate Field Effect Transistor)因栅极与源极、栅极与漏极之间均采用 SiO_2 绝缘层隔离而得名。由于栅极为金属铝,故又称为 MOS(Metal-Oxide-Semiconductor)管。因为加了绝缘层,绝缘栅型场效应管栅-源间输入电阻比结型场效应管大得多,可达 $10^{12} \sim 10^{15}$ Ω,又因为它比结型场效应管温度稳定性好,集成化时工艺简单,故广泛用于大规模和超大规模集成电路中。

MOS 管也有 N 沟道和 P 沟道两类,但每一类又分为增强型和耗尽型两种,所以 MOS 管的四种类型为:N 沟道增强型管、N 沟道耗尽型管、P 沟道增强型管和 P 沟道耗尽型管。凡是栅-源电压 u_{GS} 为零时漏极电流也为零的管子均为增强型管,而栅-源电压 u_{GS} 为零时漏极电流不为零的管子均属于耗尽型管。

1) N 沟道增强型 MOS 管

a) 结 构

图 1-33 是 N 沟道增强型 MOS 管的结构示意图及电路符号。它是以一块低掺杂的 P 型硅片为衬底,利用扩散工艺制作两个高掺杂的 N 区,并引出两个电极,分别为源极 s 和漏极 d,在半导体上制作一层 SiO_2 绝缘层,再在 SiO_2 绝缘层上制作一层金属铝,引出电极,作为栅极 g。通常将源极与衬底接在一起使用,这样栅极和衬底各相当于一个极板,中间是绝缘层,形成电容。当栅-源电压变化时,将改变衬底靠近绝缘层处感应电荷的多少,从而控制漏极电流的大小。由此可见,MOS 管和结型场效应管的导电机理与电流控制的原理均不相同。

b) 工作原理

绝缘栅型场效应管是利用栅-源电压 u_{GS} 控制感应电荷的多少来改变导电沟道的宽窄,从而控制漏极电流 i_D 的。

当栅-源之间不加电压时,漏-源之间是两个背向的 PN 结,不存在导电沟道。即使漏-源之间加电压,也不会有漏极电流。

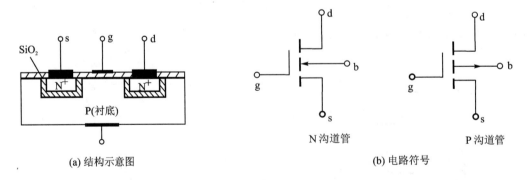

(a) 结构示意图　　　　　　　　　　　(b) 电路符号

图 1-33　N 沟道增强型 MOS 管

当 $u_{DS}=0$ 且 $u_{GS}>0$ 时,由于 SiO_2 绝缘层的存在,栅极电流为零。但是栅极金属层将聚集正电荷,排斥 P 型衬底靠近 SiO_2 绝缘层一侧的空穴,使之剩下不能移动的负离子,形成耗尽层,如图 1-34(a)所示。当 u_{GS} 增大时,一方面耗尽层加宽,另一方面将衬底的自由电子吸引到耗尽层与绝缘层之间,形成一个 N 型薄层,称为反型层,如图 1-34(b)所示。这个反型层就构成了漏-源之间的导电沟道。使沟道刚刚形成的栅-源电压称为开启电压 $U_{GS(th)}$。u_{GS} 越大,反型层越厚,导电沟道电阻越小。

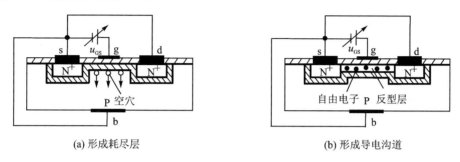

图 1-34 N 沟道增强型 MOS 管

当 u_{GS} 是大于 $U_{GS(th)}$ 的某个确定值时,导电沟道已经形成,此时在漏-源之间加正向电压 u_{DS},将产生漏极电流 i_D。此时,u_{DS} 的变化对导电沟道的影响与结型场效应管相似,即当 u_{DS} 较小时,u_{DS} 的增大使 i_D 线性增大,沟道沿漏-源方向逐渐变窄,如图 1-35(a)所示。一旦 u_{DS} 增大到使 $u_{GD}=u_{GS}-u_{DS}=U_{GS(th)}$ 时,沟道在漏极一侧出现夹断点,称为预夹断,如图 1-35(b)所示。若 u_{DS} 继续增大,则夹断区随之加长,如图 1-35(c)所示。此外,u_{DS} 的增大部分几乎全部用于克服夹断区对漏极电流 i_D 的阻力,故从外部看,i_D 几乎不随 u_{DS} 的增大而变化,管子进入恒流区。

在 $u_{GD}=u_{GS}-u_{DS}<U_{GS(th)}$ 时,对应每一个 u_{GS} 就有一个确定的 i_D。此时,可以将 i_D 看作受电压 u_{GS} 控制的电流源。

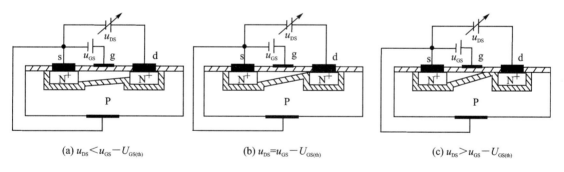

图 1-35 当 $u_{GS}>U_{GS(th)}$ 的某个确定值时 u_{DS} 对 i_D 的影响

c) 特性曲线

N 沟道增强型 MOS 管的转移特性和输出特性如图 1-36 所示,它们之间的关系见图中标注。与结型场效应管一样,MOS 管的输出特性曲线也可分为三个工作区:可变电阻区、恒流区和夹断区。

同样,与恒流区相对应的 N 沟道增强型 MOS 管的转移特性可以近似表示为

$$i_D = I_{DO} \left(\frac{u_{GS}}{U_{GS(th)}} - 1 \right)^2 \tag{1-28}$$

式中:I_{DO} 为 $u_{GS}=2U_{GS(th)}$ 时的 i_D。

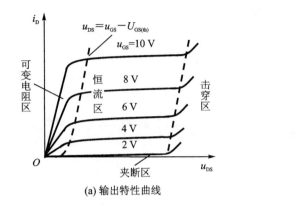
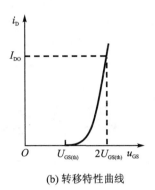

(a) 输出特性曲线　　　　　　　　　(b) 转移特性曲线

图 1-36　N 沟道增强型 MOS 管的特性曲线

2) N 沟道耗尽型 MOS 管

N 沟道耗尽型 MOS 管的制作与增强型 MOS 管不同,是预先在 SiO_2 绝缘层中掺入大量的正离子,所以即使 $u_{GS}=0$,在正离子的作用下 P 型衬底表层也存在反型层,即在漏-源之间存在导电沟道。只要在漏-源间加正向电压,就会产生漏极电流 i_D,N 沟道耗尽型 MOS 管结构示意图及耗尽型 MOS 管的符号如图 1-37 所示。

当 $u_{GS}>0$ 时,反型层变宽,沟道电阻减小,在同样的 u_{DS} 作用下,i_D 增大;反之,当 $u_{GS}<0$ 时,反型层变窄,沟道电阻变大,在同样的 u_{DS} 作用下,i_D 减小。当 u_{GS} 减小到一定值时,反型层消失,漏-源间的导电沟道被夹断,$i_D=0$,此时的 u_{GS} 称为夹断电压 $U_{GS(off)}$。与 N 沟道结型场效应管相同,N 沟道耗尽型 MOS 管的夹断电压也为负值。但是,N 沟道结型场效应管只能在 $u_{GS}<0$ 的情况下工作,而 N 沟道耗尽型 MOS 管的 u_{GS} 可以在一定范围的正、负值之间实现对 i_D 的控制。同时,由于绝缘层的隔离,N 沟道耗尽型 MOS 管仍能保持栅-源之间有很大的电阻,不会产生栅极电流。

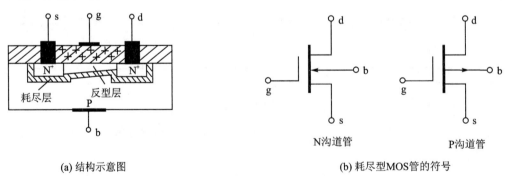

(a) 结构示意图　　　　　　　　　　(b) 耗尽型MOS管的符号

图 1-37　N 沟道耗尽型 MOS 管

3) P 沟道 MOS 管

P 沟道 MOS 管和 N 沟道 MOS 管的主要区别在于衬底的半导体材料类型不同,P 沟道 MOS 管是以 N 型硅作为衬底,制作两个高掺杂的 P 区,并分别引出源极和漏极,形成的反型层为 P 型,相应的导电沟道为 P 型沟道。对于 P 沟道耗尽型 MOS 管,在 SiO_2 绝缘层中掺入的是负离子。

使用时,u_{GS}、u_{DS} 的极性与 N 沟道 MOS 管相反。对于 P 沟道增强型 MOS 管的开启电压 $U_{GS(th)}<0$,当 $u_{GS}<U_{GS(th)}$ 时管子才导通,漏-源之间应加负电压;P 沟道耗尽型 MOS 管的夹断

电压 $U_{GS(off)} > 0$，u_{GS} 可在正负值的一定范围内实现对漏极电流 i_D 的控制，漏-源之间也应加负电压。

（3）各种场效应管的比较

从前面的讨论可以看出，结型场效应管工作时，必须保证 PN 结反偏，且反偏电压不能超过夹断电压；增强型 MOS 管工作时，必须保证沟道开启；耗尽型 MOS 管的栅-源电压须小于夹断电压。

为了方便使用各种类型的场效应管，现将各类场效应管工作时 u_{GS}、u_{DS} 的极性总结如下：

1）u_{DS} 的极性与 i_D 的流向仅取决于沟道的类型

N 沟道管 $u_{DS} > 0$，i_D 流入漏极；P 沟道管 $u_{DS} < 0$，i_D 自漏极流出。

2）u_{GS} 的极性

N 沟道结型场效应管 $u_{GS} < 0$；P 沟道结型场效应管 $u_{GS} > 0$。

增强型 MOS 管 u_{GS} 与 u_{DS} 极性相同；耗尽型 MOS 管 u_{GS} 可正、可负，也可为零。

应当指出，使用时，若 MOS 管的衬底与源极不相连，则衬-源之间的电压 u_{BS} 必须保证 PN 结反偏，因此，N 沟道管的 u_{BS} 应小于零，而 P 沟道管的 u_{BS} 应大于零。此时导电沟道宽度将受 u_{GS} 和 u_{BS} 双重控制，u_{BS} 使开启电压或夹断电压的数值增大。与 P 沟道管相比，N 沟道管受 u_{BS} 的影响更大些。

（4）场效应管的主要参数

场效应管的主要参数包括直流参数、交流参数和极限参数。

1）直流参数

① 开启电压 $U_{GS(th)}$：是增强型 MOS 管的参数。$U_{GS(th)}$ 是指当 u_{DS} 为常量时，使漏-源间刚刚导通且 i_D 大于零的栅-源电压。

② 夹断电压 $U_{GS(off)}$：是结型或耗尽型 MOS 场效应管的参数。$U_{GS(off)}$ 是指当 u_{DS} 为常量时，使漏-源间截止时的栅-源电压，此时的 i_D 为规定的微小电流（如 5 μA）。

③ 饱和漏极电流 I_{DSS}：是结型或耗尽型 MOS 场效应管的参数。I_{DSS} 是指在 $u_{GS} = 0$ 的情况下产生预夹断时的漏极电流。

④ 直流输入电阻 $R_{GS(DC)}$：是指栅-源电压与栅极电流之比。结型场效应管的 $R_{GS(DC)} > 10^7 \, \Omega$，而 MOS 管的 $R_{GS(DC)} > 10^9 \, \Omega$，手册中一般只给出栅极电流的大小。

2）交流参数

① 低频跨导 g_m：是衡量场效应管放大能力的重要参数，表示 u_{GS} 对 i_D 控制作用的强弱。其定义为管子工作在恒流区且 u_{DS} 为常量时，i_D 的微小变化量 Δi_D 与引起它变化的 Δu_{GS} 之比，即

$$g_m = \left. \frac{\Delta i_D}{\Delta u_{GS}} \right|_{u_{DS} = 常数} \tag{1-29}$$

② 极间电容：场效应管的三个电极之间存在极间电容，其值很小，在低频时可忽略不计。通常栅-源间的电容和栅-漏间的电容为 1~3 pF，而漏-源间的电容为 0.1~1 pF。与三极管类似，场效应管的最高工作频率 f_M 也是综合考虑三个结电容的影响而确定的。在高频电路中，应考虑极间电容的影响。

3）极限参数

① 最大漏极电流 I_{DM}：管子工作时漏极电流的上限值。

② 击穿电压：管子进入恒流区后，使 i_D 骤然增大的 u_{DS} 称为漏-源击穿电压 $U_{(BR)DS}$，u_{DS} 超

过此值会使管子损坏。对于结型场效应管,栅-源击穿电压 $U_{(BR)GS}$ 是指使栅极与沟道间 PN 结反向击穿的 u_{GS};对于 MOS 管,$U_{(BR)GS}$ 是指使绝缘层击穿的 u_{GS}。

③ 最大耗散功率 P_{DM}:指场效应管性能正常时所允许的最大漏-源耗散功率。P_{DM} 取决于管子允许的温升。

由于 MOS 管栅-衬之间的电容容量很小,只要有少量的感应电荷就可产生很高的电压。由于 $R_{GS(DC)}$ 很大,感应电荷难以释放,以至于感应电荷所产生的高压会使很薄的绝缘层击穿,造成管子的损坏。因此,无论是存放还是在工作电路中,都应为栅-源之间提供直流通路,避免栅极悬空;同时在焊接时,要将烙铁良好接地。

(5) 场效应管的型号

对于场效应管的型号,目前有两种命名方法。第一种命名方法是与双极型三极管相同,第三位字母 J 代表结型场效应管,O 代表绝缘栅型场效应管;第二位字母代表材料,D 是 P 型硅,反型层是 N 沟道,C 是 N 型硅 P 沟道,例如,3DJ6D 是结型 N 沟道场效应三极管,3DO6C 是绝缘栅型 N 沟道场效应三极管。

第二种命名方法是 CS××♯,CS 代表场效应管,×× 是以数字代表型号的序号,♯ 是用字母代表同一型号中的不同规格。例如,CS14A,CS45G 等。

【例 1-2】 已知某场效应管的输出特性曲线如图 1-38 所示,试分析该管是什么类型的场效应管。

解: 从 u_{DS} 的极性来看,该管为 N 沟道管;从 u_{GS} 的极性来看,既可以大于零,又可以小于或等于零,应为耗尽型 MOS 管,所以该管是 N 沟道耗尽型 MOS 管。

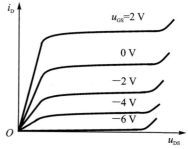

图 1-38 例 1-2 的输出特性曲线

(6) 场效应管与晶体三极管的比较

场效应管的栅极 g、源极 s、漏极 d 分别对应晶体三极管的基极 b、发射极 e、集电极 c,它们都具有电流放大作用,但又有区别,具体如下:

① 场效应管是电压控制型器件,在恒流区,i_D 与 u_{DS} 基本无关,仅取决于 u_{GS}。而三极管是电流控制型器件,在放大区,i_C 与 u_{CE} 基本无关,仅取决于 i_B。

② 场效应管栅极基本不取电流,而三极管工作时,基极总要索取一定的电流。因此,要求输入阻抗高的电路应选用场效应管。

③ 场效应管是单极型器件,工作时只有多子参与导电。三极管内既有多子又有少子参与导电,是双极型器件。另外,由于少子数目受温度、辐射等因素影响较大,因而场效应管比三极管的温度稳定性好、抗辐射能力强。所以,在环境条件变化很大的场合应选用场效应管。

④ 场效应管结构对称,漏极和源极可以互换使用,但是,如果制作时已将源极和衬底连在一起,则漏-源不能互换。三极管的发射极和集电极是不能互换使用的。

⑤ 场效应管的制作工艺简单,所占面积小,每个 MOS 管在硅片上所占的面积仅为三极管的 5%,有利于大规模集成,且集成度高。

⑥ 场效应管的种类比三极管多,因而在组成电路时比晶体三极管更加灵活。

场效应管和三极管均可用于放大电路和开关电路,它们构成了品种繁多的集成电路,但由于场效应管集成工艺更简单,且具有耗电省、工作电源电压范围宽等优点,因此场效应管越来越多地应用于大规模和超大规模集成电路中。

1.1.3 基本共射放大电路的组成及工作原理

常见的两种基本共射放大电路如图 1-39 和图 1-40 所示。由于图 1-39 所示的电路中信号源与放大电路、放大电路与负载电阻之间均通过电容相连,故称为阻容耦合;而图 1-40 所示的电路中各部分为直接连接,故称为直接耦合。

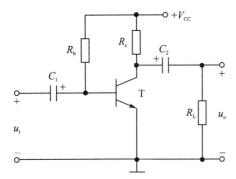

图 1-39 阻容耦合共射放大电路

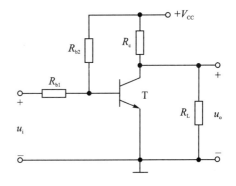

图 1-40 直接耦合共射放大电路

在图 1-39 和图 1-40 所示的电路中,外加信号从三极管的基极和发射极间输入,经放大后由集电极和发射极间输出,输入回路和输出回路的公共端是三极管的发射极,故称为共射放大电路。

在图 1-39 所示的阻容耦合共射放大电路中,三极管 T 担负着放大作用,是放大电路的核心。V_{CC} 为三极管基极和集电极提供偏置电压,使三极管工作在放大状态,同时为输出信号提供能量。R_c 为集电极负载电阻,它的作用是将集电极电流的变化转化为电压的变化,这个变化的电压就是放大电路的输出电压。R_b 为基极的偏置电阻,一方面为三极管的发射结提供正向偏置电压,另一方面为基极提供一个合适的偏置电流。C_1、C_2 分别为输入和输出耦合电容,一般容量较大,实际中常为几十微法到几百微法的电解电容,它们能使交流信号顺利通过,同时隔离直流信号。图 1-40 所示的直接耦合共射放大电路中各元件的作用与阻容耦合电路相同,只是没有耦合电容,并且为了给基极提供合适的直流偏置还增加了基极偏置电阻 R_{b1}。

1. 基本共射放大电路的工作原理

在放大电路中,当输入信号为零时,即直流电源单独作用时,三极管的基极电流 I_B、集电极电流 I_C、b-e 间电压 U_{BE}、管压降 U_{CE} 称为放大电路的静态工作点(Q 点),常将四个物理量记作 I_{BQ}、I_{CQ}、U_{BEQ}、U_{CEQ},静态工作点均为直流量。当有外加输入信号时,交流量与直流量共存。假设在放大电路的输入端加上一个微小的输入电压变化量 Δu_I,则三极管基极和发射极之间的电压也将随之发生变化,变化量为 Δu_{BE},基极电流也将随发射结电压发生变化,得到 Δi_B。由于三极管基极电流对集电极电流的控制作用,集电极电流将产生 Δi_C 的变化量,且 $\Delta i_C = \beta \Delta i_B$。集电极电流的变化通过集电极负载电阻 R_c,使集电极与发射极之间的电压 u_{CE} 发生相应变化。当 i_C 增大时,R_c 上的电压也增大,u_{CE} 将减小;反之,当 i_C 减小时,R_c 上的电压也减小,而 u_{CE} 将增大。也就是说,u_{CE} 与 i_C 的变化方向(即输入信号的变化方向)相反,且 $\Delta u_{CE} = -\Delta i_C R_c$。$\Delta u_{CE}$ 即为输出电压的变化量 Δu_O。可见,当输入电压有一个变化量 Δu_I 时,通过三极管的电流控制作用,可使输出电压产生 Δu_O 的变化量。若电路参数满足一定条件时,则 Δu_O 比 Δu_I 大得多,实现了电压放大作用。当有输入信号时,三极管的各极电流和极间电压都是在原来的静态值基础上叠加一个变化量。

2. 放大电路的组成原则

通过以上对基本共射放大电路的组成和工作原理的分析可知,在组成放大电路时必须遵循以下几个原则:

首先,必须根据所用放大管的类型提供直流电源,电源与相应电阻相配合,以保证电路有合适的静态工作点,并为输出提供能源。对于晶体三极管放大电路,直流电源的极性和大小应使管子发射结正偏,集电结反偏,以保证其工作在放大状态;对于场效应管放大电路,电源的极性和大小应为管子的栅-源、漏-源之间提供合适的电压,以使管子工作在恒流区。

其次,外加输入信号必须能够作用于放大管的输入回路。对于三极管电路,输入信号必须能够改变基极与发射极之间的电压,产生 Δu_BE,从而引起基极或发射极电流的变化,产生 Δi_B 或 Δi_E。对于场效应管电路,输入信号必须能够改变栅极和源极之间的电压,产生 Δu_GS,以改变管子输出回路的电流,实现对输入信号的放大。

最后,当负载接入时,必须保证放大管输出回路的动态电流(三极管的 Δi_C 或 Δi_E,场效应管的 Δi_D 或 Δi_S)能够作用于负载,从而使负载获得比输入信号大得多的输出电压或电流。

1.2 放大电路的分析方法

针对放大电路中直流量与交流共同作用的特点,放大电路的分析分为直流分析和交流分析两部分。直流分析就是求解电路的静态工作点,交流分析就是求解电路的各项动态参数。由于放大电路的核心是三极管或场效应管这样的非线性器件,所以分析时主要矛盾在于如何处理放大器件的非线性问题。总体上,把放大电路的基本分析方法分为图解法和等效电路法两大类。图解法是在承认放大器件特性的非线性前提下,在放大管的特性曲线上用作图的方法来求解电路参数的。而等效电路法的实质是在一定条件下先将非线性的放大器件用线性化模型代替,然后进行参数的求解。

通常,对一个放大电路进行分析时,要遵循先静态后动态的原则,只有当静态分析参数合理时,动态分析才有意义。首先要对电路进行静态分析,即分析未加输入信号时的工作状态,求解静态工作点。然后进行动态分析,即分析加入动态信号(变化量)时的工作状态,估算放大电路的各项动态参数,如电压放大倍数、输入电阻和输出电阻等。

静态分析研究的是电路中的直流量,动态分析研究的是交流量。由于放大电路中电容、电感等电抗性元件的存在,所以直流信号与交流信号所流经的通路是不一样的。为了研究问题方便,常把直流电源对电路的作用和输入信号对电路的作用区分开来,分成直流通路和交流通路。

直流通路是直流电源单独作用下直流信号流经的通路,用于研究电路的静态工作点。将电容视为开路,电感视为短路,信号源视为短路,但要保留其内阻,就可得到电路的直流通路。交流通路是输入信号作用下交流信号流经的通路,用于研究电路的动态参数。将无内阻的直流电源视为短路,容量大的电容视为短路,即可得到电路的交流通路。图 1-39 和图 1-40 所示的两种共射放大电路的直流通路和交流通路分别如图 1-41 和图 1-42 所示。

静态工作点的近似估算:
1. 阻容耦合共射放大电路的静态工作点
由图 1-41 所示的直流通路,可求出其静态工作点为

$$I_{BQ} = \frac{V_{CC} - U_{BEQ}}{R_b} \tag{1-30}$$

$$I_{CQ} = \beta I_{BQ} \tag{1-31}$$

$$U_{CEQ} = V_{CC} - I_{CQ}R_c \tag{1-32}$$

由于放大电路中三极管发射结正偏,根据 PN 结的伏安特性,在实际估算中可近似认为 U_{BEQ} 为已知量,硅管的 U_{BEQ} 为 0.6~0.8 V 之间的某一值,常取 0.7 V;锗管的 U_{BEQ} 在 0.1~0.3 V 之间,常取 0.2 V。

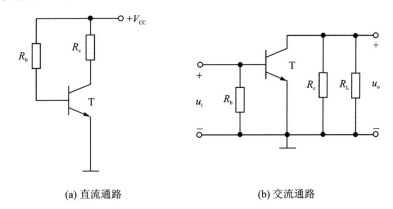

(a) 直流通路　　　　　　　　　　(b) 交流通路

图 1-41　阻容耦合共射放大电路的交、直流通路

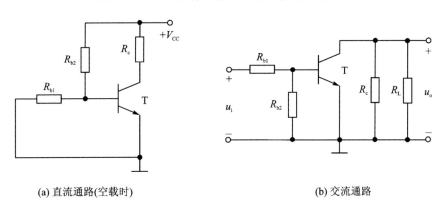

(a) 直流通路(空载时)　　　　　　　(b) 交流通路

图 1-42　直接耦合共射放大电路的交、直流通路

2. 直接耦合共射放大电路的静态工作点
由图 1-42(a)所示的直流通路,可求出其静态工作点为

$$I_{BQ} = \frac{V_{CC} - U_{BEQ}}{R_{b2}} - \frac{U_{BEQ}}{R_{b1}} \tag{1-33}$$

$$I_{CQ} = \beta I_{BQ} \tag{1-34}$$

$$U_{CEQ} = V_{CC} - I_{CQ}R_c \tag{1-35}$$

1.2.1 图解法

由于三极管是非线性器件,其电压和电流的关系可用输入特性曲线和输出特性曲线表示,因此可以在其特性曲线上,作出管子受外部电路约束的电压和电流的关系曲线,二者结合,从而确定放大电路的静、动态参数。

1. 静态工作点的分析

利用图解法确定静态工作点的步骤如下:

(1) 作直流负载线

在如图 1-41(a) 所示的阻容耦合共射放大电路的直流通路中,其输出回路由两部分组成,分别是非线性部分和线性部分。非线性部分为三极管,线性部分是由电源 V_{CC} 和 R_c 组成的外部电路。输出回路中的 i_C 和 u_{CE} 既要满足三极管的输出特性,又要满足外部电路的关系,即

$$u_{CE} = V_{CC} - i_C R_c \tag{1-36}$$

式(1-36)表示一条直线,其斜率为 $-\dfrac{1}{R_c}$,由集电极负载电阻 R_c 决定,在输出特性曲线上,它与横轴的交点坐标为 $(V_{CC}, 0)$,与纵轴的交点坐标为 $\left(0, \dfrac{V_{CC}}{R_c}\right)$,如图 1-43 所示。由于讨论的是静态工作情况,电路中的电压、电流都是直流量,所以直线称为直流负载线。

(2) 求解静态工作点

直流负载线与 $i_B = I_{BQ}$ 对应的那条输出特性曲线的交点 Q 即为电路的静态工作点,如图 1-43 所示。

2. 动态分析

根据放大电路的交流通路,可以分析其动态工作情况。利用图解法分析电路动态特性的步骤如下:

(1) 作交流负载线

在如图 1-41(b) 所示的阻容耦合共射放大电路的交流通路中,其输出回路受外电路约束的伏安特性称为交流负载线。与静态时类似,动态时,放大电路输出回路 i_C 和 u_{CE} 既要满足三极管的输出特性,又要满足外部电路的伏安关系。由于讨论的是动态,故集电极电流和管压降分别用变化量 Δi_C 和 Δu_{CE} 表示。交流负载线方程为

$$\Delta u_{CE} = -\Delta i_C (R_c // R_L) = -\Delta i_C R'_L \tag{1-37}$$

其斜率为 $-\dfrac{1}{R'_L}$。交流负载线应具备两个特征:第一,交流负载线必过 Q 点。这是因为当外加输入电压瞬时值等于零时,可认为放大电路相当于静态时的情况,即管子的集电极电流应为 I_{CQ},管压降应为 U_{CEQ};第二,交流负载线的斜率为 $-\dfrac{1}{R'_L}$,通常比直流负载线更陡,因此,只要通过 Q 点作一条斜率为 $-\dfrac{1}{R'_L}$ 的直线,即可得到交流负载线,如图 1-44 所示。应当指出,对于直接耦合放大电路而言,交、直流负载线重合;而对于阻容耦合放大电路,只有在空载时,交、直流负载线才重合。

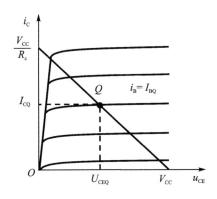
图 1-43 利用图解法求解静态工作点

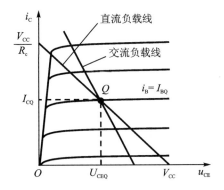
图 1-44 交流负载线和直流负载线

(2) 根据输入、输出特性和交流负载线分析动态性能

1) 动态工作波形分析

假设外加输入信号为正弦电压 u_i，则在线性范围内，三极管的 u_{BE}、i_B、u_{CE}、i_C 都将围绕各自的静态值基本上按正弦规律变化。放大电路基极输入回路和集电极输出回路的动态工作波形如图 1-45 所示。可见，共射放大电路输入电压与输出电压相位正好相反。

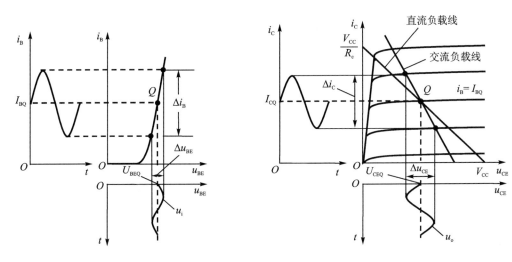

图 1-45 图解法分析动态工作情况

2) 波形非线性失真分析

图 1-45 为 Q 点比较居中且输入正弦信号幅值较小时的放大电路输入、输出波形关系。如果 Q 点过高或过低，则各电压、电流在变化过程中就容易进入三极管的饱和区和截止区，从而产生较明显的非线性失真。

当 Q 点过低时，输入信号负半周靠近峰值的某段时间内，三极管的 u_{BE} 小于其开启电压，管子截止。因此，基极电流 i_B 将产生底部失真，集电极电流 i_C 和 R_c 上的电压波形必然随 i_B 产生同样的失真；而由于输出电压 u_o 与 R_c 上的电压变化相位相反，从而导致 u_o 波形产生顶部失真，如图 1-46 所示。由于输入信号变化过程中，三极管进入截止区而使输出电压产生失真，故称这种非线性失真为截止失真。

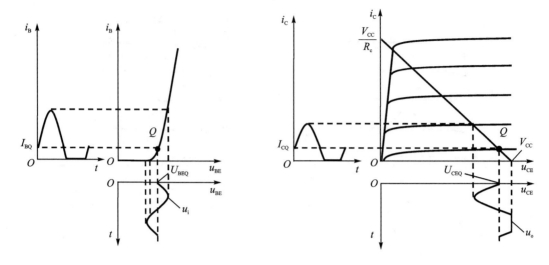

图 1-46　图解法分析截止失真

当 Q 点过高时，虽然基极电流 i_B 为不失真的正弦波，但是由于输入信号正半周靠近峰值的某段时间内，三极管进入了饱和区，导致集电极电流 i_C 产生顶部失真，R_c 上的电压波形随之产生同样的失真；而由于输出电压 u_o 与 R_c 上的电压变化相位相反，从而导致 u_o 波形产生底部失真，如图 1-47 所示。由于输入信号变化过程中，三极管进入饱和区而使输出电压产生失真，故称这种非线性失真为饱和失真。

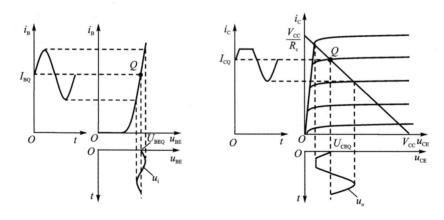

图 1-47　图解法分析饱和失真

1.2.2　微变等效电路法

由于三极管的非线性特性，使其放大电路分析变得复杂。但是，若能在一定条件下，将管子用一个线性模型代替，则可以利用线性电路的分析方法和理论进行三极管放大电路的分析。对管子进行线性化的条件就是限定输入信号为小信号，此时，管子的动态工作范围很小，在 Q 点处便可用直线来代替其伏安特性，用一个等效线性电路来代替三极管，这样的线性电路称为三极管的微变等效电路或等效模型。

1. 三极管的共射 h 参数等效模型

对于图 1-48 中的共发射极三极管,其在小信号作用下的输入特性和输出特性曲线变化如图 1-49 所示。由图 1-49(a)输入特性变化可见,在 Q 点附近,小信号时,特性曲线基本上是一段直线,即可以认为 Δi_B 和 Δu_{BE} 成正比,故可用一个等效电阻 r_{be} 来表示输入电压和输入电流之间的关系,即 $r_{be} = \dfrac{\Delta u_{BE}}{\Delta i_B}$。在图 1-49(b)输出特性变化中,假定在 Q 点附近特性曲线基本上是水平的,即 Δi_C 只取决于 Δi_B,而与 Δu_{CE} 无关,且有 $\Delta i_C = \beta \Delta i_B$,则从管子的输出端看,可以等效成一个大小为 $\beta \Delta i_B$ 的恒流源。但是,这个电流源是一个受控电流源,体现了基极电流对集电极电流的控制作用。在输入为正弦交流小信号的情况下,可分别用 $\dot{U}_{be}$、$\dot{U}_{ce}$、$\dot{I}_b$ 和 $\dot{I}_c$ 取代 Δu_{BE}、Δu_{CE}、Δi_B 和 Δi_C,得到图 1-48(b)所示的三极管的 h 参数等效模型。

应当说明:h 参数等效模型,没有考虑结电容的影响。在中频段以下,此模型满足工程要求。

在三极管 h 参数等效模型中,β 可以通过实测得到。经理论分析表明,r_{be} 近似估算公式为

$$r_{be} \approx r_{bb'} + (1+\beta) \frac{U_T}{I_{EQ}} \tag{1-38}$$

或

$$r_{be} \approx r_{bb'} + \beta \frac{U_T}{I_{CQ}} \tag{1-39}$$

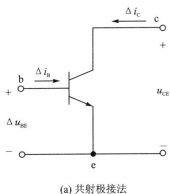
(a) 共射极接法

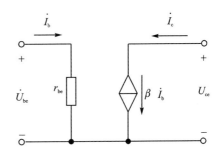
(b) 三极管的 h 参数等效模型

图 1-48 三极管共射极接法及等效模型

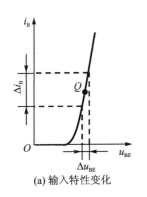
(a) 输入特性变化

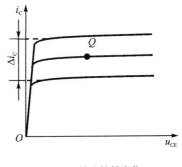
(b) 输出特性变化

图 1-49 小信号时三极管特性曲线变化

由上述 r_{be} 的估算式可见,r_{be} 与静态工作点有关。其中 $r_{bb'}$ 为基区体电阻,对于低频小功率管,$r_{bb'}$ 一般为 $100\sim300\ \Omega$,常取 $200\ \Omega$。

2. 用微变等效电路法分析共射放大电路动态参数

利用三极管的 h 参数等效模型可以求解放大电路的电压放大倍数、输入电阻和输出电阻等动态参数。分析时,首先要在放大电路的交流通路中,用 h 参数等效模型代替三极管,以得到放大电路的微变等效电路,然后再依据该微变等效电路求解动态参数。阻容耦合共射放大电路及其微变等效电路如图 1-50 所示。

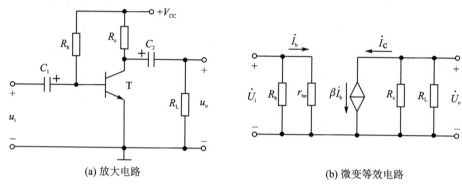

(a) 放大电路　　　　　　　　　　　(b) 微变等效电路

图 1-50　阻容耦合共射放大电路及其微变等效电路

(1) 电压放大倍数 $\dot A_u$

在图 1-50(b) 中,$\dot U_i = \dot I_b r_{be}$,$\dot U_o = -\dot I_c(R_c//R_L) = -\dot I_c R'_L$,根据电压放大倍数的定义有

$$\dot A_u = \frac{\dot U_o}{\dot U_i} = -\frac{\beta R'_L}{r_{be}} \tag{1-40}$$

(2) 输入电阻 R_i

因为输入电流有效值为 $I_i = \dfrac{U_i}{R_b} + I_b$,输入电压有效值为 $U_i = I_b r_{be}$,所以输入电阻为

$$R_i = \frac{U_i}{I_i} = R_b // r_{be} \tag{1-41}$$

(3) 输出电阻 R_o

根据输出电阻的定义,将放大电路的输入端短路,负载开路,然后在输出端外加一个电压源 $\dot U_o$,即可得到如图 1-51 所示的等效电路。

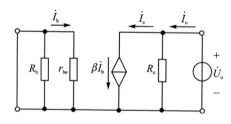

图 1-51　求解输出电阻的等效电路

由图 1-51 可得

$$R_o = \frac{U_o}{I_o} = R_c \tag{1-42}$$

另外,对输出电阻进行分析时,还可以根据戴维南定理将放大电路的输出回路进行等效变换,使之成为一个有内阻的电压源,该电压源的内阻即为放大电路的输出电阻。

由以上对放大电路动态参数的分析可见,由于 r_{be} 与静态工作点有关,导致动态参数与静态工作点紧密相关,所以,对放大电路的分析应遵循"先静态,后动态"的原则,只有电路的 Q 点合适,动态参数才能合理,动态分析才有意义。

【例 1-3】 在图 1-50(a)所示的阻容耦合共射放大电路中,已知 $V_{CC}=12\text{ V}$, $R_b=680\text{ k}\Omega$, $R_c=4\text{ k}\Omega$;三极管的 $r_{bb'}=200\text{ }\Omega$, $\beta=80$, $U_{BEQ}=0.7\text{ V}$;负载电阻 $R_L=4\text{ k}\Omega$,且耦合电容均足够大。试估算电路的静态工作点以及 $\dot{A}_u$、R_i 和 R_o。

解: 由图 1-41(a)所示电路的直流通路,可得静态工作点为

$$I_{BQ}=\frac{V_{CC}-U_{BEQ}}{R_b}=\left(\frac{12-0.7}{680}\right)\text{mA}\approx 0.016\text{ }6\text{ mA}=16.6\text{ }\mu\text{A}$$

$$I_{CQ}=\beta I_{BQ}=80\times 0.016\text{ }6\text{ }\mu\text{A}\approx 1.32\text{ mA}$$

$$U_{CEQ}=V_{CC}-I_{CQ}R_c\approx(12-1.32\times 4)\text{V}=6.72\text{ V}$$

再估算

$$r_{be}\approx r_{bb'}+\beta\frac{U_T}{I_{CQ}}\approx\left(200+80\times\frac{26}{1.32}\right)\Omega\approx 1.78\text{ k}\Omega$$

微变等效电路如图 1-50(b)所示,由此可得电路的电压放大倍数为

$$\dot{A}_u=-\frac{\beta R'_L}{r_{be}}=-\frac{80\times\frac{4\times 4}{4+4}}{1.78}\approx -89.8$$

输入电阻为

$$R_i=R_b // r_{be}=1.78\text{ k}\Omega$$

输出电阻为

$$R_o=R_c=4\text{ k}\Omega$$

应当指出,放大电路的输入电阻与信号源内阻无关,输出电阻与负载无关。

1.3 放大电路静态工作点的稳定

1.3.1 静态工作点稳定的必要性

由前述分析可以看出,静态工作点不但决定了放大电路输出是否会产生非线性失真,而且还影响着电压放大倍数、输入电阻等动态参数。如果静态工作点不稳定,则会引起动态参数的变动,有时电路甚至无法正常工作。举个实例说明,有些电子设备在常温下能够正常运行,但是当温度升高时,性能就可能不稳定或无法正常工作,这往往是由于系统电路中静态工作点不稳定造成的。因此,保持电路的静态工作点稳定是十分必要的。

造成电路静态工作点不稳定的原因有电源电压波动、元器件老化及因温度变化所引起的三极管参数的变化。其中,温度对三极管参数的影响是最为主要的原因。温度的升高对三极管各参数的影响,最终将导致集电极静态电流 I_{CQ} 的增大,使输出特性曲线上移,且间隔加大,如图 1-52 所示。其中,实线为 20 ℃时三极管的输出特性,虚线为 50 ℃时三极管的输出特性。当温度升高时,静态工作点将由 Q 点上移至 Q' 点,向饱和区变化。如为了在温度升高时

保持静态工作点仍然在 Q 点处(即 I_{CQ} 和管压降 U_{CEQ} 基本不变),则必须减小基极电流 I_{BQ}。同理,当温度降低时,I_{CQ} 减小,Q 点将向截止区变化,若要保持其不变,则必须增大基极电流 I_{BQ}。可见,若想保持温度变化时 I_{CQ} 基本不变,进而保持 U_{CEQ} 基本不变,则必须依靠 I_{BQ} 的变化来抵消 I_{CQ} 的变化。

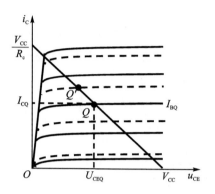

图 1-52　三极管在不同温度下的特性曲线

1.3.2　静态工作点稳定的放大电路

实际电路中,常用的稳定工作点的方法有两种:一种是引入直流负反馈,另一种是利用温度敏感元件进行温度补偿。两种方法都能够使 I_{BQ} 在温度变化时产生与 I_{CQ} 相反的变化,从而保证 I_{CQ} 基本不变。最常用的静态工作点稳定电路如图 1-53 所示,图(a)为阻容耦合电路,图(b)为直接耦合电路,它们的直流通路相同,如图(c)所示。

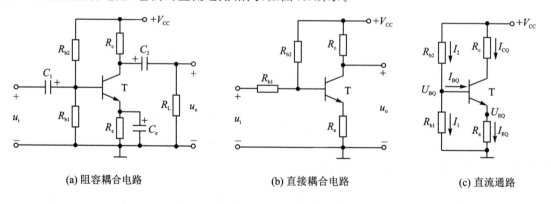

(a) 阻容耦合电路　　　　　　(b) 直接耦合电路　　　　　　(c) 直流通路

图 1-53　静态工作点稳定的放大电路

1. 静态工作点的估算及其稳定原因

为了稳定 Q 点,应使基极电位 U_{BQ} 固定,所以在电路参数选取时要保证流过电阻 R_{b1} 的电流 $I_1 \gg I_{BQ}$,即 $I_1 \approx I_2$,基极静态电位为

$$U_{BQ} \approx \frac{R_{b1}}{R_{b1}+R_{b2}} \cdot V_{CC} \qquad (1-43)$$

因此集电极电流为

$$I_{CQ} \approx I_{EQ} = \frac{U_{BQ}-U_{BEQ}}{R_e} \qquad (1-44)$$

管压降为

$$U_{CEQ} \approx V_{CC} - I_{CQ}(R_c + R_e) \quad (1-45)$$

基极电流为

$$I_{BQ} \approx \frac{I_{CQ}}{\beta} \quad (1-46)$$

由式(1-43)可见,基极电位基本取决于电阻 R_{b1} 与 R_{b2} 的分压,即当温度变化时 U_{BQ} 基本不变。U_{BQ} 与环境温度无关是本电路能够稳定 Q 点的原因之一。为了保证 U_{BQ} 基本固定,工程上一般取 $I_1 = (5 \sim 10)I_{BQ}$(硅管),$I_1 = (10 \sim 20)I_{BQ}$(锗管),且兼顾 R_e 和 U_{CEQ} 取 $U_{BQ} = \left(\frac{1}{5} \sim \frac{1}{3}\right)V_{CC}$,即各电阻取值一般应满足 $(1+\beta)R_e \gg (R_{b1}//R_{b2})$。

图 1-53 所示电路稳定 Q 点的另一个重要原因是发射极电阻 R_e 的电流负反馈作用。当集电极电流 I_{CQ} 随温度的升高而增大时,发射极电流 I_{EQ} 也必然增大,因此发射极电位 U_{EQ} 也随之升高,而 $U_{BEQ} = U_{EQ} - U_{BQ}$,故 U_{BEQ} 必然减小,从而使基极静态电流 I_{BQ} 减小,于是 I_{CQ} 随之减小。结果,I_{CQ} 随温度升高而增大的部分几乎被 I_{BQ} 减小的部分抵消了,所以 I_{CQ} 将基本不变,U_{CEQ} 也基本不变,从而使 Q 点基本保持稳定。当温度降低时,各量向相反的方向变化,I_{CQ} 和 U_{CEQ} 也基本不变。

可见,当输出回路电流 I_{CQ} 发生变化时,通过在 R_e 上产生电压的变化来影响 b-e 间电压,使 I_{BQ} 向相反方向变化,从而使 Q 点稳定。这种将输出量(I_{CQ})通过一定的方式(利用 R_e 将 I_{CQ} 的变化转化成电压的变化)引回到输入回路来影响输入量(U_{BEQ})的措施称为反馈,由于反馈的结果使输出量的变化减小,故称为负反馈。因反馈量取自输出电流,故称为电流负反馈。

考虑图 1-53 电路 Q 点稳定的两个原因,常将其称为分压式电流负反馈工作点稳定电路。显然,R_e 越大,反馈越强,Q 点就越稳定。但由于受 V_{CC} 的限制,对于一定的 I_{CQ},R_e 太大会使管子进入饱和区,不能正常放大。所以,R_e 增大后,必须增大 V_{CC} 的值。

应当指出,除了利用负反馈使 Q 点稳定,在实际中,还经常采用温度补偿的方法来稳定 Q 点。使用温度补偿方法稳定静态工作点时,必须在电路中采用对温度敏感的器件,如二极管、热敏电阻等。

2. 动态参数的估算

以图 1-53(a)的阻容耦合电路为例,首先画出其微变等效电路如图 1-54 所示。因此动态参数为

$$\dot{A}_u = -\frac{\beta R_L'}{r_{be}} \quad (1-47)$$

式中:$R_L' = R_c // R_L$。可见,分压式工作点稳定电路的电压放大倍数与基本阻容耦合共射电路相同。

$$R_i = R_{b1} // R_{b2} // r_{be} \quad (1-48)$$

$$R_o = R_c \quad (1-49)$$

【例 1-4】 在图 1-53(a)所示的电路中,已知 $V_{CC} = 12$ V,$R_{b1} = 3$ kΩ,$R_{b2} = 9$ kΩ,$R_e = 1$ kΩ,$R_c = 2$ kΩ;$R_L = 2$ kΩ;三极管的 $r_{bb'} = 200$ Ω,$\beta = 60$,$U_{BEQ} = 0.7$ V,且各电容均足够大。

(1) 试估算电路的静态工作点;

(2) 若换上 $\beta = 30$ 的三极管,则静态工作点如何变化?

(3) 试估算 $\dot{A}_u$、R_i 和 R_o;

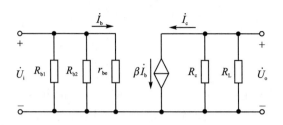

图 1-54 阻容耦合工作点稳定电路的微变等效电路

(4) 若去掉 C_e,则对电压放大倍数有何影响?

解: (1) $U_{BQ} \approx \dfrac{R_{b1}}{R_{b1}+R_{b2}} \cdot V_{CC} = \left(\dfrac{3}{3+9} \times 12\right)\text{V} = 3 \text{ V}$

$I_{CQ} \approx I_{EQ} = \dfrac{U_{BQ}-U_{BEQ}}{R_e} = \left(\dfrac{3-0.7}{1}\right)\text{mA} = 2.3 \text{ mA}$

$U_{CEQ} \approx V_{CC} - I_{CQ}(R_c+R_e) = [12-2.3\times(2+1)]\text{V} = 5.1 \text{ V}$

$I_{BQ} \approx \dfrac{I_{CQ}}{\beta} = \dfrac{2.3}{60}\text{ mA} \approx 0.0383 \text{ mA} = 38.3 \text{ }\mu\text{A}$

(2) 若换上 $\beta=30$ 的三极管,则由(1)中估算式可知,U_{BQ}、I_{CQ} 和 U_{CEQ} 的值均不变,而基极电流变为 $I_{BQ} \approx \dfrac{I_{CQ}}{\beta} = \dfrac{2.3 \text{ mA}}{30} \approx 0.0766 \text{ mA} = 76.6 \text{ }\mu\text{A}$。

(3) 先估算 $r_{be} \approx r_{bb'} + \beta\dfrac{U_T}{I_{CQ}} \approx \left(200+60\times\dfrac{26}{2.3}\right)\Omega \approx 878 \text{ }\Omega$,然后可得

$$\dot{A}_u = -\dfrac{\beta R'_L}{r_{be}} = -\dfrac{60\times\dfrac{2\times 2}{2+2}}{0.878} \approx -68.3$$

$$R_i = R_{b1}//R_{b2}//r_{be} \approx 632 \text{ }\Omega$$

$$R_o = R_c = 2 \text{ k}\Omega$$

(4) 若去掉 C_e,则电路的微变等效电路如图 1-55 所示。

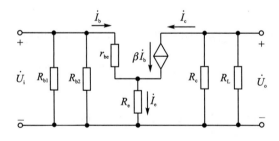

图 1-55 去掉 C_e 后的微变等效电路

有 $\dot{U}_i = \dot{I}_b r_{be} + \dot{I}_e R_e = \dot{I}_b r_{be} + \dot{I}_b(1+\beta)R_e$,$\dot{U}_o = -\dot{I}_c(R_c//R_L) = -\dot{I}_c R'_L$,电压放大倍数为

$$\dot{A}_u = \dfrac{\dot{U}_o}{\dot{U}_i} = -\dfrac{\beta R'_L}{r_{be}+(1+\beta)R_e} \approx -0.97$$

可见,去掉 C_e 后,电路的电压放大倍数数值减小很多,电压放大能力很差。因此,在实际电路中,常将 R_e 分为两部分,只将其中一部分接旁路电容。

1.4 基本共集电极放大电路和共基极放大电路

根据输入信号与输出信号公共端的不同,三极管放大电路有三种基本的接法(组态),分别是共射放大电路、共集放大电路和共基放大电路。本节主要介绍共集、共基接法的放大电路。

1.4.1 共集电极放大电路

阻容耦合共集电极放大电路如图 1-56 所示。由图 1-56(c)的交流通路可以看出,集电极是输入回路和输出回路的公共端。同时,由于输出信号取自发射极,所以又把共集电极电路称为射极输出器。

1. 静态工作点的估算

在图 1-56(b)所示的直流通路中,列写输入回路的电压方程,可求得基极电流为

$$I_{BQ} = \frac{V_{CC} - U_{BEQ}}{R_b + (1+\beta)R_e} \quad (1-50)$$

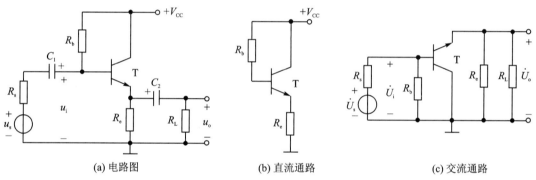

(a) 电路图　　　　(b) 直流通路　　　　(c) 交流通路

图 1-56 共集放大电路

发射极电流为

$$I_{EQ} = (1+\beta)I_{BQ} \approx \beta I_{BQ} = I_{CQ} \quad (1-51)$$

静态管压降为

$$U_{CEQ} = V_{CC} - I_{EQ}R_e \approx V_{CC} - I_{CQ}R_e \quad (1-52)$$

2. 动态参数的估算

首先在图 1-56(c)所示的交流通路基础上,画出电路的微变等效电路如图 1-57 所示。

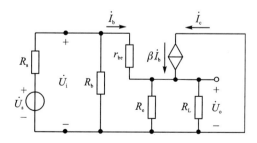

图 1-57 共集放大电路的微变等效电路

有 $\dot{U}_i = \dot{I}_b r_{be} + \dot{I}_e(R_e//R_L) = \dot{I}_b r_{be} + \dot{I}_b(1+\beta)R'_L$,其中 $R'_L = R_e//R_L$,又 $\dot{U}_o = \dot{I}_b(1+\beta)R'_L$,所以电压放大倍数为

$$\dot{A}_u = \frac{\dot{U}_o}{\dot{U}_i} = \frac{(1+\beta)R'_L}{r_{be}+(1+\beta)R'_L} \qquad (1-53)$$

式(1-53)表明,共集放大电路的电压放大倍数大于 0 且小于 1,即输出电压与输入电压同相,输出电压小于输入电压。实际中,一般满足 $(1+\beta)R'_L \gg r_{be}$,所以 $\dot{A}_u \approx 1$,因此共集电极放大电路又称为射极跟随器。虽然共集电极放大电路没有电压放大能力,但是其输出电流为发射极电流,输入电流为基极电流,输出电流远大于输入电流,故仍然具有功率放大能力。

根据输入电阻的定义有

$$R_i = \frac{U_i}{I_i} = \frac{I_b[r_{be}+(1+\beta)R'_L]}{I_b} = r_{be}+(1+\beta)R'_L \qquad (1-54)$$

由式(1-54)可见,发射极电阻等效到基极回路后,将增大到原来的 $(1+\beta)$ 倍。因此,共集电路的输入电阻比共射电路要大很多,可达几十 kΩ 到几百 kΩ。另外,共集电路的输入电阻与负载有关。

用外加电压源法求解输出电阻的电路如图 1-58 所示。

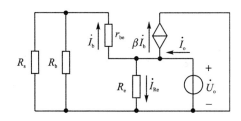

图 1-58 共集电极放大电路输出电阻求解等效电路

有 $I_o = I_{R_e} + I_b + \beta I_b = \frac{U_o}{R_e} + (1+\beta)\frac{U_o}{r_{be}+R'_s}$,其中 $R'_s = R_s//R_b$,可得输出电阻的表达式为

$$R_o = \frac{U_o}{I_o} = \frac{U_o}{\frac{U_o}{R_e}+(1+\beta)\frac{U_o}{r_{be}+R'_s}} = \frac{1}{\frac{1}{R_e}+(1+\beta)\frac{1}{r_{be}+R'_s}}$$

所以

$$R_o = R_e // \frac{r_{be}+R'_s}{1+\beta} \qquad (1-55)$$

式(1-55)表明,基极回路电阻 R'_s 等效到发射极回路时,将减小到原来的 $\frac{1}{1+\beta}$。通常,r_{be} 值多在几百 Ω 到几 kΩ 之间,R_e 取值较小,且 $\beta \gg 1$,所以共集电路的输出电阻小,可小到几十 Ω。另外,其输出电阻与信号源内阻 R_s 有关。

由于共集放大电路输入电阻大,因而从信号源索取的电流小;输出电阻小,故带负载能力强,所以常用于多级放大电路的输入级和输出级;虽然没有电压放大能力,但有电流放大作用,即具有功率放大作用;可放在两级电路之间起缓冲与隔离作用,有着广泛的应用。

1.4.2 共基极放大电路

阻容耦合共基极放大电路如图 1-59 所示。由图 1-59(c)的交流通路可以看出,基极是

输入回路和输出回路的公共端。发射极为输入极,输出信号取自集电极。

如图 1-59(b)所示的直流通路与图 1-53 所示的分压式工作点稳定电路的直流通路相同,故此处略去静态工作点的分析。下面求解动态参数,由图 1-59(d)所示的微变等效电路可得电压放大倍数为

$$\dot{A}_\mathrm{u} = \frac{\dot{U}_\mathrm{o}}{\dot{U}_\mathrm{i}} = \frac{\beta \dot{I}_\mathrm{b} R'_\mathrm{L}}{\dot{I}_\mathrm{b} r_\mathrm{be}} = \frac{\beta R'_\mathrm{L}}{r_\mathrm{be}} \tag{1-56}$$

式中:$R'_\mathrm{L} = R_\mathrm{c} // R_\mathrm{L}$。

输入电阻为

$$R_\mathrm{i} = \frac{U_\mathrm{i}}{I_\mathrm{i}} = \frac{I_\mathrm{b} r_\mathrm{be}}{I_{R_\mathrm{e}} + I_\mathrm{e}} = \frac{I_\mathrm{b} r_\mathrm{be}}{\frac{I_\mathrm{b} r_\mathrm{be}}{R_\mathrm{e}} + (1+\beta) I_\mathrm{b}} = R_\mathrm{e} // \frac{r_\mathrm{be}}{1+\beta} \tag{1-57}$$

输出电阻为

$$R_\mathrm{o} = R_\mathrm{c} \tag{1-58}$$

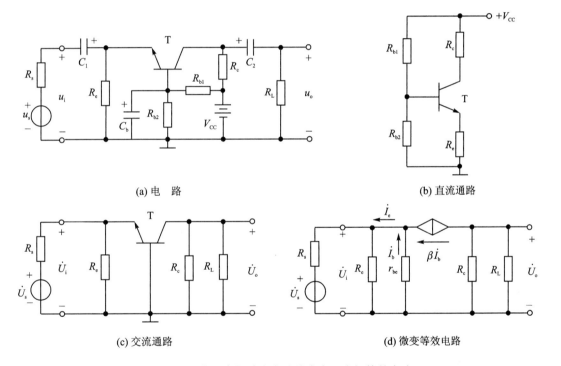

图 1-59 共集电极放大电路输出电阻求解等效电路

可见,共基电路的输出电压与输入电压同相,电压放大能力与共射电路相当,且无电流放大能力。输出电阻与共射电路相当,输入电阻很小,使三极管结电容的影响不显著,因而频率响应得到很大改善,其通频带是三种接法电路中最宽的,所以常用于构成宽频带放大电路。

1.4.3 三种组态的比较

综上所述,现将三极管共射、共集和共基三种基本组态放大电路的性能特点归纳如下:
① 共射电路同时具有较大的电压放大能力和电流放大能力,输入电阻和输出电阻比较适

中,可用于对输入电阻、输出电阻和频率响应没有特殊要求的场合。共射电路常被用作低频电压放大电路的输入级、中间级和输出级的单元电路。

② 共集电路只放大电流而不放大电压,其电压放大倍数接近于 1 或小于 1,是三种组态中输入电阻最大、输出电阻最小的电路,并具有电压跟随的特点。共集电路常被用作多级放大电路的输入级、输出级或作为隔离用的中间级。

首先,可以利用它作为电子测量仪器内部放大电路的输入级,以减小对被测电路的影响,提高测量精度。

其次,如果放大电路输出端是一个变化的负载,那么为了在负载变化时保证放大电路的输出电压比较稳定,可以采用共集电路作为放大电路的输出级。

③ 共基电路只具有电压放大能力,而不放大电流,输入电阻小,电压放大倍数及输出电阻与共射电路相当,是三种组态中高频特性最好的电路,常用于无线通信等方面。

由此可见,三种组态放大电路的性能各有特点,在构成实际放大电路时,应根据需求,合理选择相应组态电路并进行适当组合,取长补短,以使所设计的电路达到较理想的性能。

1.5 场效应管放大电路

场效应管和三极管一样可以实现能量的控制,可以组成各种放大电路。由于场效应管栅-源之间电阻很高,所以常作为高输入阻抗放大器的输入级。场效应管放大电路也有三种基本组态(接法),即共源放大电路、共漏放大电路和共栅放大电路。

1.5.1 场效应管偏置电路

与三极管放大电路相似,为了使电路正常放大,场效应管应工作在恒流区,所以必须通过偏置电路设置合适的静态工作点,以保证在输入信号的整个周期内,场效应管均工作在恒流区,从而得到足够大且不失真的输出信号。下面以共源电路为例,说明设置静态工作点的常用方法。

1. 自给偏压电路

图 1-60 为 N 沟道结型场效应管共源放大电路,其偏置电路为典型的自给偏压电路。在静态时,由于场效应管栅极电流 $I_{GQ}=0$,所以栅极电位 $U_{GQ}=0$,漏极电流 I_{DQ} 流过源极电阻 R_s,使源极电位 $U_{SQ}=I_{DQ}R_s$,故栅-源间的静态电压为

$$U_{GSQ} = U_{GQ} - U_{SQ} = -I_{DQ}R_s \tag{1-59}$$

可见,电路靠源极电阻 R_s 为栅-源间提供一个负偏压,故称为自给偏压电路。

结型场效应管的电流方程为

$$I_{DQ} = I_{DSS}\left(1 - \frac{U_{GSQ}}{U_{GS(off)}}\right)^2 \tag{1-60}$$

联立式(1-59)和式(1-60),就可解出 I_{DQ} 和 U_{GSQ}。漏-源间静态电压为

$$U_{DSQ} = V_{DD} - I_{DQ}(R_d + R_s) \tag{1-61}$$

自给偏压电路适用于需要负的栅-源电压的场效应管。

2. 分压式偏置电路

由 N 沟道增强型 MOS 管构成的共源放大电路如图 1-61 所示。静态时,由于栅极电流 $I_{GQ}=0$,所以有 $U_{GQ}=\dfrac{R_1}{R_1+R_2}V_{DD}$,$U_{SQ}=I_{DQ}R_s$,因此

$$U_{GSQ} = U_{GQ} - U_{SQ} = \frac{R_1}{R_1 + R_2}V_{DD} - I_{DQ}R_s \tag{1-62}$$

可见,该电路依靠电阻 R_1 与 R_2 对电源 V_{DD} 的分压来提供静态工作点电压,故称为分压式偏置电路。

由于栅-源电压可为正值、负值或零,所以分压式偏置电路适合所有类型的场效应管。

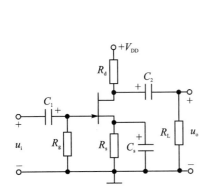 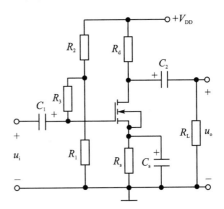

图 1-60 自给偏压共源放大电路　　　图 1-61 分压式偏置共源放大电路

1.5.2 场效应管放大电路的动态分析

下面用微变等效电路法对场效应管放大电路进行动态分析。

1. 场效应管的低频小信号等效模型

由于漏极电流是栅-源电压 u_{GS} 和漏-源电压 u_{DS} 的函数,即

$$i_D = f(u_{GS}, u_{DS})$$

对上式求全微分

$$di_D = \frac{\partial i_D}{\partial u_{GS}}\bigg|_{U_{DS}} du_{GS} + \frac{\partial i_D}{\partial u_{DS}}\bigg|_{U_{GS}} du_{DS} \tag{1-63}$$

令 $\frac{\partial i_D}{\partial u_{GS}}\bigg|_{U_{DS}} = g_m$,$\frac{\partial i_D}{\partial u_{DS}}\bigg|_{U_{GS}} = \frac{1}{r_{ds}}$,并设输入为正弦交流信号,则可用 $\dot{I}_d$、$\dot{U}_{gs}$ 和 $\dot{U}_{ds}$ 分别代替式(1-63)中的变化量 di_D、du_{GS} 和 du_{DS},则式(1-63)可写成

$$\dot{I}_d = g_m \dot{U}_{gs} + \frac{1}{r_{ds}}\dot{U}_{ds} \tag{1-64}$$

根据式(1-64)可画出场效应管的低频小信号等效模型,如图 1-62 所示。由于场效应管栅极电流为零,故输入回路栅-源之间相当于开路,输出回路等效成一个受控电流源 $g_m\dot{U}_{gs}$ 与一个电阻 r_{ds} 并联。由于 r_{ds} 一般较大,当外电路电阻较小时,也可忽略 r_{ds} 中的电流,输出回路只等效成一个受控电流源。

2. 场效应管共源放大电路的动态分析

在图 1-61 所示分压式偏置共源放大电路的交流通路中,将场效应管用小信号等效模型代替,并取 $r_{ds} = \infty$,可得到电路的微变等效电路如图 1-63 所示。

电压放大倍数为

$$\dot{A}_u = \frac{\dot{U}_o}{\dot{U}_i} = \frac{-\dot{I}_d(R_d//R_L)}{\dot{U}_{gs}} = -\frac{g_m \dot{U}_{gs} R'_d}{\dot{U}_{gs}} = -g_m R'_d \qquad (1-65)$$

可见，共源放大电路的输出电压与输入电压相位相反。

输入电阻为

$$R_i = \frac{U_i}{I_i} = R_3 + R_1//R_2 \qquad (1-66)$$

输出电阻为

$$R_o = R_d \qquad (1-67)$$

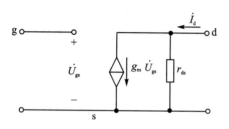

图 1-62 场效应管的低频小信号模型

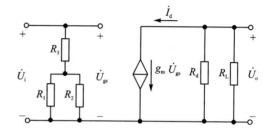

图 1-63 共源放大电路的微变等效电路

3. 场效应管共漏放大电路的动态分析

图 1-64 为 N 沟道结型场效应管自给偏压共漏放大电路，图 1-65 为其微变等效电路。

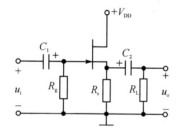

图 1-64 自给偏压共漏放大电路

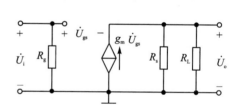

图 1-65 共漏放大电路的微变等效电路

电压放大倍数为

$$\dot{A}_u = \frac{\dot{U}_o}{\dot{U}_i} = \frac{g_m \dot{U}_{gs}(R_s//R_L)}{\dot{U}_{gs} + g_m \dot{U}_{gs}(R_s//R_L)} = \frac{g_m R'_s}{1 + g_m R'_s} \qquad (1-68)$$

可见，共漏电路的输出电压与输入电压相位相同，且电压放大倍数数值小于 1 而接近于 1，所以又称为源极输出器或源极跟随器。

输入电阻为

$$R_i = R_g \qquad (1-69)$$

将输入短路，用外加电压源法可求得共漏放大电路的输出电阻为

$$R_o = \frac{U_o}{I_o} = \frac{U_o}{g_m U_o + \frac{U_o}{R_s}} = R_s // \frac{1}{g_m} \qquad (1-70)$$

由于实际中，共栅电路很少使用，所以不再赘述。场效应管放大电路的最突出优点是可以

组成高输入电阻放大电路,广泛地应用于各种电子系统中。

1.6 多级放大电路

用一只三极管或场效应管组成的基本放大电路,其电压放大倍数最多只能达到几百倍,输入、输出电阻等性能也有一定局限性。而在实际应用中,常对放大电路的性能提出多方面的要求,例如,要求其电压放大倍数为 10 000,输入电阻大于 1 MΩ,输出电阻小于 100 Ω 等。仅靠前述任何一种放大电路都不可能同时满足上述要求。因此,实际中,常先选择多个基本放大电路,然后将它们连接起来,构成多级放大电路。实际的电子线路或系统中,一般用的都是多级放大电路。

1.6.1 级间耦合方式

多级放大电路内部各级之间的连接方式称为耦合方式。多级放大电路常用的耦合方式有四种,分别是直接耦合、阻容耦合、变压器耦合和光电耦合。

1. 直接耦合

放大电路级与级之间直接连接的方式称为直接耦合,如图 1-66 所示。直接耦合的突出优点是既能够放大交流信号,也能放大缓慢变化的信号和直流信号。由于电路中没有大电容,直接耦合的另一个重要优点是便于集成,在实际的集成运算放大电路中一般都采用直接耦合方式连接各级放大电路。

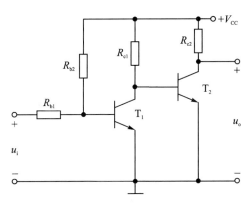

图 1-66 直接耦合放大电路

由图 1-66 所示的电路可以看出,直接耦合使前、后级之间的直流通路相互连通,造成各级静态工作点互相影响,这就给多级放大电路的分析、设计和调试带来一定的困难。有时,把两级电路直接耦合在一起,由于它们的静态工作点不独立,还会造成电路不能良好放大。

图 1-66 中,静态时,有 $U_{CEQ1}=U_{BEQ2}$,若 T_1 为硅管,则 U_{BEQ} 约为 0.7 V,会使第一级的静态工作点靠近饱和区,易使动态信号产生饱和失真。因此,为了使第一级 Q 点合适,就要抬高第二级中 T_2 管的基极电位,故在 T_2 管的发射极增加电阻 R_{e2},如图 1-67(a)所示。但是,R_{e2} 的引入会使第二级的电压放大倍数严重下降,从而影响整个电路的放大能力。为此,可用二极管取代 R_{e2},如图 1-67(b)所示,对于直流信号,二极管相当于一个电压源,而对于交流信号,它等效为一个小电阻,这样,既可以使两级电路均有合适的静态工作点,又保证了整个电路的

放大倍数不致降低太多。

为了使第一级的静态工作点位置比较居中,当直流电源电压较高时,常常需要 U_{CEQ1} 为几伏以上,这时,可以用稳压管取代二极管,以使 T_1 管的静态管压降较大,如图 1-67(c)所示。可以根据 T_1 管所需的管压降,选取稳压管的稳定电压 U_Z。

在图 1-67(a)、(b)、(c)所示电路中,为了使各级三极管能够正常放大,必然要求 T_2 管的集电极电位高于其基极电位。当级数进一步增多时,且每级都是由 NPN 型管构成的共射电路,则由于集电极电位必然逐级升高,直至接近电源电压,势必造成后级 Q 点不合适。解决办法是采用 NPN 型和 PNP 型管混合使用,如图 1-67(d)所示。由于 PNP 型管的集电极电位低于基极电位,因此,当直接耦合级数增多时,不致造成集电极电位逐级上升,而使各级获得合适的工作点。在分立元件或集成直接耦合电路中均广泛采用 NPN 管和 PNP 管交替连接的方式,以避免多级耦合时集电极电位逐级升高。

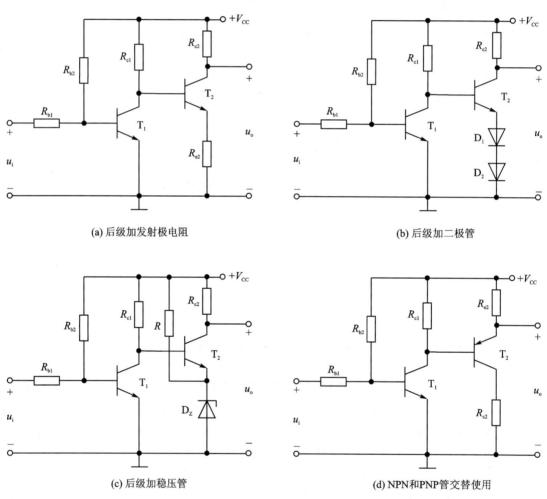

图 1-67　直接耦合放大电路静态工作点的设置

2. 阻容耦合

两级阻容耦合放大电路如图 1-68 所示,第一级输出端通过电容连接到第二级的输入端,故称为阻容耦合。

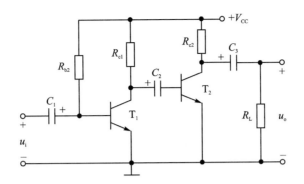

图 1-68 阻容耦合放大电路

由于耦合电容容量较大,所以阻容耦合电路各级的直流通路互不相通,各级的静态工作点相互独立,从而给分析、设计和调试带来了很大的方便。而且,只要耦合电容容量足够大,即使前级输入信号频率较低,也能几乎不衰减地传递到后级。因此,在分立元件电路中,广泛采用阻容耦合方式。但是,由于耦合电容的隔离直流作用,使得阻容耦合方式的低频特性差,不能放大缓慢变化的信号和直流信号。同时,在集成电路中,制作大电容很困难或不可能,所以阻容耦合不便于集成。

3. 变压器耦合

变压器耦合电路通过变压器将原边的交流信号传送到副边,如图 1-69 所示。由于前后级间靠磁路耦合,所以各级静态工作点相互独立,便于分析、设计和调试。其中,R_L 既可以是实际负载,也可以代表后级放大电路。

实际负载阻值往往都很小。例如,扩音系统中的扬声器阻值一般为 4 Ω、8 Ω 和 16 Ω 等几种,把这样小的负载利用直接耦合或阻容耦合连接到放大电路的输出端,势必造成电压放大倍数很小,无法使负载获得足够大的功率。此时可以通过变压器耦合连接实际负载,合理选择变压器变比,通过变压器耦合实现阻抗变换,使变换后的等效负载电阻值比较合适,以便在负载上得到尽可能大的输出功率。阻抗变换后的等效电路如图 1-70 所示。若变压器的变比 $n = N_1/N_2$,副边负载电阻为 R_L,则从原边看进去的等效负载电阻为

$$R'_L = n^2 R_L \tag{1-71}$$

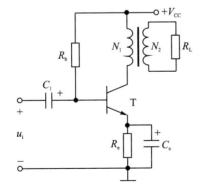

图 1-69 变压器耦合放大电路

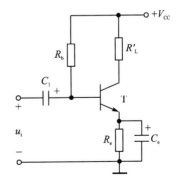

图 1-70 阻抗变换后的等效电路

变压器耦合的主要缺点是电路比较笨重,无法集成,且不能放大缓慢变化的信号和直流信号,所以目前已很少使用。但是在高频电路中仍有广泛应用。另外,在集成功率放大电路无法满足需要的情况下,如需要输出特大功率时,也可考虑用分立元件变压器耦合电路。

4. 光电耦合

光电耦合是以光信号为媒介来实现电信号的传递的,如图 1 - 71 所示为光电耦合放大电路。实现光电耦合的基本器件是光电耦合器,它首先利用输入回路的发光元件(发光二极管)将电信号转换为光信号,进行传递,然后通过输出回路中的光敏元件(光电三极管)将光信号再转换为电信号,实现信号传输过程中的电气隔离,从而可有效抑制电干扰。

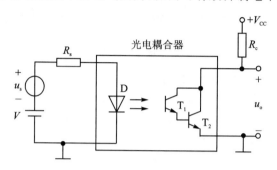

图 1 - 71 光电耦合放大电路

光电耦合尤其适用于信号源输入回路与输出回路分别采用不同电源且不共地的情况,可以避免因为不同电源和不同接地端而引入的各种电干扰。

1.6.2 多级放大电路的分析

多级放大电路的静态分析要考虑级间耦合方式,若为直接耦合,则求解每一级静态工作点时需考虑级间的互相影响;其他耦合方式由于直流通路相互独立,可单独求解每一级静态工作点。多级放大电路的动态指标分析如下:

在多级放大电路中,由于后级电路相当于前级的负载,而该负载正是后级放大电路的输入电阻,所以在计算前级输出时,要将后级的输入电阻作为其负载,而前级的输出又正是后级的输入信号,即前级相当于后级的信号源。分析多级放大电路的电压放大倍数时,要考虑前级与后级的相互影响关系,首先分别求解出每一级的电压放大倍数,然后再求解总的电压放大倍数。因此,一个 n 级放大电路的总电压放大倍数为

$$\dot{A}_u = \frac{\dot{U}_o}{\dot{U}_i} = \frac{\dot{U}_{o1}}{\dot{U}_i} \cdot \frac{\dot{U}_{o2}}{\dot{U}_{o1}} \cdot \cdots \cdot \frac{\dot{U}_o}{\dot{U}_{o(n-1)}} = \dot{A}_{u1} \cdot \dot{A}_{u2} \cdot \cdots \cdot \dot{A}_{un} \quad (1-72)$$

可见,多级放大电路总电压放大倍数为各级电压放大倍数的乘积。

根据输入电阻的定义,多级放大电路的输入电阻就是第一级的输入电阻,即

$$R_i = R_{i1} \quad (1-73)$$

根据输出电阻的定义,多级放大电路的输出电阻就是最后一级的输出电阻,即

$$R_o = R_{on} \quad (1-74)$$

【例 1 - 5】 电路如图 1 - 72 所示,已知 $V_{CC} = 12$ V, $R_{b1} = 10$ kΩ, $R_{b2} = 30$ kΩ, $R_{c1} = 2$ kΩ, $R_{e1} = 1.1$ kΩ, $R_{e2} = 1$ kΩ, $R_{c2} = R_L = 4$ kΩ;三极管的 β 均为 100, $r_{be1} = 1.5$ kΩ, $r_{be2} = 2.5$ kΩ,

$U_{BEQ1}=U_{EBQ2}=0.7$ V。试估算该电路电压放大倍数 $\dot{A}_u$、输入电阻 R_i 和输出电阻 R_o。

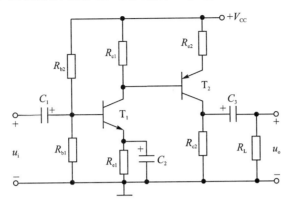

图 1-72 例 1-5 电路图

解：(1) 电压放大倍数 $\dot{A}_u$

$$\dot{A}_u = \frac{\dot{U}_o}{\dot{U}_i} = \dot{A}_{u1} \cdot \dot{A}_{u2}, \quad R_{i2} = r_{be2} + (1+\beta)R_{e2} \approx 103 \text{ k}\Omega$$

$$\dot{A}_{u1} = -\frac{\beta(R_{c1}//R_{i2})}{r_{be1}} \approx -\frac{\beta R_{c1}}{r_{be1}} = -133$$

$$\dot{A}_{u2} = -\frac{\beta(R_{c2}//R_L)}{r_{be2}+(1+\beta)R_{e2}} \approx -2$$

两级放大电路总电压放大倍数 $\dot{A}_u = \dot{A}_{u1} \cdot \dot{A}_{u2} \approx 266$。

(2) 输入电阻 R_i

两级电路的输入电阻 R_i 即为第一级的输入电阻，所以

$$R_i = R_{i1} = R_{b1}//R_{b2}//r_{be1} \approx 1.5 \text{ k}\Omega$$

(3) 输出电阻 R_o

输出电阻 R_o 为第二级的输出电阻，所以

$$R_o = R_{o2} = R_{c2} = 4 \text{ k}\Omega$$

1.7 分立元件放大电路设计实例

1.7.1 设计任务与要求

设计一个静态工作点稳定的单管阻容耦合三极管放大电路，具体指标如下：
① 电压放大倍数 $|A_u| \geqslant 50$；
② 电源电压 $V_{CC}=12$ V；
③ 负载电阻 $R_L=5.1$ kΩ；
④ 工作频率范围为 20 Hz～200 kHz；
⑤ 输入信号有效值为 10 mV。

1.7.2 设计方法

1. 选择电路形式

为了稳定静态工作点,采用分压式偏置电路,同时,为了保证有较大的电压放大倍数,采用共射极接法。可得设计电路的基本形式如图 1-73 所示。

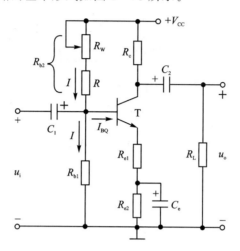

图 1-73 设计的放大电路

2. 设置静态工作点

实践中,为了减小静态损耗,静态工作点的电流应较小、电压应较低,但 I_{CQ} 和 U_{CEQ} 又不能太小,以避免输出信号的非线性失真。按经验,一般将静态工作点设置为 $I_{CQ}=1\sim 3$ mA,$U_{CEQ}=2\sim 5$ V。

3. 元件参数的选择

工程中,三极管多用硅管,对于分压式偏置电路,为了满足工作点稳定条件,一般取 $U_{BQ}=(3\sim 5)$V,$I=(5\sim 10)I_{BQ}$,$(1+\beta)(R_{e1}+R_{e2})\gg(R_{b1}/\!/R_{b2})$。

(1) 确定发射极电阻

$$R_{e1}+R_{e2}=\frac{U_{BQ}-U_{BEQ}}{I_{CQ}}=\frac{U_{BQ}-0.7}{I_{CQ}}$$

(2) 确定基极分压电阻

$$R_{b1}=\frac{U_{BQ}}{I}, \quad R_{b2}=\frac{V_{CC}}{I}-R_{b1}$$

(3) 确定集电极负载电阻

由于集电极负载电阻 R_c 不仅与静态工作点有关,而且直接影响电路的电压放大倍数。所以,首先要考虑满足电路放大倍数的要求,即 $|A_u|=\frac{\beta(R_c/\!/R_L)}{r_{be}}\geqslant 50$,选定三极管型号(如 8050),则电流放大系数 β 确定,同时负载 R_L 已知,$r_{be}=200\ \Omega+\beta\frac{26\ \text{mV}}{I_{CQ}}$。然后,要考虑 R_c 对电路静态工作点的影响,避免产生非线性失真,所以 R_c 的选择还应满足 $V_{CC}-I_{CQ}R_c=U_{CEQ}>U_{omax}+U_{CES}$,式中 $U_{omax}=|A_u|\sqrt{2}U_i$,$U_{CES}=1$ V,这样,U_{CEQ} 就可以确定了,再根据电路确定集电极负载电阻:

$$R_{\text{c}} = \frac{V_{\text{CC}} - U_{\text{CEQ}}}{I_{\text{CQ}}}$$

(4) 确定电路中各电容的值

电路中有耦合电容 C_1、C_2 和旁路电容 C_e，它们共同决定了放大电路的下限截止频率 f_L，由于设计要求电路的 $f_L = 20$ Hz，已知信号源内阻 R_s，根据经验，实际中可按以下表达式估算各电容值：

$$C_1 \geqslant (3 \sim 10) \frac{1}{2\pi f_L (R_s + r_{\text{be}})}$$

$$C_2 \geqslant (3 \sim 10) \frac{1}{2\pi f_L (R_c + R_L)}$$

$$C_e \geqslant (1 \sim 3) \frac{1}{2\pi f_L \{R_e // [(1+\beta)(R_s + r_{\text{be}})]\}}$$

通常，电路中的耦合电容和旁路电容均为大电容，一般均选用电解电容。

习　题

1-1 选择题：

(1) 在 N 型半导体中，多数载流子是_____。

　A. 负离子　　　　　　B. 自由电子　　　　　　C. 空穴

(2) 当温度升高时，二极管的正向压降将_____。

　A. 增大　　　　　　　B. 减小　　　　　　　　C. 不变

(3) 一般情况下，硅二极管的反向电流_____锗二极管的反向电流。

　A. 大于　　　　　　　B. 等于　　　　　　　　C. 小于

(4) 若放大状态的三极管基极电流从 15 μA 增大到 25 μA 时，集电极电流从 2 mA 变为 3 mA，则此三极管的 β 为_____。

　A. 133　　　　　　　　B. 100　　　　　　　　C. 120

(5) 场效应管的漏极静态电流 I_D 从 1 mA 变为 2 mA 时，其低频跨导 g_m 将_____。

　A. 减小　　　　　　　B. 不变　　　　　　　　C. 增大

(6) 某共射放大电路，当输入为正弦波时输出波形如图 1-74(a) 所示，则电路发生了_____。

　A. 饱和失真　　　　　B. 线性失真　　　　　　C. 截止失真

(7) 电路如图 1-74(b) 所示，

① 当电源 $V = 5$ V 时，测得 $I = 1$ mA。若把电源电压调整到 10 V，则电流的大小将是_____。

　A. $I = 2$ mA　　　　　B. $I < 2$ mA　　　　　C. $I > 2$ mA

② 设电路中保持 $U = 5$ V 不变，当温度为 20 ℃时，测得二极管正向电压 $U_D = 0.7$ V；当温度上升到 40 ℃时，U_D 的大小是_____。

　A. 仍等于 0.7 V　　　　B. 大于 0.7 V　　　　　C. 小于 0.7 V

(8) 设图 1-74(c) 中 $D_1 \sim D_3$ 为理想二极管，u_i 为正弦交流电源，且 $L_1 \sim L_3$ 灯相同，则最亮的灯是_____。

A. L_1　　　　　　B. L_2　　　　　　C. L_3

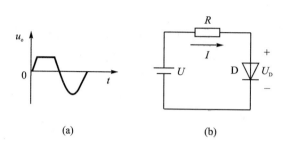

图 1-74　题 1-1 图

(9) 以下 _____ 场效应管在 $u_{GS}=0$ 时不可能工作在恒流区。

A. N 沟道结型管　　B. P 沟道耗尽型管　　C. P 沟道增强型管

(10) 射极跟随器的特点是 _____ 。

A. 电压放大倍数高　　B. 输入电阻小　　C. 输出电阻小

1-2 电路如图 1-75 所示,设二极管为理想二极管,设 $u_i=6\sin\omega t$(单位:V),试画出输出电压 u_o 的波形。

1-3 电路如图 1-76 所示,二极管导通电压 $U_D=0.7\text{ V}$,试判断图中二极管 D_1、D_2 是导通还是截止? 并求 U_o。

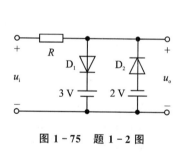

图 1-75　题 1-2 图

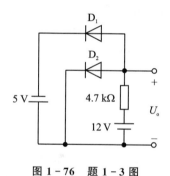

图 1-76　题 1-3 图

1-4 在图 1-77 所示电路中,已知 $u_i=0.5\sin\omega t$(单位:V),$U=2\text{ V}$,二极管具有理想特性,试画出输出电压 u_o 的波形。

1-5 在晶体管放大电路中测得三只晶体管的各极静态电位如图 1-78 所示,试判断各晶体管是 PNP 管还是 NPN 管,是硅管还是锗管,并标出 e、b、c 三个电极。

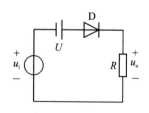

图 1-77　题 1-4 图

9 V　3.7 V　3 V

2.2 V　2 V　0 V

-4 V　-1.2 V　-1.4 V

图 1-78　题 1-5 图

1-6 用万用表直流电压挡测得电路中三只晶体管各电极的对地电位如图 1-79 所示,试分别判断这些晶体管的工作状态。

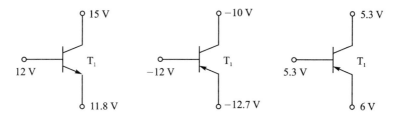

图 1-79 题 1-6 图

1-7 电路如图 1-80 所示,晶体管的 $\beta=50$,$|U_{BE}|=0.7$ V,饱和管压降 $|U_{CES}|=0.2$ V;稳压管的稳定电压 $U_Z=6$ V,正向导通电压 $U_D=0.6$ V。试问:当 $u_I=0$ V 时,u_O 的值是多少?当 $u_I=-3$ V 时,u_O 的值是多少?

1-8 设 U_{BE}、U_{CES} 均可忽略,试分别估算图 1-81 所示各电路的静态工作点 I_{BQ}、I_{CQ}、U_{CEQ}。

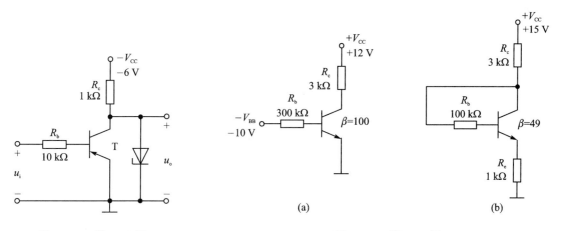

图 1-80 题 1-7 图   图 1-81 题 1-8 图

1-9 如图 1-82(a)所示的共射放大电路,输入为正弦波时的输出波形如图 1-82(b)所示,试说明电路发生了何种失真,如何消除失真?

1-10 电路如图 1-83 所示,已知三极管的 $\beta=60$,$r_{bb'}=200\ \Omega$,$U_{BE}=0.7$ V,饱和管压降 $U_{CES}=0.3$ V。

(1) 试估算该电路的静态工作点 I_{BQ}、I_{CQ}、U_{CEQ};

(2) 估算静态时集电极电位 U_{CQ};

(3) 若 R_{b1} 短路,则静态时集电极电位 U_{CQ} 应为多少?

(4) 若 R_{b1} 断路,则静态时集电极电位 U_{CQ} 应为多少?

(5) 在 R_{b1} 正常的情况下,画出电路的微变等效电路,并估算电路的电压放大倍数 $\dot{A}_u$、输入电阻 R_i、输出电阻 R_o。

1-11 电路如图 1-84 所示,已知三极管的 $\beta=100$,$U_{BE}=-0.7$ V。

(1) 试估算该电路的静态工作点 I_{BQ}、I_{CQ}、U_{CEQ};

(2) 画出电路的微变等效电路;

(3) 求电路的电压放大倍数 $\dot{A}_u$、输入电阻 R_i、输出电阻 R_o。

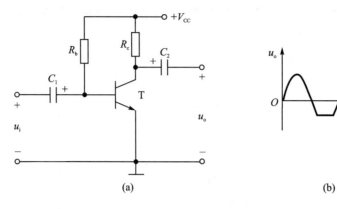

图 1-82 题 1-9 图

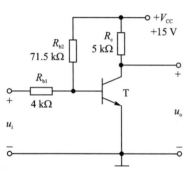

图 1-83 题 1-10 图

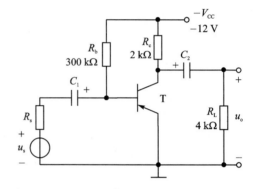

图 1-84 题 1-11 图

1-12 放大电路如图 1-85 所示,已知晶体管 $\beta=50$, $U_{BEQ}=0.7$ V, $r_{bb'}=200\ \Omega$, $U_{CES}=0.7$ V。

(1) 估算电路的静态工作点 I_{BQ}、I_{CQ}、U_{CEQ};

(2) 画出电路的交流小信号等效电路;

(3) 求电路的电压放大倍数 $\dot{A}_u$、输入电阻 R_i、输出电阻 R_o;

(4) 求电路的最大不失真输出电压有效值 U_{om};

(5) 该电路中 R_e 起什么作用?

1-13 放大电路如图 1-86 所示,三极管的 $\beta=50$, $U_{BEQ}=0.7$ V, $r_{be}=1$ kΩ。

(1) 求该电路的静态工作点;

(2) 求电路的电压放大倍数 $\dot{A}_u$、输入电阻 R_i、输出电阻 R_o。

1-14 放大电路如图 1-87(a)所示,已知晶体管 $U_{BEQ}=0.7$ V, $r_{bb'}=200\ \Omega$。

(1) 晶体管的输出特性及电路的直流负载线如图 1-87(b)所示,试确定电源电压 V_{CC}、电阻 R_b、R_c 元件参数值及晶体管电流放大系数 β;

(2) 若电路带负载 $R_L=3$ kΩ,试画出电路的微变等效电路,并估算电路的电压放大倍数 $\dot{A}_u$ 和输出电阻 R_o;

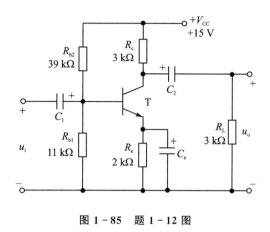

图 1-85　题 1-12 图

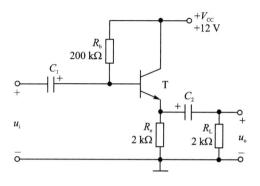

图 1-86　题 1-13 图

（3）电路空载时最大不失真输出电压有效值 U_{om} 为多少？

（4）电路带负载 $R_L=3$ kΩ 时，最大不失真输出电压有效值 U_{om} 为多少？

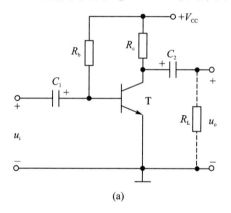
(a)

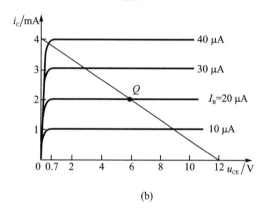
(b)

图 1-87　题 1-14 图

1-15 分别判断如图 1-88 所示各电路中的场效应管是否有可能工作在恒流区。

1-16 放大电路如图 1-89 所示，电路中的电容器对输入交流信号可视为短路，根据构成放大电路的原则，试说明下面的各种电路对交流信号有无放大作用，并说明其理由。

1-17 放大电路输入电阻和输出电阻测量示意图如图 1-90 所示。

（1）当开关 K_1 打开时，电压表 V_1 的读数为 20 mV，开关 K_1 闭合时，V_1 的读数为 10 mV，试求电路的输入电阻 R_i；

（2）当开关 K_2 打开时，电压表 V_1 的读数为 2 V，开关 K_1 闭合时，V_1 的读数为 1 V，试求电路的输出电阻 R_o。

1-18 已知如图 1-91 所示电路中场效应管跨导 $g_m=2$ ms，静态时 $I_{DQ}=1.5$ mA。

（1）求解 Q 点；

（2）利用等效电路法求解 $\dot{A}_u$、R_i 和 R_o。

1-19 设如图 1-92 所示各电路的静态工作点均合适，分别画出它们的微变等效电路，并写出 $\dot{A}_u$、R_i 和 R_o 的表达式。

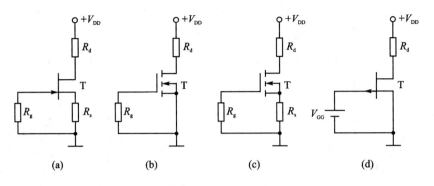

图 1-88 题 1-15 图

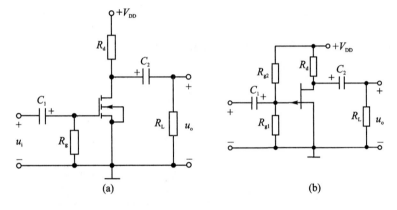

图 1-89 题 1-16 图

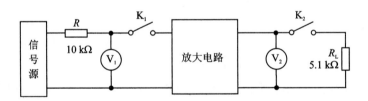

图 1-90 题 1-17 图

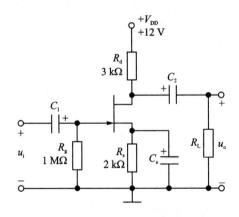

图 1-91 题 1-18 图

1-20 两级 NPN 型单管共射放大电路框图如图 1-93(a)所示,输入正弦波后,输出信号出现如图 1-93(b)所示的失真,请分析各级可能的三种失真状态和失真原因。

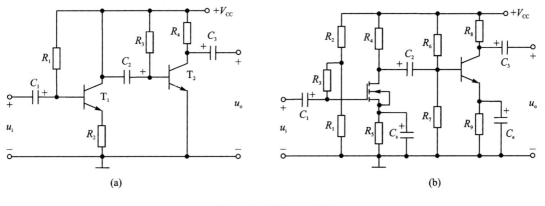

图 1-92 题 1-19 图

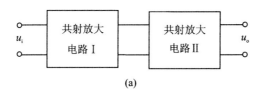

图 1-93 题 1-20 图

第 2 章 功率放大电路

本章首先介绍功率放大电路的组成、工作原理及最大输出功率和效率的估算,然后介绍集成功率放大电路的应用。

本章的难点在于对功率放大电路原理的理解和图解法在分析功率放大电路中的应用。

本章知识要点:

1. 什么是功率放大?功率放大电路的性能指标有哪些?
2. 功率放大电路与电压放大电路有哪些区别?
3. 功率放大电路的输出功率来源于哪里?
4. 功率放大电路有哪些类型?各有什么特点?
5. 如何估算功率放大电路的最大输出功率等参数?
6. 集成功率放大电路有什么特点及应用?

实际应用中,放大电路常由电压放大电路和功率放大电路组成,如图 2-1 所示。模拟信号经过电压放大后,一般还要进行功率放大再带动实际负载,例如,驱动扬声器使之发声,驱动仪表使指针偏转,或带动自动控制系统中的执行机构等。能够向负载提供足够信号功率的电路称为功率放大电路。例如,在图 1-1 所示的扩音系统中,话筒将声音信号转变为微小的电信号,首先经过小信号放大电路(或前置放大电路)进行幅度放大,然后再送入功率放大电路(或主放大电路)进行功率放大,最后推动扬声器发声。当负载一定时,要求功率放大电路输出功率尽可能大,输出非线性失真尽可能小。

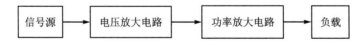

图 2-1 实际放大电路的方框图

2.1 功率放大电路概述

2.1.1 功率放大电路的特点

虽然一般的小信号电压放大电路和功率放大电路本质上都是能量的控制和转换,但两者的特点、主要性能指标、放大管的工作状态和分析方法均不同。功率放大电路要解决的主要矛盾是输出功率问题,其主要特点如下:

① 能向负载输送足够大的功率。

② 大信号工作。为使输出功率尽可能大,必然要求输出电压和电流都大,功放管处在接近极限的工作状态。

③ 分析方法以图解法为主。由于功放管处于大信号工作状态,其伏安特性的非线性不可忽略,小信号等效模型已不适用,故应采用图解法来分析功率放大电路。

④ 非线性失真问题突出。由于功放管在接近极限的状态下工作,输出电压和输出电流均较大,易产生非线性失真,且输入信号越大,非线性失真越严重,所以,如何减小非线性失真,而又得到足够大的信号功率,将成为功率放大电路的突出问题。

⑤ 提高效率成为重点。功率放大电路主要是将直流电源供给的能量转换成信号能量传送给负载,为了保证功放管安全工作,并避免能源浪费,在大功率下保证较高的效率就显得尤为重要。

⑥ 必须考虑功放管安全工作问题。由于电路中电压、电流均较大,故必须限制功耗、最大电流和管子能承受的最高反向电压,同时,要有良好的散热条件和适当的保护措施。

基于以上特点可见,功率放大电路的分析侧重于最大输出功率、效率和功放管的安全工作问题。

2.1.2 提高功率放大电路效率的主要途径

在确定的直流电源电压下,如何提高能量的转换效率、输出尽可能大的功率始终是功率放大电路要研究的主要问题。那么,如何提高功率放大电路的效率呢?

对于功率放大电路,常根据静态工作点的位置不同,分为甲类功率放大电路、乙类功率放大电路和甲乙类功率放大电路等几种。

在前面讨论的电压放大电路中,静态工作点位于放大区负载线中点,在输入信号的整个周期内都有电流流过三极管(导通角 $\theta=2\pi$),如图 2-2 所示,这类放大电路称为甲类放大电路。甲类放大电路的直流电源始终不断地向电路供电,在没有输入信号时,电源供给的功率全部消耗在电路内部,并转化为热量耗散出去;当有信号输入时,电源供给的能量有一部分转换为有用的输出功率给负载,且输入信号越大,传递给负载的功率越多,而另一部分依然消耗在电路内部。由于甲类放大电路中存在较大的静态功率损耗,所以其能量转换效率很低,且输入信号越小,效率越低,最高效率也只能达到 50%。

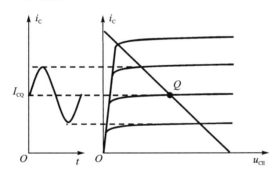

图 2-2 甲类功率放大电路工作状态

静态功耗是造成甲类放大电路效率低的主要原因,如果将静态工作点下移至截止区,则静态电流为零,静态功耗也为零,效率将会提高。这种功放管静态电流为零,仅在输入信号的半个周期内管子才导通(导通角 $\theta=\pi$)的放大电路称为乙类功率放大电路,其工作状态如图 2-3 所示。乙类功率放大电路在输入信号为零时,电源供给的功率也为零,当输入信号增大时,电源供给的功率也随之增大,且输入信号越大,输出功率越大,提高了效率。但是,这类电路只能放大输入信号的半个周期,非线性失真很严重,需要改进后才能使用。

若把静态工作点稍微提高一些,使之略高于截止区,则静态电流很小,静态功耗接近于零,这类电路称为甲乙类功率放大电路。这种电路的功放管导通时间大于半个输入信号的周期(导通角 $\theta > \pi$),如图 2-4 所示。可见,甲乙类功率放大电路虽然提高了效率,但非线性失真也较大,同样不能直接使用。

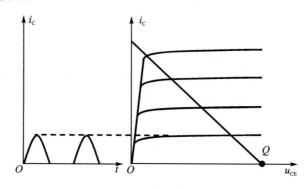

图 2-3 乙类功率放大电路工作状态

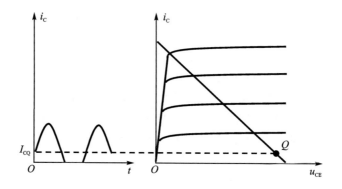

图 2-4 甲乙类功率放大电路工作状态

综上可见,提高功率放大电路效率的主要途径是尽可能减小电路的静态功耗,使功放管工作在乙类或甲乙类状态。但无论是乙类功率放大电路还是甲乙类功率放大电路,都存在严重的非线性失真,必须在电路结构上加以改进才能使用。实际中,常采用互补对称式的电路结构来消除非线性失真,构成互补对称式功率放大电路。

2.2 互补功率放大电路

互补功率放大电路采用特性对称、类型不同的两个三极管,一个为 NPN 型,另一个为 PNP 型,两管交替工作,即其中一个三极管工作在输入信号的正半周,而另一个工作在输入信号的负半周,这样便可在负载上获得完整的输出信号,克服了非线性失真。两个特性对称、不同类型的三极管交替导通的工作方式称为互补对称式工作方式。

目前,使用最广泛的互补功率放大电路是无输出电容的互补功率放大电路(Output Capacitor Less,OCL 电路)和无输出变压器的互补功率放大电路(Output Transformer Less,OTL 电路)。

2.2.1 OCL 电路

1. 电路组成及工作原理

在 OCL 电路中,三极管 T_1 和 T_2 特性对称,采用双电源供电,如图 2-5(a)所示。静态时,T_1 和 T_2 均截止,输出电压为零。设输入电压为正弦波,在输入信号的正半周,正电源 $+V_{CC}$ 供电,T_1 导通,T_2 截止,T_1 管以射极输出器的形式将正半周信号传递给负载,电流流向如图 2-5(a)中实线所示。在输入信号的负半周,T_1 截止,T_2 导通,T_2 管以射极输出器的形式将负半周信号传递给负载,此时负电源 $-V_{CC}$ 供电,电流流向如图 2-5(a)中虚线所示。电路中,虽然 T_1、T_2 管均处于乙类工作状态,但它们以互补的方式交替导通,在负载上得到一个完整周期的输出信号,减小了乙类状态下的非线性失真。

考虑三极管的实际输入特性,由于发射结开启电压 U_{on} 的存在,当输入信号小于 U_{on} 时,T_1 和 T_2 管不导通,因此,在 u_i 过零处附近,输出电压将产生失真,波形如图 2-5(b)所示,这种失真称为"交越失真"。

为了消除"交越失真",实际中可给功放三极管稍稍加一点偏置电压,采用图 2-5(c)所示的电路。静态时,由于二极管正向压降的存在,使 $U_{BE1}=U_{D1}$,$|U_{BE2}|=U_{D2}$,即 T_1 和 T_2 管均处于甲乙类的微导通(即有一个微小的静态电流)状态。动态时,当 $u_i>0$ 时,两管的基极电位在静态基础上都升高,从而使 T_1 管继续导通,T_2 管继续截止;当 $u_i<0$ 时,两管的基极电位均降低,从而使 T_2 继续导通,T_1 管继续截止。也就是说,无论 u_i 为何值,两管中总有一个导通,从而克服了"交越失真"。

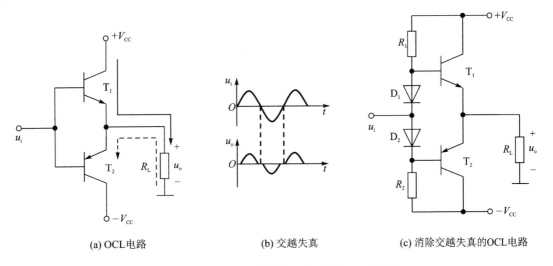

(a) OCL 电路 (b) 交越失真 (c) 消除交越失真的OCL电路

图 2-5 乙类互补功率放大电路及其交越失真

2. 输出功率及效率

为了求解图 2-5(c)电路的最大输出功率,需先求出其最大不失真输出电压幅值。设输入为正弦电压信号,将两管的输出特性组合在一起,得到电路的图解分析,如图 2-6 所示。由于两管的静态电流很小,故可认为它们的静态工作点在横轴上,即 $I_{CQ1}=I_{CQ2} \approx 0$,$U_{CEQ1}=U_{CEQ2}=V_{CC}$。交流负载线通过 Q 点,其斜率为 $\dfrac{-1}{R_L}$。由于两管参数相同,即饱和管压降 $U_{CES1}=$

$|U_{CES2}|=U_{CES}$,所以电路的最大不失真输出电压的幅值为 $V_{CC}-U_{CES}$,有效值为

$$U_{om} = \frac{V_{CC}-U_{CES}}{\sqrt{2}} \qquad (2-1)$$

最大输出功率为

$$P_{om} = \frac{U_{om}^2}{R_L} = \frac{(V_{CC}-U_{CES})^2}{2R_L} \qquad (2-2)$$

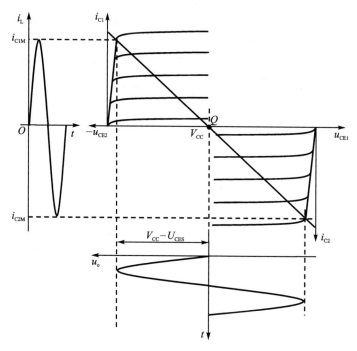

图 2-6 OCL 电路的图解分析

在负载获得最大交流功率时,直流电源供给的功率为电源电压与其提供的平均电流之积。由于在一个信号周期内,一个直流电源只工作半周,即正半周由正电源供电,负半周由负电源供电,在忽略基极回路电流的情况下,电源供给的电流为

$$i_C = \frac{V_{CC}-U_{CES}}{R_L}\sin\omega t \qquad (2-3)$$

所以两个电源供给的总功率为

$$P_V = \frac{1}{\pi}\int_0^\pi \frac{V_{CC}-U_{CES}}{R_L}\sin\omega t\, d\omega t \cdot V_{CC} = \frac{2}{\pi}\cdot\frac{V_{CC}(V_{CC}-U_{CES})}{R_L} \qquad (2-4)$$

转换效率为

$$\eta = \frac{P_{om}}{P_V} = \frac{\pi}{4}\cdot\frac{V_{CC}-U_{CES}}{V_{CC}} \qquad (2-5)$$

若忽略饱和管压降,则

$$P_{om} = \frac{U_{om}^2}{R_L} = \frac{V_{CC}^2}{2R_L} \qquad (2-6)$$

$$P_V = \frac{2}{\pi}\cdot\frac{V_{CC}^2}{R_L} \qquad (2-7)$$

$$\eta = \frac{\pi}{4} \times 100\% \approx 78.5\% \tag{2-8}$$

可见,理想情况下,电路的最大效率为 78.5%。应指出,由于大功率管的饱和管压降为 2~3 V,所以一般都不能忽略。

3. OCL 电路中功放管的选择

(1) 最大管压降

通过分析 OCL 电路的工作原理可知,在输入信号的正半周,T_1 导通,T_2 截止,当输入信号从零逐渐增大到峰值时,两管的发射极电位从零增大到 $V_{CC} - U_{CES}$,因此,T_2 的管压降数值将从 V_{CC} 增大到最大值

$$u_{EC2max} = V_{CC} - U_{CES} - (-V_{CC}) = 2V_{CC} - U_{CES} \tag{2-9}$$

同理,在输入信号的负半周,T_1 截止,T_2 导通,T_1 管承受的最大管压降也为 $2V_{CC} - U_{CES}$,考虑留有一定的余量,选管时,应保证两个功放管的 $U_{(BR)CEO}$ 满足

$$U_{(BR)CEO} \geqslant 2V_{CC} \tag{2-10}$$

(2) 集电极最大电流

OCL 电路中,负载电流等于三极管的发射极电流,负载电阻上的最大电压幅值为 $V_{CC} - U_{CES}$,故集电极电流的最大值为

$$I_{Cmax} \approx I_{Emax} = \frac{V_{CC} - U_{CES}}{R_L} \tag{2-11}$$

实际中,考虑留有一定的余量,应保证功放管的 I_{CM} 满足

$$I_{CM} \geqslant \frac{V_{CC}}{R_L} \tag{2-12}$$

(3) 集电极最大功耗

功率放大电路中,电源供给的功率一部分转换成输出功率 P_o 供给负载,另一部分主要消耗在功放管上,可以认为功放管消耗的功率 $P_T = P_V - P_o$。当输出功率最小时,由于集电极电流很小,所以管子的损耗很小;当输出功率最大时,由于管压降很小,管子的损耗也很小。为此,可以用求极值的方法求出最大管耗及其对应的输出电压幅值 U_{OM}。

管压降和集电极电流瞬时值的表达式分别为

$$u_{CE} = V_{CC} - U_{OM}\sin\omega t, \quad i_C = \frac{U_{OM}}{R_L}\sin\omega t$$

所以

$$P_T = \frac{1}{2\pi}\int_0^\pi (V_{CC} - U_{OM}\sin\omega t) \cdot \frac{U_{OM}}{R_L}\sin\omega t \, d\omega t = \frac{1}{R_L}\left(\frac{V_{CC}U_{OM}}{\pi} - \frac{U_{OM}^2}{4}\right)$$

令 $\frac{dP_T}{dU_{OM}} = 0$,可得 $U_{OM} = \frac{2}{\pi}V_{CC} \approx 0.6V_{CC}$,此时,管耗最大,最大管耗表达式为

$$P_{Tmax} = \frac{V_{CC}^2}{\pi^2 R_L} \tag{2-13}$$

若饱和管压降可忽略,则

$$P_{Tmax} = \frac{2}{\pi^2}P_{om} \approx 0.2 P_{om}\big|_{U_{CES}=0} \tag{2-14}$$

实际中,考虑留有一定的余量,应保证功放管的 P_{CM} 满足

$$P_{CM} \geqslant 0.2 P_{om}|_{U_{CES}=0} \qquad (2-15)$$

【例 2 - 1】 在图 2 - 5(c)所示的电路中,设输入电压为正弦波,已知 $V_{CC}=12\ V$,功放管的饱和管压降 $|U_{CES}|=2\ V$,负载电阻 $R_L=4\ \Omega$。

(1) 求电路的最大不失真输出功率 P_{om} 和效率 η;

(2) 如果输入电压的最大有效值为 6 V,那么负载上能够获得的最大功率为多少?

(3) 分别求功放管的最大集电极电流、最大管压降和集电极最大功耗。

解:(1)根据式(2-2)和式(2-5)有

$$P_{om} = \frac{(V_{CC}-|U_{CES}|)^2}{2R_L} = \frac{(12-2)^2}{2\times 4}\text{W} = 12.5\ \text{W}$$

$$\eta = \frac{\pi}{4} \cdot \frac{V_{CC}-|U_{CES}|}{V_{CC}} \times 100\% = \frac{\pi}{4} \cdot \frac{12-2}{12} \times 100\% \approx 65.4\%$$

(2) 输出电压最大有效值 $U_{om} \approx U_i = 6\ V$,负载上可获得的最大功率为

$$P_{om} = \frac{U_{om}^2}{R_L} = \frac{6^2}{4}\text{W} = 9\ \text{W}$$

(3) $I_{Cmax} = \frac{V_{CC}-|U_{CES}|}{R_L} = \left(\frac{12-2}{4}\right)\text{A} = 2.5\ \text{A}$

$$u_{CEmax} = 2V_{CC} - |U_{CES}| = (2\times 12 - 2)\text{V} = 22\ \text{V}$$

$$P_{Tmax} = \frac{V_{CC}^2}{\pi^2 R_L} = \left(\frac{12^2}{\pi^2 \times 4}\right)\text{W} \approx 3.65\ \text{W}$$

4. 复合管及准互补 OCL 电路

在 OCL 功率放大电路中,输出功率大,输出电压、电流都较大。比如,最大输出功率 $P_{om}=10\ W$,负载 $R_L=10\ \Omega$,则功放管的集电极电流 $I_{Cm}=1.414\ A$,若管子的 $\beta=50$,则要求基极驱动电流最大值为 $I_{Bm}=28.3\ mA$,对单个晶体管而言,这样大的基极电流显然是不可能的。为了提高管子的电流驱动能力,需要采用多只(一般为 2 只)晶体管构成的复合管,如图 2 - 7 所示。

复合管的总 β 值为

$$\beta \approx \beta_1 \cdot \beta_2 \qquad (2-16)$$

组成复合管的原则如下:

① 电流流向要一致。

② 各极电压必须保证所有管子均工作在放大状态。

③ 复合管的类型取决于组成它的第一只管子的类型,若第一只管子为 NPN 型的,则复合管也为 NPN 型的,反之为 PNP 的。

在实用功率放大电路中,为了减小对前级驱动电流的要求,常采用复合管,构成准互补 OCL 电路如图 2 - 8 所示。图中 T_1 和 T_2 复合成 NPN 型管,T_3 和 T_4 复合成 PNP 管。从输出端看,T_2 和 T_4 均为 NPN 管,较容易做到特性相同,这种输出管为同一类型的电路称为准互补电路。准互补 OCL 的参数计算与互补 OCL 电路相同。电路中 R_3 和 R_4 与 T_5 构成 U_{BE} 倍增电路,以消除交越失真。若 $I_1 \gg I_{B5}$,则可以证明

$$U_{CE5} \approx \frac{U_{BE5}}{R_4}(R_3+R_4) = \left(1+\frac{R_3}{R_4}\right)U_{BE5} \qquad (2-17)$$

合理选择 R_3 和 R_4,可以得到大小为任意倍 U_{BE5} 的直流电压,故称之为 U_{BE} 倍增电路。

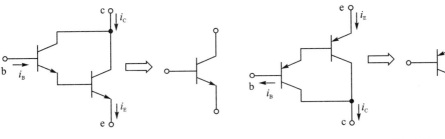

(a) 两只NPN型管组成的复合管　　　　(b) 两只PNP型管组成的复合管

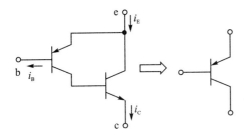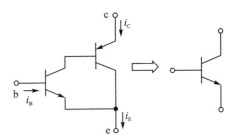

(c) PNP型管和NPN型管组成的复合管　　(d) NPN型管和PNP型管组成的复合管

图 2-7　复合管

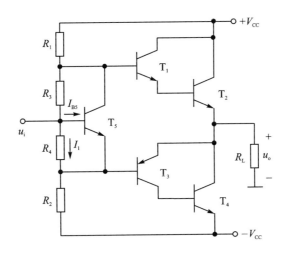

图 2-8　准互补 OCL 电路

2.2.2　OTL 功率放大电路

采用一路正电源,而用容量足够大的电容代替图 2-5(a)中的负电源,就构成了 OTL 电路,如图 2-9(a)所示。负载电阻 R_L 通过电容 C 接在两管的发射极。由于电路也为互补对称式结构,调节输入端的直流电位,使静态时 $u_i = \dfrac{V_{CC}}{2}$,则两管发射极静态电位为 $\dfrac{V_{CC}}{2}$,于是电容两端的电压为 $U_C = \dfrac{V_{CC}}{2}$。在输入信号的正半周,有 $u_i > \dfrac{V_{CC}}{2}$,T_1 导通,T_2 截止,正电源既通过 T_1 管向负载提供电流,又同时向电容 C 充电,电流流向如图 2-9(a)中实线所示。在输入信号的负半周,有 $u_i < \dfrac{V_{CC}}{2}$,T_1 截止,T_2 导通,电容通过 T_2 管向负载放电,电流流向如图 2-9(a) 中虚线所示,此时电容的作用相当于 OCL 电路中的负电源。两个功放管以互补方式交替导通,在负载上得到一个完整周期的输出信号。只要电容 C 足够大(可到几百微法),使充电时间常数远大于信号周期,在信号变化的过程中,便能基本保持 $U_C = \dfrac{V_{CC}}{2}$ 不变。而在输入信号工作时,可认为电容容抗近似为 0,能够将信号基本无衰减地传递给负载。无论是 T_1 管导通还是 T_2 管导通,回路中电源电压的实际值均为 $\dfrac{V_{CC}}{2}$。由于该电路输出端没有变压器,故此电路被称为 OTL 电路。

克服交越失真的 OTL 电路如图 2-9(b)所示。其中 T_3 管组成的电压放大电路,作为 OTL 电路的推动级(即前置放大级),T_1 和 T_2 是对管,它们组成互补 OTL 功率放大电路。假设二极管 D_1、D_2 均为硅管,静态时 $U_{b1b2}=1.4\ \text{V}$,为 T_1 和 T_2 两个功放管提供微小的偏置电流,可以消除"交越失真"。由以上分析可知,由于电路的电源电压值为 $\dfrac{V_{CC}}{2}$,所以 OTL 电路的最大输出电压有效值为

$$U_{om} = \dfrac{\dfrac{V_{CC}}{2} - U_{CES}}{\sqrt{2}} \quad (2-18)$$

负载可获得的最大输出功率为

$$P_{om} = \dfrac{U_{om}^2}{R_L} = \dfrac{\left(\dfrac{V_{CC}}{2} - U_{CES}\right)^2}{2R_L} \quad (2-19)$$

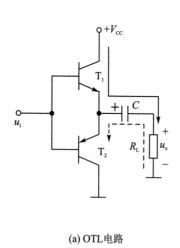

(a) OTL 电路

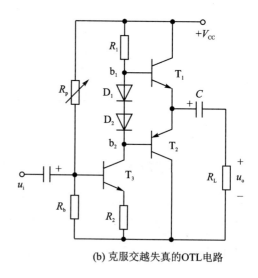

(b) 克服交越失真的OTL电路

图 2-9　OTL 功率放大电路

2.2.3 BTL 功率放大电路

为了实现单电源供电,且输出端不用大电容和变压器,实际中也常采用 BTL(Balanced Transformer Less)功率放大电路,其方框图如图 2-10 所示。它是由两路功率放大电路和反相比例电路组合而成的,负载接在两输出端之间。两路功率放大电路的输入信号是反相的,所以负载一端的电位升高时,另一端则降低,因此负载上获得的信号电压要增加一倍。BTL 功率放大电路输出功率较大,负载可以不接地。与 OCL、OTL 电路相比,BTL 功率放大电路具有频响好、电源利用率高、输出功率大等特点,在电源电压和负载均相同时,BTL 电路的输出功率为 OCL 或 OTL 的 3~4 倍,BTL 电路适用于电源电压低且需要获得较大功率的场合,如在汽车音响中当每声道功率超过 10 W 时,大多采用 BTL 电路。

BTL 电路需要两路反相的信号作为输入激励,图 2-10 中互补功率放大电路如图 2-11 所示,它由两组对称的 OCL 电路组成,四只功放管特性理想对称,静态时均处于截止状态,即乙类工作,故负载上的静态电压为零。动态时,设输入电压 u_i 为正弦波,当 $u_i>0$ 时,T_1 和 T_4 导通,T_2 和 T_3 截止,负载上获得正半周电压;当 $u_i<0$ 时,T_2 和 T_3 导通,T_1 和 T_4 截止,负载上获得负半周电压,负载电压大小和相位均跟随输入电压。

BTL 电路所用管子数量多,难以做到特性理想对称,且损耗大,电路采用双端输入双端输出方式,输入端和负载均无接地点,有些场合应用不是很方便,比如当实际负载为扬声器时,因无接地端,给检修带来一定的不便。

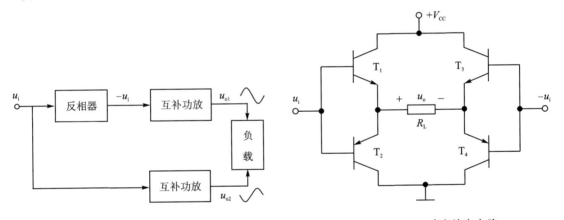

图 2-10 BTL 功率放大电路的方框图   图 2-11 BTL 功率放大电路

2.2.4 双通道功率放大电路

双通道功率放大电路是用于立体声音响设备的功率放大电路,一般有专门的集成功率放大器产品,如 D2025、D2822M、YT8227 等。它有一个左声道功放和一个右声道功放,这两个功放的技术指标是相同的,需要在专门的立体声音源下才能显现出立体声效果。

有的高级音响设备一个声道分成两、三个频段放大,有相应的低频段、中频段和高频段放大器。

2.3 集成功率放大电路

集成化是功率放大电路发展的必然,随着集成工艺的发展,目前 OCL、OTL 等功率放大电路均有不同输出功率和不同电压增益的集成电路。在集成功率放大电路内部常引入深度负反馈,以改善电路的频率特性,减小非线性失真。集成功率放大电路可分为通用型和专用型两大类,目前大都工作在音频段。使用时,应注意了解其内部电路组成特点及各引脚作用,以便合理使用集成功率放大器。

与分立器件构成的功率放大电路相比,集成功放体积小、质量轻、成本低、外接元件少、调试简单、使用方便,且温度稳定性好、功耗低、电源利用率高、失真小,具有过流保护、过热保护、过压保护及自启动、消噪等功能。

2.3.1 LM386 集成功率放大电路及其应用

LM386 是一种音频集成功放,具有功耗低、电压增益可调、电源电压范围大、外接元件少和非线性失真小等优点,广泛应用于录音机和收音机中。

LM386 典型应用参数如下:① 电源电压 4～18 V;② 额定功率 660 mW;③ 带宽 300 kHz(1,8 开路);④ 输入阻抗 50 kΩ。

1. LM386 内部电路

不同规格、型号的集成功率放大器,其内部组成电路千差万别,但大体上分为前置放大级(输入级)、中间放大级、互补或准互补输出级、过流保护电路、过压保护电路、过热保护电路等。其内部电路为直接耦合多级放大器。LM386 的内部电路由三级放大电路组成,如图 2-12 所示。第一级为差分放大电路,T_1 和 T_3、T_2 和 T_4 分别构成复合管,作为差分放大电路的放大管;信号从 T_3 和 T_4 的基极输入,从 T_2 管的集电极输出,为双端输入单端输出差分放大电路。T_5 和 T_6 组成的镜像电流源作为 T_1 和 T_2 的有源负载,以提高电压增益,使单端输出时电路的增益接近双端输出的情况。第二级为共射放大电路,T_7 为放大管,采用恒流源作为有源负载,以提高增益。第三级中的 T_8 和 T_9 管复合成 PNP 型管,与 NPN 型管 T_{10} 构成准互补输出级。二极管 D_1 和 D_2 为输出级提供合适的偏置电压,以消除交越失真。

利用瞬时极性法可以判断出:2 脚为反相输入端,3 脚为同相输入端。电路由单电源供电,所以为 OTL 电路。由于电路内部不能集成大电容,故输出端 5 脚应外接大电容后再接负载。电阻 R_6 从输出端连接到发射极,并与 R_4 和 R_5 构成反馈网络,引入深度电压串联负反馈,从而使整个电路具有稳定的输出电压,并减小非线性失真。

2. LM386 引脚及使用

LM386 的外形和引脚图如图 2-13 所示。2 脚为反相输入端,3 脚为同相输入端,4 脚为地,5 脚为输出端,6 脚为电源端;1 脚和 8 脚为电压增益设定端,当 1 脚和 8 脚间外接不同的电阻时,电压增益的调节范围为 20～200,同时,应在电阻支路串联一个大电容,以保证电阻的接入只改变交流通路。使用时在 7 脚和地之间接旁路电容,通常取 10 μF。

3. LM386 的应用

LM386 外接元件最少的一种应用电路如图 2-14 所示。C_1 为输出电容。由于 1 脚和

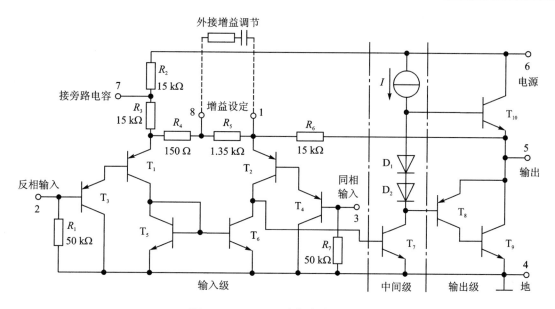

图 2-12 LM386 内部电路原理图

8 脚未接增益调节电阻,所以 LM386 的电压增益为 20,即 26 dB。通过调节电位器 R_W 可以控制扬声器的音量。R 和 C_2 串联组成校正网络用来进行相位补偿,消除自激振荡。

静态时,电容上的电压为 $V_{CC}/2$,LM386 的最大不失真输出电压幅值约为 $V_{CC}/2$。设扬声器的电阻为 R_L,最大不失真输出功率为

$$P_{om} \approx \frac{\left(\dfrac{V_{CC}}{2\sqrt{2}}\right)^2}{R_L} = \frac{V_{CC}^2}{8R_L} \qquad (2-20)$$

此时的输入电压有效值为

$$U_{im} \approx \frac{\dfrac{V_{CC}}{2\sqrt{2}}}{A_u} \qquad (2-21)$$

若 $V_{CC}=9$ V,$R_L=8$ Ω,则根据式(2-20)和式(2-21),可得 $P_{om}\approx 1.26$ W,$U_{im}\approx 159$ mV。

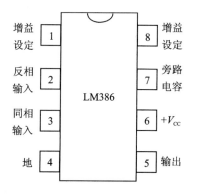

图 2-13 LM386 的外形及引脚图

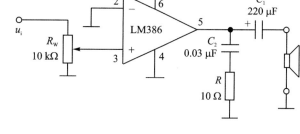

图 2-14 LM386 外接元件最少的应用电路

LM386 电压增益最大的应用电路如图 2-15 所示。C_3 使 1 脚和 8 脚在交流通路中短路,

使电压放大倍数达最大值 200。C_4 为旁路电容,C_5 为去耦电容,滤掉电源的高频交流成分。当 $V_{CC}=9\text{ V}$,$R_L=8\text{ }\Omega$ 时,电路的最大输出功率 P_{om} 仍然为 1.26 W,但输入电压有效值 U_{im} 却减小为 15.9 mV。

LM386 的一般应用电路如图 2-16 所示。调节电位器 R_{W1} 可以控制扬声器的音量,调节电位器 R_{W2} 的值,可以改变电压增益。

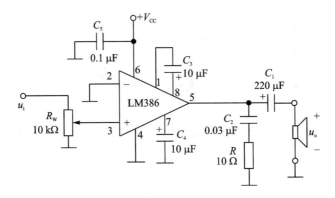

图 2-15　LM386 电压增益最大应用电路图

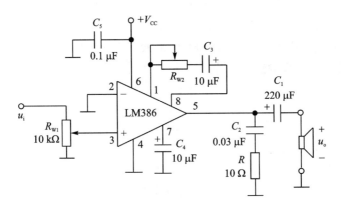

图 2-16　LM386 一般应用电路

2.3.2　LM1875 集成功率放大电路及其应用

LM1875 是一种音频集成功放,具有高增益、高转换速率、宽频带、低失真、宽输出范围等优良性能,非常适合耳麦等消费级的音频应用。LM1875 内部具有过流保护电路并具有过热自动关闭功能。

LM1875 典型应用参数如下:① 电源电压 16～60 V;② 输出功率 > 30 W;③ 带宽 70 kHz;④ 输出电流可达 4 A。

LM1875 典型应用电路如图 2-17 所示。其只需很少的外围元件,在电源电压 ±30 V,扬声器负载电阻为 8 Ω 的情况下,能提供超过 30 W 的输出功率。电路的放大倍数由电阻 R_5 和 R_3 的比值决定,C_5、R_4 串联组成校正网络用来进行相位补偿,以消除自激振荡。C_1 为隔直电容,C_2 用于消除直流漂移,C_3、C_6 为去耦电容。

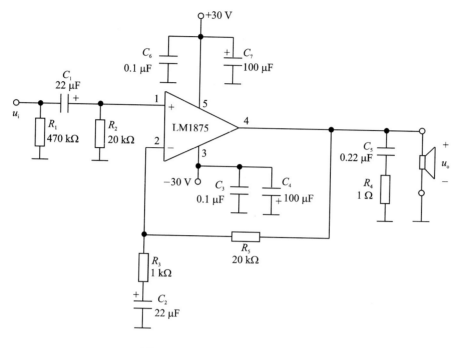

图 2-17 LM1875 典型应用电路

2.3.3 TDA2030 集成功率放大电路及其应用

TDA2030 是一种高保真集成功率放大电路,其内部电路包含输入级、中间级和输出级,且具有短路保护和过热保护功能,输出功率大于 10 W,输出电流峰值最大可达 3.5 A,频带 1 400 Hz。TDA2030 使用方便,所需外围元件少,调试简便。由 TDA2030 构成的音频功率放大电路如图 2-18 所示。

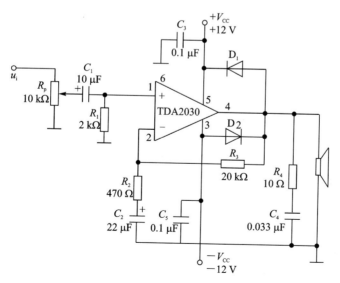

图 2-18 TDA2030 构成的音频功率放大电路

图 2-18 中，C_1 是输入耦合电容，R_1 为同相端偏置电阻，调节电位器 R_p 可以控制扬声器的音量。R_2、R_3 组成反馈网络，引入了交流电压负反馈，电路的闭环电压放大倍数为

$$A_{uf} = 1 + \frac{R_3}{R_2} \approx 43.6$$

图 2-18 中 C_2 为隔直电容，C_3、C_5 为去耦电容，滤掉电源的高频交流成分，防止电路产生自激振荡。R_4 和 C_4 串联组成校正网络用来进行相位补偿，用于电路在接有感性负载扬声器时，消除自激振荡，保证高频稳定性。D_1 和 D_2 起保护作用，防止输出电压过高时损坏集成功放 TDA2030。

由于 TDA2030 输出功率较大，因此需加散热器。而 TDA2030 的负电源引脚（3 脚）与散热器相连，所以在安装散热器时，要注意散热器不能与其他元器件相接触。

集成功率放大电路使用注意事项：

① 合理选择，主要性能指标均能满足要求，并保证在任何情况下均不超过器件的极限参数。

② 合理安置元器件及布线，为避免自激和放大电路工作不稳定，器件分布及布线要合理，保证通风，地线要短而粗。

③ 按规定选用负载，严禁输出负载短路。

④ 合理选用散热装置。

2.4 功率电路的安全运行

在功率放大电路中，功放管既要流过大电流，又要承受高电压，有相当大的功率消耗在管子的集电结上，使结温升高，当结温超过功放管最高允许温度时，会损坏管子。所以，必须考虑功放管散热问题，增加散热器，并适当增加相应保护电路，以防止功放管过压、过流及过功耗，具体参见童诗白编写的《模拟电子技术基础》。

2.5 功率放大电路设计实例

2.5.1 设计要求

用集成功率放大器 LM386 制作一个 BTL 音频功率放大电路，要求输出功率达到 2 W 以上。

2.5.2 设计方法及电路

选用两片 LM386 可以方便地组成一个 BTL 放大电路，功率可以提升到单片 LM386 的两倍，而且去除了输出电容，提高了电源的利用率。所设计的 BTL 电路如图 2-19 所示，其输出功率可以达到 2 W 以上。

通过调节电位器 R_{p1} 可以控制扬声器的音量。电容 C_1 和 C_2 对交流信号短路，使 LM386 的电压放大倍数达最大值 200。电阻 R 和电容 C_3 串联组成校正网络用来进行相位补偿，消除自激振荡。电位器 R_{p2} 用来调整两片 LM386 输出端的直流电位平衡，一般情况下 LM386 的

输出端一致性较好,所以 R_{p2} 也可以省去。如果不需要太大的增益,也可以简化设计电路如图 2-20 所示,由于 LM386 的 1 脚和 8 脚未接增益调节电阻,所以其电压增益为 20。

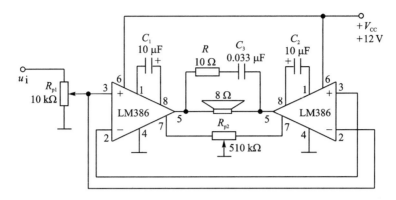

图 2-19 用 LM386 设计的 BTL 音频功率放大电路

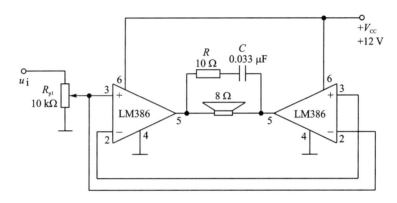

图 2-20 简化的 BTL 音频功率放大电路

习 题

2-1 判断题(正确的在括号里打"√",错误的打"×"):

(1) 为了输出大功率,功率放大电路的电源电压应高于电压放大电路的电源电压。(　　)

(2) 功率放大电路的最大输出功率是在输入电压为正弦波时,负载上可获得的最大交流功率。(　　)

(3) 功率放大电路的输出功率越大,功放管的功耗也越大。(　　)

(4) 功率放大电路的主要作用是向负载提供足够大的功率信号。(　　)

(5) 功率放大电路有功率放大作用,电压放大电路只有电压放大作用而没有功率放大作用。(　　)

(6) 由于功率放大电路中的晶体管处于大信号工作状态,所以微变等效电路已不再适用。(　　)

(7) 在 OTL 功放电路中,若在负载 8 Ω 的扬声器两端并接一个同样的 8 Ω 扬声器,则总的输出功率不变,只是每个扬声器得到的功率比原来少一半。(　　)

(8) 电源电压和负载均相同的情况下,BTL 电路的输出功率大于 OCL 电路的输出功率。(   )

2-2 选择题(将唯一正确答案填入括号中):

(1) 甲类功率放大电路的能量转换效率最高能达到(   )。
A. 50%　　　　　　　　B. 78.5%　　　　　　　　C. 100%

(2) 与甲类功率放大电路相比较,乙类功率放大电路的主要优点是(   )。
A. 无输出电容或变压器　　B. 效率高　　　　　　　C. 无交越失真

(3) 功率放大电路的能量转换效率主要取决于(   )。
A. 输出信号的最大功率　　B. 电源供给的直流功率　　C. 电路的类型

(4) 乙类互补功率放大电路的最高效率约为(   )。
A. 50%　　　　　　　　B. 78.5%　　　　　　　　C. 100%

(5) 乙类互补功率放大电路的主要问题是(   )。
A. 存在交越失真　　　　B. 输入电阻太大　　　　　C. 效率低

(6) 乙类互补 OCL 功率放大电路中,若电源电压为 V_{CC},功放管的饱和压降为 U_{CES},则功放管承受的最大管压降为(   )。
A. $\dfrac{V_{CC}}{2}$　　　　　　　B. $2V_{CC}$　　　　　　　C. $2V_{CC}-U_{CES}$

(7) 若乙类互补 OCL 功率放大电路输出功率为 20 W,则每只功放管的最大允许功耗至少应有(   )。
A. 2 W　　　　　　　　B. 4 W　　　　　　　　　C. 8 W

(8) 互补 OTL 电路中,输出电容所起到的作用是(   )。
A. 滤波　　　　　　　　B. 正电源　　　　　　　　C. 负电源

(9) 功率放大电路的输出功率是在输入信号为正弦波时,负载上可获得的最大不失真(   )。
A. 交流功率　　　　　　B. 平均功率　　　　　　　C. 直流功率

(10) 乙类互补功率放大电路的交越失真,实质上就是(   )。
A. 线性失真　　　　　　B. 饱和失真　　　　　　　C. 截止失真

2-3 设放大电路的输入信号为正弦波,请问在什么情况下,电路的输出会出现饱和失真及截止失真？在什么情况下会出现交越失真？

2-4 OCL、OTL、BTL 功率放大电路各有哪些特点？

2-5 OCL 电路如图 2-21 所示,T_1 和 T_2 管的饱和管压降 $|U_{CES}|=2$ V,$V_{CC}=12$ V,$R_L=8$ Ω。求:

(1) 电路最大输出功率 P_{om} 及效率 η;

(2) 静态时,晶体管 T_1、T_2 发射极电位 U_E;

(3) 说明电路中 D_1 和 D_2 的作用;

(4) 当输入信号的有效值 U_i 为 10 V 时,输出功率、管耗、直流电源供给的功率和效率各为多少？

2-6 如图 2-21 所示的电路,说明出现下列故障时,分别会产生什么现象？
(1) R_1 开路;(2) R_2 开路;(3) D_1 开路;(4) D_2 短路;(5) T_1 集电极开路。

2-7 电路如图 2-22 所示,设 T_1 和 T_2 管的饱和管压降 $|U_{CES}|=0$ V,$V_{CC}=12$ V,$R_L=$

8 Ω。问：

(1) $u_i=0$ 时，流过 R_L 的电流有多大？

(2) 若二极管 D_1、D_2 中有一个接反，会出现什么后果？

(3) 为保证输出波形不失真，输入信号 u_i 的最大幅度为多少？

2-8 电路如图 2-22 所示，问：

(1) 调整电路静态工作点应调整电路中的哪个元件？如何确定静态工作点是否调好？

(2) 动态时，如果输出 u_o 出现正负半周衔接不上的现象，那么为什么失真？应调哪个元件，怎样调整才能消除失真？

(3) 当 $V_{CC}=15$ V，$R_L=8$ Ω，$|U_{CES}|=2$ V 时，求最大不失真输出功率 P_{om}；

(4) 为保证电路正常工作，功放三极管极限参数 P_{CM}、$U_{(BR)CEO}$ 和 I_{CM} 应为多大？

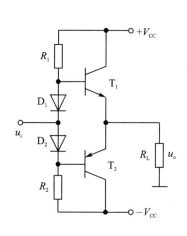

图 2-21 题 2-5 图

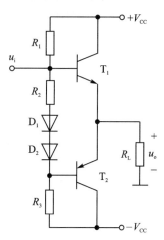

图 2-22 题 2-7 图

2-9 OTL 功放电路如图 2-23 所示，已知 $|U_{CES}|=2$ V，$V_{CC}=20$ V，$R_L=8$ Ω。问：

(1) 静态时，电容 C_2 两端电压是多少？调整哪个电阻能满足这个要求？

(2) 电路最大不失真功率 P_{om} 为多少？

(3) 若电路输出电压有效值为最大值 U_{om}，则对应输入信号有效值 U_i 约为多少？

2-10 电路如图 2-24 所示，已知 $|U_{CES}|=2$ V，$V_{CC}=15$ V，$R_L=8$ Ω。问：

(1) 电阻 R_4 和 R_5 的作用是什么？

(2) 电路的最大不失真输出电压有效值是多少？

(3) 流过负载电阻 R_L 的电流最大为多少？

(4) 计算电路的最大输出功率 P_{om} 和效率 η。

(5) 当输出因故障短路时，三极管的最大集电极电流 I_{CM} 和功耗 P_{CM} 各为多少？

2-11 某集成电路的输出级如图 2-25 所示，问：

(1) R_2、R_3 和 T_7 构成什么电路？在电路中起什么作用？

(2) 三极管 T_3、T_4 构成的是什么类型的复合管？

(3) 静态时，负载 R_L 两端的电压应为多少？

(4) 在输入信号 u_i 的正半周，试分析电路的工作情况。

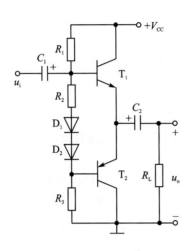

图 2-23 题 2-9 图

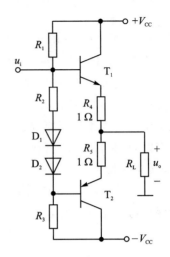

图 2-24 题 2-10 图

2-12 电路如图 2-26 所示,其中 IC 为集成互补功率放大电路,设 IC 中输出级晶体管的饱和压降可以忽略。试估算电路的最大不失真输出功率 P_{om}。

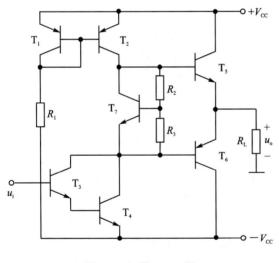

图 2-25 题 2-11 图

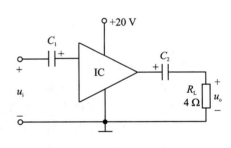

图 2-26 题 2-12 图

2-13 设计题:

(1) 设计一个 OCL 功率放大电路,要求输出功率为 5 W,负载电阻为 8 Ω。

(2) 合理选择集成功放,设计一个 BTL 音频功率放大电路,要求当输入电压有效值为 1 V 时,功放电路能为 8 Ω 的负载提供 15 W 的音频功率。

第 3 章 放大电路的频率响应

本章主要介绍放大电路频率响应的基本概念、晶体三极管的高频等效模型、单管放大电路以及多级放大电路频率响应的分析方法。本章的重点是影响放大电路频率响应的因素,单管放大电路上限频率、下限频率和通频带的求解方法,多级放大电路的频率参数与各级放大电路频率参数的关系。

本章的难点在于放大电路频率响应概念的建立、放大电路频率参数的分析和估算。尤其是初学时对下列问题理解困难:为什么只有耦合电容和旁路电容影响电路的下限频率,而管子的极间电容影响了上限频率? 如何根据放大倍数的表达式画出波特图等。

本章知识要点:

1. 为什么要研究放大电路的频率响应?
2. 什么是放大电路的频率响应?
3. 什么是放大电路的上限截止频率、下限截止频率和通频带? 如何确定通频带?
4. 什么是波特图? 用波特图描述频率响应有什么好处?
5. 如何构造晶体管的高频等效模型?
6. 如何分析单管放大电路的频率响应?
7. 如何分析多级放大电路的频率响应? 为什么多级电路的通频带比组成它的任何一级放大电路都窄?

3.1 频率响应概述

实际系统中,各种放大电路所接收的信号各不相同,有广播电台的语音和音乐信号、电视的伴音和图像信号、人体的心电信号,等等。这些信号并不是单一频率的,而是可以分解成各种频率和幅值的正弦信号,其频率范围通常可以从几赫兹到上百兆赫兹以上。由于实际电路中总是存在一些电抗性元件(例如耦合电容、旁路电容、分布电容、变压器、分布电感等),并且三极管的电流放大系数 β 也是频率的函数,这必然导致电路的电压放大倍数数值和相移随信号的频率而改变。也就是说,任何一个具体的放大电路都有一个确定的通频带,能够放大与通频带相适应的信号。例如声音信号的频率范围为 20 Hz~20 kHz,这就要求前述扩音系统中的放大电路具有与之相适应的通频带。通频带是由电路中电容等电抗性元件决定的。在设计电路时,必须先了解信号的频率范围,以便使所设计的电路具有适应于该信号的通频带;在使用电路前,应查阅手册、资料,或实测其通频带,以便确定电路的适用范围。总之,研究电路的频率响应是十分必要的。

3.1.1 频率响应的基本概念

由于放大器件本身具有极间电容,并且放大电路中耦合电容等电抗性元件的存在,当输入信号的频率过低或过高时,不但放大倍数的数值会变小,而且还将产生相移,也就是说,放大倍

数是信号频率的函数,这种函数关系称为频率响应或频率特性。电压放大倍数可表示如下:

$$\dot{A}_u(f) = |\dot{A}_u(f)| \angle \varphi(f) \quad (3-1)$$

式中:$|\dot{A}_u(f)|$为幅频响应,$\varphi(f)$为相频响应。

因为放大电路对不同频率成分信号的放大倍数不同,从而使输出波形产生失真,导致幅频特性偏离中频值的现象称为幅度频率失真,简称幅频失真;由于放大电路对不同频率成分信号的相移不同,从而使输出波形产生失真,导致相频特性偏离中频值的现象称为相位频率失真,简称相频失真。当输入信号 u_i 中含有基波和二次谐波时,其输出信号 u_o 的幅频失真和相频失真如图 3-1 所示。因为幅频失真和相频失真都是由放大电路中的线性电抗性元件引起的,所以幅频失真和相频失真都是线性失真,即不会在输出信号中产生输入信号中不存在的新的频率分量。而非线性失真将导致输出信号中产生新的频率分量。

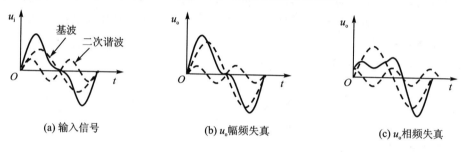

(a) 输入信号　　　　(b) u_o幅频失真　　　　(c) u_o相频失真

图 3-1　幅频失真和相频失真

在研究频率响应时,三极管的低频小信号模型不再适用,要采用高频小信号模型。

3.1.2　无源 RC 电路的频率响应分析

放大电路中的电抗元件对放大倍数的影响可以等效为基本无源 RC 电路的频率响应特性。当信号频率过低时,耦合电容及旁路电容的容抗增大,其分压作用不可忽略,信号将有一部分消耗在电容上,导致电路的放大倍数数值减小且产生相移,即对信号构成了高通电路。当信号频率过高时,由于半导体器件的极间电容的容抗减小,使其分流作用不可忽略,从而导致放大倍数数值减小且产生相移,即对信号构成了低通电路。无源 RC 电路如图 3-2 所示。

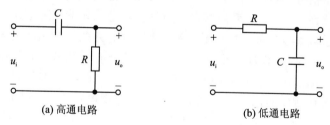

(a) 高通电路　　　　　　　(b) 低通电路

图 3-2　无源 RC 电路

1. RC 高通电路的频率响应

由图 3-2(a)所示的 RC 高通电路可见:

$$\dot{A}_u = \frac{\dot{U}_o}{\dot{U}_i} = \frac{R}{R + \dfrac{1}{j\omega C}} \quad (3-2)$$

式中：ω 为输入信号的角频率，回路的时间常数 $\tau_L = \dfrac{1}{RC}$，令

$$f_L = \frac{1}{2\pi\tau_L} = \frac{1}{2\pi RC} \qquad (3-3)$$

代入式(3-2)可得

$$\dot{A}_u = \frac{1}{1 + \dfrac{1}{j\omega\tau_L}} = \frac{1}{1 - j\dfrac{f_L}{f}} \qquad (3-4)$$

分别用幅值和相角表示为

$$|\dot{A}_u| = \frac{1}{\sqrt{1 + \left(\dfrac{f_L}{f}\right)^2}} \qquad (3-5)$$

$$\varphi = \arctan\left(\dfrac{f_L}{f}\right) \qquad (3-6)$$

根据式(3-5)和式(3-6)即可分别画出 RC 高通电路的幅频特性和相频特性曲线。

在实际工作中，广泛采用的是对数频率特性，这种对数频率特性称为波特图。波特图由对数幅频特性和对数相频特性两部分组成，为了在较小的坐标范围内表示大的电压放大倍数和宽的频率范围，在绘制波特图时，横坐标的频率采用对数刻度，幅频特性的纵坐标是电压放大倍数幅值的对数 $20\lg|\dot{A}_u|$，单位是分贝(dB)。相频特性的纵坐标是相角 φ，不取对数。

RC 高通电路的对数幅频特性为

$$20\lg|\dot{A}_u| = 20\lg 1 - 20\lg\sqrt{1 + \left(\dfrac{f_L}{f}\right)^2} = -20\lg\sqrt{1 + \left(\dfrac{f_L}{f}\right)^2} \qquad (3-7)$$

与式(3-6)联立可知：

当 $f \gg f_L$ 时，$20\lg|\dot{A}_u| \approx 0$ dB，$\varphi = 0°$；

当 $f = f_L$ 时，$20\lg|\dot{A}_u| = -20\lg\sqrt{2}$ dB $= -3$ dB，$\varphi = 45°$；

当 $f \ll f_L$ 时，$20\lg|\dot{A}_u| \approx -20\lg\dfrac{f_L}{f} = 20\lg\dfrac{f}{f_L}$，$\varphi \approx 90°$。

实际中，常采用折线近似的波特图，即可以近似地用两条直线构成的折线来表示幅频特性曲线，当 $f > f_L$ 时，用 $20\lg|\dot{A}_u| = 0$ dB 的直线近似；当 $f < f_L$ 时，频率每下降 $\dfrac{1}{10}$，增益下降 20 dB，可以用斜率为 20 dB/十倍频的直线近似，两条直线的交点为 $f = f_L$。同理，近似地用三条直线来表示相频特性曲线，当 $f > 10 f_L$ 时，用 $\varphi = 0°$ 的直线近似；当 $f < 0.1 f_L$ 时，用 $\varphi \approx 90°$ 的直线近似；当 $0.1 f_L < f < 10 f_L$ 时，用斜率为 $-45°$/十倍频的直线近似。综上，RC 高通电路的波特图如图 3-3(a)所示。

2. RC 低通电路的频率响应

RC 低通电路如图 3-2(b)所示，电压放大倍数为

$$\dot{A}_u = \frac{\dot{U}_o}{\dot{U}_i} = \frac{\dfrac{1}{j\omega C}}{R + \dfrac{1}{j\omega C}} = \frac{1}{1 + j\omega RC} \qquad (3-8)$$

回路的时间常数 $\tau_H = \dfrac{1}{RC}$，令

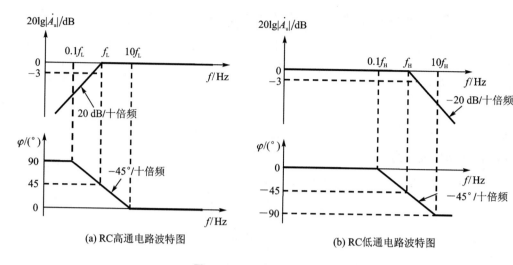

(a) RC高通电路波特图 (b) RC低通电路波特图

图 3-3 RC 电路的波特图

$$f_H = \frac{1}{2\pi\tau_H} = \frac{1}{2\pi RC} \tag{3-9}$$

代入式(3-8)可得

$$\dot{A}_u = \frac{1}{1+j\omega\tau_H} = \frac{1}{1+j\dfrac{f}{f_H}} \tag{3-10}$$

分别用幅值和相角表示为

$$|\dot{A}_u| = \frac{1}{\sqrt{1+\left(\dfrac{f}{f_H}\right)^2}} \tag{3-11}$$

$$\varphi = -\arctan\left(\frac{f}{f_H}\right) \tag{3-12}$$

根据式(3-11)和式(3-12)即可分别画出 RC 低通电路的波特图。

RC 低通电路的对数幅频特性为

$$20\lg|\dot{A}_u| = -20\lg\sqrt{1+\left(\frac{f}{f_H}\right)^2} \tag{3-13}$$

与式(3-12)联立可知：

当 $f \ll f_H$ 时，$20\lg|\dot{A}_u| \approx 0$ dB，$\varphi = 0°$；

当 $f = f_H$ 时，$20\lg|\dot{A}_u| = -20\lg\sqrt{2}$ dB $= -3$ dB，$\varphi = -45°$；

当 $f \gg f_H$ 时，$20\lg|\dot{A}_u| \approx -20\lg\dfrac{f}{f_H}$，$\varphi \approx -90°$。

同样，也可以近似地用两条直线构成的折线来表示 RC 低通电路的对数幅频特性曲线，当 $f < f_H$ 时，用 $20\lg|\dot{A}_u| = 0$ dB 的直线近似；当 $f > f_H$ 时，频率每增大 10 倍，增益下降 20 dB，可以用斜率为 -20 dB/十倍频的直线近似，两条直线的交点为 $f = f_H$。同理，近似地用三条直线来表示相频特性曲线，当 $f < 0.1f_H$ 时，用 $\varphi = 0°$ 的直线近似；当 $f > 10f_H$ 时，用 $\varphi \approx -90°$ 的直线近似；当 $0.1f_H < f < 10f_H$ 时，用斜率为 $-45°$/十倍频的直线近似。综上，RC 低通电

路的波特图如图 3-3(b)所示。

3.2 单管共射放大电路的频率响应

3.2.1 三极管的混合 π 模型

在前述三极管的 h 参数模型中没有考虑其内部结电容的影响,因而适用于低频和中频放大的情况。而在高频时,三极管的结电容容抗降低,分流作用不可忽略,因此,在分析放大电路的频率响应时,应先从三极管的物理结构出发,考虑发射结和集电结电容的影响,得到在高频信号作用下三极管的等效模型,即混合 π 模型。

考虑结电容后,三极管的结构示意图如图 3-4(a)所示。其中 r_e 和 r_c 分别为发射区和集电区体电阻,它们数值较小,常忽略不计。$r_{bb'}$ 为基区体电阻,通常在 $100 \sim 300\ \Omega$ 之间,$r_{b'c}$ 为集电结电阻,$r_{b'e}$ 为发射结电阻,C_μ 为集电结电容,C_π 为发射结电容。由于三极管在放大状态时集电结反偏,故 $r_{b'c}$ 很大,可认为开路,于是可得三极管的高频小信号混合 π 模型,如图 3-4(b)所示。

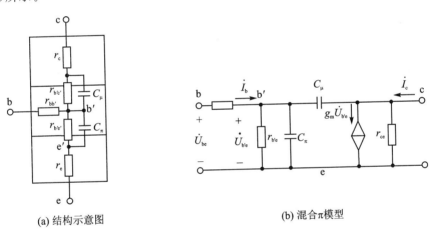

(a) 结构示意图 (b) 混合π模型

图 3-4 三极管的结构示意图及混合 π 模型

如图 3-4(b)所示的混合 π 模型中,由于通常情况下 r_{ce} 远大于 c-e 间所接的负载电阻,所以可以认为 c-e 间开路;同时,由于 C_μ 跨接在输入回路和输出回路之间,所以使电路的分析变得十分复杂。为此,可以利用密勒定理将 C_μ 单向化,即将 C_μ 分别等效到输入回路和输出回路中,单向化后的混合 π 模型如图 3-5(a)所示。等效到输入回路的电容为

$$C'_\mu = (1 + |\dot{K}|)C_\mu \tag{3-14}$$

输入回路的总电容为

$$C'_\pi = C_\pi + C'_\mu = C_\pi + (1 + |\dot{K}|)C_\mu \tag{3-15}$$

等效到输出回路的电容为

$$C''_\mu = \frac{\dot{K} - 1}{\dot{K}} \cdot C_\mu \tag{3-16}$$

式中：$\dot{K} = \dfrac{\dot{U}_{ce}}{\dot{U}_{b'e}}$，在近似计算时，$\dot{K}$ 为电路的中频电压放大倍数。

由于 $C'_\pi \gg C''_\mu$，且一般情况下 C''_μ 的容抗远大于负载电阻，故可认为 C''_μ 开路，得到简化的混合 π 模型如图 3-5(b) 所示。在混合 π 模型中，引入了一个新参数 g_m，称为跨导，单位为西门子(S)，它体现了 $\dot{U}_{b'e}$ 对 $\dot{I}_c$ 控制作用的强弱。

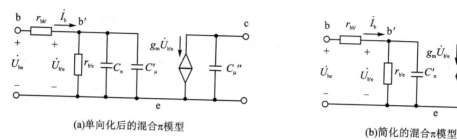

(a) 单向化后的混合π模型　　　　　　(b) 简化的混合π模型

图 3-5　混合 π 模型的简化

在低频时，将简化的混合 π 模型与 h 参数模型相比较可得

$$r_{be} = r_{bb'} + r_{b'e} = r_{bb'} + (1+\beta)\dfrac{U_T}{I_{EQ}} \tag{3-17}$$

$$g_m = \dfrac{\beta \dot{I}_b}{\dot{U}_{b'e}} = \dfrac{\beta}{r_{b'e}} = \dfrac{\beta}{(1+\beta)\dfrac{U_T}{I_{EQ}}} = \dfrac{I_{CQ}}{U_T} = \dfrac{I_{CQ}}{0.026} \quad (\text{mS}) \tag{3-18}$$

在混合 π 模型的两个电容中，一般 C_π 比 C_μ 大得多。通常，C_μ 的值可以从器件手册中查到，而 C_π 可以通过手册上给出的三极管特征频率 f_T 求得，即

$$C_\pi \approx \dfrac{g_m}{2\pi f_T} \approx \dfrac{I_{EQ}}{2\pi U_T f_T} \tag{3-19}$$

3.2.2　阻容耦合共射放大电路的频率响应

阻容耦合单管共射放大电路如图 3-6 所示，这里可将 C_2 看作是下一级的输入耦合电容，即在本级频率响应分析时，仅考虑 C_1 的影响。分析时，首先分别讨论中频、低频和高频三个频段的响应，然后得到整个频率范围内的频率响应。

1. 中频段

在中频段，耦合电容 C_1 的容抗与其串联回路中的其他电阻阻值相比要小得多，故可以将 C_1 短路；三极管极间电容的容抗远大于与其相并联的其他电阻阻值，故可认为开路。也就是说，在中频段，可以忽略各种电容的影响，得到的等效电路如图 3-7 所示，此时电压放大倍数与频率无关。

由图 3-7 可得

$$\dot{U}_{b'e} = \dfrac{R_i}{R_s + R_i} \cdot \dfrac{r_{b'e}}{r_{be}} \dot{U}_s \tag{3-20}$$

式(3-20)中 $R_i = R_b // r_{be}$。

输出电压 $\dot{U}_o = -g_m \dot{U}_{b'e} R'_L$，其中 $R'_L = R_c // R_L$，可得中频段的电压放大倍数为

$$\dot{A}_{\mathrm{usm}} = \frac{\dot{U}_{\mathrm{o}}}{\dot{U}_{\mathrm{s}}} = -\frac{R_{\mathrm{i}}}{R_{\mathrm{s}} + R_{\mathrm{i}}} \cdot \frac{r_{\mathrm{b'e}}}{r_{\mathrm{be}}} g_{\mathrm{m}} R'_{\mathrm{L}} \tag{3-21}$$

将 $g_{\mathrm{m}} = \dfrac{\beta}{r_{\mathrm{b'e}}}$ 代入式(3-21)可得

$$\dot{A}_{\mathrm{usm}} = -\frac{R_{\mathrm{i}}}{R_{\mathrm{s}} + R_{\mathrm{i}}} \cdot \frac{\beta R'_{\mathrm{L}}}{r_{\mathrm{be}}} \tag{3-22}$$

与第1章对共射放大电路电压放大倍数的论述相一致。

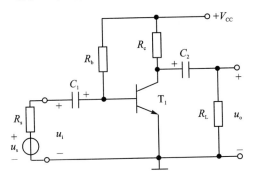

图 3-6　阻容耦合单管共射放大电路

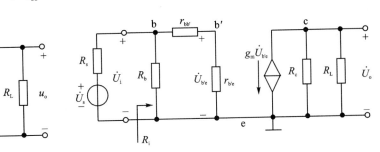

图 3-7　中频段等效电路

2. 低频段

在低频段，耦合电容 C_1、C_2 的容抗增大，其影响不可忽略；三极管极间电容的容抗比中频时更大，仍可认为开路，其影响可忽略。在低频段，仅需考虑耦合电容的影响，得到的等效电路如图 3-8 所示。由图 3-8 可见，耦合电容 C_1 与输入电阻 R_{i} 构成一个 RC 高通电路，耦合电容 C_2 与负载 R_{L} 构成另一个 RC 高通电路。由于 C_2 对频率特性的影响与输入回路无关，可以单独计算。所以，在分析 C_1 对频率特性的影响时可认为 C_2 短路；同理，在分析 C_2 对低频特性的影响时可设 C_1 短路。

在图 3-8 所示的低频段等效电路中，仅考虑耦合电容 C_1 对频率特性的影响，有

$$\dot{U}_{\mathrm{b'e}} = \frac{R_{\mathrm{i}}}{R_{\mathrm{s}} + R_{\mathrm{i}} + \dfrac{1}{\mathrm{j}\omega C_1}} \cdot \frac{r_{\mathrm{b'e}}}{r_{\mathrm{be}}} \dot{U}_{\mathrm{s}} \tag{3-23}$$

输出电压为

$$\dot{U}_{\mathrm{o}} = -g_{\mathrm{m}} \dot{U}_{\mathrm{b'e}} R'_{\mathrm{L}} = -\frac{R_{\mathrm{i}}}{R_{\mathrm{s}} + R_{\mathrm{i}}} \cdot \frac{r_{\mathrm{b'e}}}{r_{\mathrm{be}}} g_{\mathrm{m}} R'_{\mathrm{L}} \cdot \frac{1}{1 + \dfrac{1}{\mathrm{j}\omega(R_{\mathrm{s}} + R_{\mathrm{i}})C_1}} \dot{U}_{\mathrm{s}} \tag{3-24}$$

低频电压放大倍数为

$$\dot{A}_{\mathrm{usl1}} = \frac{\dot{U}_{\mathrm{o}}}{\dot{U}_{\mathrm{s}}} = \dot{A}_{\mathrm{usm}} \cdot \frac{1}{1 + \dfrac{1}{\mathrm{j}\omega(R_{\mathrm{s}} + R_{\mathrm{i}})C_1}} \tag{3-25}$$

由此表达式可见，低频段 C_1 所在回路的时间常数为

$$\tau_{\mathrm{L1}} = (R_{\mathrm{s}} + R_{\mathrm{i}})C_1 \tag{3-26}$$

由 C_1 影响产生的低频段的下限频率为

$$f_{L1} = \frac{1}{2\pi\tau_{L1}} = \frac{1}{2\pi(R_s + R_i)C_1} \qquad (3-27)$$

代入式(3-25)可得

$$\dot{A}_{usl1} = \dot{A}_{usm} \cdot \frac{1}{1 - j\dfrac{f_{L1}}{f}} \qquad (3-28)$$

同理,在图 3-8 所示的低频段等效电路中,设 C_1 短路,仅考虑耦合电容 C_2 对频率特性的影响,并将受控电流源 $g_m\dot{U}_{b'e}$ 与 R_c 等效变换为受控电压源如图 3-9 所示,可见 C_2 与负载 R_L 构成了 RC 高通电路。有

$$\dot{U}_o = -g_m\dot{U}_{b'e}R_c \cdot \frac{R_L}{R_c + R_L + \dfrac{1}{j\omega C_2}} = -g_m\dot{U}_{b'e}R_L' \cdot \frac{1}{1 + \dfrac{1}{j\omega C_2(R_c + R_L)}}$$

$$= -\frac{R_i}{R_s + R_i} \cdot \frac{r_{b'e}}{r_{be}} g_m R_L' \cdot \frac{1}{1 + \dfrac{1}{j\omega C_2(R_c + R_L)}} \dot{U}_s \qquad (3-29)$$

低频电压放大倍数为

$$\dot{A}_{usl2} = \frac{\dot{U}_o}{\dot{U}_s} = \dot{A}_{usm} \cdot \frac{1}{1 + \dfrac{1}{j\omega(R_c + R_L)C_2}} \qquad (3-30)$$

令

$$f_{L2} = \frac{1}{2\pi\tau_{L2}} = \frac{1}{2\pi(R_c + R_L)C_2} \qquad (3-31)$$

代入式(3-30)可得

$$\dot{A}_{usl2} = \dot{A}_{usm} \cdot \frac{1}{1 - j\dfrac{f_{L2}}{f}} \qquad (3-32)$$

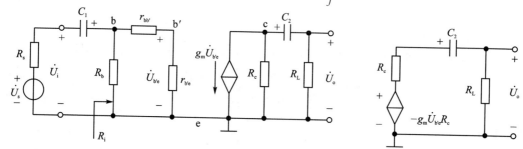

图 3-8 低频段等效电路　　　　图 3-9 C_2 对低频特性影响的等效电路

同时,考虑耦合电容 C_1 和 C_2 的影响,低频段电压放大倍数为

$$\dot{A}_{usl} = \dot{A}_{usm} \cdot \frac{1}{1 - j\dfrac{f_{L1}}{f}} \cdot \frac{1}{1 - j\dfrac{f_{L2}}{f}} \qquad (3-33)$$

令

$$\frac{|\dot{A}_{usm}|}{\sqrt{1 + \left(\dfrac{f_{L1}}{f}\right)^2}\sqrt{1 + \left(\dfrac{f_{L2}}{f}\right)^2}} = \frac{|\dot{A}_{usm}|}{\sqrt{2}}$$

可得总的下限频率

$$f_L \approx \sqrt{f_{L1}^2 + f_{L2}^2} = \sqrt{\left(\frac{1}{2\pi(R_s+R_i)C_1}\right)^2 + \left(\frac{1}{2\pi(R_c+R_L)C_2}\right)^2} \quad (3-34)$$

由式(3-34)可知,阻容耦合共射放大电路的下限频率主要取决于耦合电容 C_1 与 C_2 所在回路的时间常数,时间常数越大,电路的低频特性越好。

3. 高频段

当频率升高时,耦合电容 C_1、C_2 的容抗比中频时还要小,更可认为短路。但此时极间电容的容抗比中频时更小了,其分流作用不可忽略。在高频段,仅需考虑极间电容的影响,得到的等效电路如图 3-10 所示。

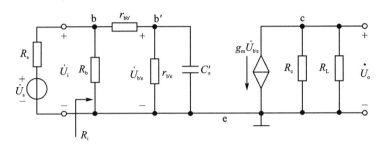

图 3-10 高频段等效电路

利用戴维南定理,将输入回路进行等效,可将高频段等效电路简化为图 3-11 所示的电路。

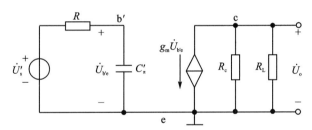

图 3-11 高频段等效电路的简化电路

由图 3-11 可见,极间电容 C'_π 与电阻 R 构成一个 RC 低通电路,有

$$\dot{U}'_s = \frac{r_{b'e}}{r_{be}}\dot{U}_i = \frac{R_i}{R_s+R_i} \cdot \frac{r_{b'e}}{r_{be}}\dot{U}_s$$

$$R = r_{b'e} // [r_{bb'} + (R_s // R_b)]$$

$$\dot{U}_{b'e} = \frac{\frac{1}{j\omega C'_\pi}}{R + \frac{1}{j\omega C'_\pi}}\dot{U}'_s = \frac{1}{1+j\omega RC'_\pi}\dot{U}'_s$$

$$\dot{U}_o = -g_m\dot{U}_{b'e}R'_L = -\frac{R_i}{R_s+R_i} \cdot \frac{r_{b'e}}{r_{be}}g_m R'_L \frac{1}{1+j\omega RC'_\pi}\dot{U}_s$$

高频电压放大倍数为

$$\dot{A}_{ush} = \frac{\dot{U}_o}{\dot{U}_s} = \dot{A}_{usm} \cdot \frac{1}{1+j\omega RC'_\pi} \quad (3-35)$$

由式(3-35)可见,低频时间常数为

$$\tau_H = RC'_\pi \tag{3-36}$$

高频段的上限频率为

$$f_H = \frac{1}{2\pi\tau_H} = \frac{1}{2\pi RC'_\pi} \tag{3-37}$$

代入式(3-35)可得

$$\dot{A}_{ush} = \dot{A}_{usm} \cdot \frac{1}{1+j\dfrac{f}{f_H}} \tag{3-38}$$

由式(3-36)可知,阻容耦合共射放大电路的上限频率主要取决于高频时间常数,C'_π 与 R 的乘积越小,f_H 越大,即放大电路的高频特性越好。实际应用中,为了得到良好的高频响应,应该选用极间电容较小的三极管。

4. 波特图

综合上述低、中、高三个频段的电压放大倍数表达式,可得到阻容耦合单管共射放大电路的全频段电压放大倍数表达式,即

$$\dot{A}_{us} = \frac{\dot{A}_{usm}}{\left(1-j\dfrac{f_L}{f}\right)\left(1+j\dfrac{f}{f_H}\right)} \tag{3-39}$$

利用前述 RC 高通电路和低通电路波特图的画法,可以画出阻容耦合单管共射放大电路的波特图如图 3-12 所示。

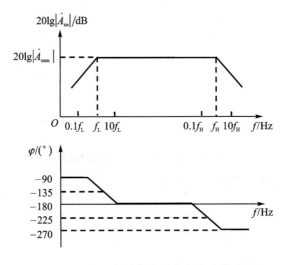

图 3-12 阻容耦合单管共射放大电路的波特图

5. 关于单管共射放大电路频率响应的几点结论

① 放大电路的耦合电容是引起低频响应的主要原因,下限截止频率主要由低频时间常数中较小的一个决定。

② 三极管的结电容和分布电容是引起放大电路高频响应的主要原因,上限截止频率由高频时间常数中较大的一个决定。

③ 由于

$$C'_\pi = C_\pi + C'_\mu = C_\pi + (1+|\dot{K}|)C_\mu \tag{3-40}$$

式中：$\dot{K} = \dfrac{\dot{U}_{ce}}{\dot{U}_{b'e}}$，近似计算时，$\dot{K}$ 取中频时的值。若电压放大倍数 $\dot{K}$ 的值增加，则 C'_π 也增加，上限截止频率就会下降，通频带将变窄。可见，放大电路的放大倍数或增益和带宽是一对矛盾，所以常把"增益带宽积"作为衡量放大电路性能的一项重要指标。一般而言，对于确定的电路，其增益与带宽的乘积为常数，也就是说增益增大多少倍，带宽几乎就变窄多少倍，所以在工程实际中，不要盲目追求宽频带，只需选择与具体系统相适应的频带即可，否则不但没有益处，反而会引入干扰，而且还将牺牲放大电路的放大能力。

④ 共基极放大电路由于输入电容小，所以其上限截止频率比共射极放大电路要高很多，在需要宽频带的场合，可以采用共基极放大电路，并选择 $r_{bb'}$ 和 C_μ（即手册中的 C_{ob}）均小的高频管。

6. 增益带宽积

通过前述分析可知，若要改善单管共射放大电路的低频特性，即降低电路的下限频率 f_L，则需要增大耦合电容及回路电阻，以增大回路的时间常数。然而，这种改善是很有限的。因此在实际应用中，当信号频率很低时，一般采用直接耦合方式。若要改善放大电路的高频特性，则需要减小 C'_π 及回路电阻，以减小回路时间常数，从而提高上限频率 f_H。但是，由前述分析可知，减小 C'_π 会导致中频电压增益 $\dot{A}_{usm}$ 的数值减小。可见，上限频率 f_H 的提高与 $|\dot{A}_{usm}|$ 的增大是相互矛盾的。由于通频带 $BW = f_H - f_L$，而大多数电路满足 $f_H \gg f_L$，即 $BW \approx f_H$，所以带宽与增益的矛盾就相当于 f_H 与 $|\dot{A}_{usm}|$ 的矛盾。当增益提高时，必然导致带宽变窄；增益减小时，必然导致带宽变宽。为了综合考察放大电路的带宽与放大能力两方面的性能，引入"增益带宽积"这个参数，电路一旦确定，其增益带宽积 $|\dot{A}_{usm} \cdot BW|$ 基本上为常数。因此，在实际应用中，不要盲目追求宽频带，放大电路只需具有与信号频段相对应的通频带即可，不必要的宽频带将牺牲电路的放大能力。

3.3 多级放大电路的频率响应

多级放大电路中含有多个三极管，所以在高频段就有多个低通电路。若多级电路为阻容耦合方式，含有多个耦合电容或旁路电容，则在低频段就可以等效成多个高通电路。

设一个 N 级放大电路，各级的电压放大倍数分别为 $\dot{A}_{u1}, \dot{A}_{u2}, \cdots, \dot{A}_{uN}$，由前述内容可知，该多级放大电路总的电压放大倍数是各级电压放大倍数的乘积，即

$$\dot{A}_u = \dot{A}_{u1} \cdot \dot{A}_{u2} \cdot \cdots \cdot \dot{A}_{uN} = \prod_{k=1}^{N} \dot{A}_{uk} \tag{3-41}$$

根据式（3-41），可以得到该多级放大电路的幅频特性为

$$20\lg|\dot{A}_u| = 20\lg|\dot{A}_{u1}| + 20\lg|\dot{A}_{u2}| + \cdots + 20\lg|\dot{A}_{uN}| = \sum_{k=1}^{N} 20\lg|\dot{A}_{uk}| \tag{3-42}$$

相频特性为

$$\varphi = \varphi_1 + \varphi_2 + \cdots + \varphi_N = \sum_{k=1}^{N} \varphi_k \tag{3-43}$$

即多级放大电路的增益为组成它的各级放大电路增益之和,相移也为各级放大电路相移之和。

为简单说明原理,现以两级放大电路为例讨论多级电路总的上限频率和下限频率与组成它的各级电路的上、下限频率的关系。设两级放大电路的各级中频电压放大倍数 $\dot{A}_{um1} = \dot{A}_{um2}$,下限频率 $f_{L1} = f_{L2}$,上限频率 $f_{H1} = f_{H2}$,可得两级放大电路总的中频电压增益为

$$20\lg|\dot{A}_{um}| = 20\lg|\dot{A}_{um1} \cdot \dot{A}_{um2}| = 40\lg|\dot{A}_{um1}| \qquad (3-44)$$

当 $f = f_{L1}$ 时,$|\dot{A}_{ul1}| = |\dot{A}_{ul2}| = \dfrac{|\dot{A}_{um1}|}{\sqrt{2}}$,所以

$$20\lg|\dot{A}_{um}| = 40\lg|\dot{A}_{um1}| - 40\lg\sqrt{2} = 40\lg|\dot{A}_{um1}| - 6 \qquad (3-45)$$

说明,当 $f = f_{L1}$ 时增益下降 6 dB,$\dot{A}_{um1}$ 和 $\dot{A}_{um2}$ 均产生 +45°的附加相移,所以 $\dot{A}_{um}$ 产生 +90°的附加相移。同理,当 $f = f_{H1}$ 时,增益也下降 6 dB,$\dot{A}_{um}$ 的附加相移为 -90°。因此,两级放大电路的波特图如图 3-13 所示。

在图 3-13 的幅频特性中,使两级放大电路总增益下降 3 dB 的频率分别是两级放大电路的下限频率 f_L 和上限频率 f_H。可见,$f_L > f_{L1}$,而 $f_H < f_{H1}$,因此,两级放大电路的通频带比组成它的每级放大电路窄。由此可得出具有普遍意义的结论:多级放大电路的通频带,总是比组成它的每一级电路的通频带窄,且放大电路的级数越多,频带越窄。

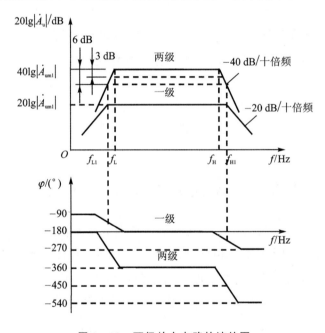

图 3-13 两级放大电路的波特图

可以证明,多级放大电路(设为 N 级)的下限频率 f_L 与组成它的各级下限频率之间的近似关系为

$$f_L \approx 1.1\sqrt{f_{L1}^2 + f_{L2}^2 + \cdots + f_{LN}^2} \qquad (3-46)$$

若各级下限频率相等,即 $f_{L1} = f_{L2} = \cdots = f_{LN}$,则

$$f_L \approx 1.1\sqrt{Nf_{L1}^2} \qquad (3-47)$$

多级放大电路(N 级)的上限频率 f_H 与组成它的各级上限频率之间的近似关系为

$$\frac{1}{f_H} \approx 1.1 \sqrt{\frac{1}{f_{H1}^2} + \frac{1}{f_{H2}^2} + \cdots + \frac{1}{f_{HN}^2}} \tag{3-48}$$

若各级上限频率相等,即 $f_{H1} = f_{H2} = \cdots = f_{HN}$,则

$$\frac{1}{f_H} \approx 1.1 \sqrt{\frac{N}{f_{H1}^2}} \tag{3-49}$$

通过以上分析可以得出以下具有普遍意义的结论:

① 多级放大电路总的放大倍数数值增大了,但总的频带变窄了,即多级放大电路总的上限频率低于其中任何一级电路的上限频率,而总的下限频率高于其中任何一级电路的下限频率。

② 在多级放大电路中,如果某级的下限频率远高于其他各级的下限频率,则可认为整个电路的下限频率近似为该级的下限频率;同理,若某级的上限频率远低于其他各级的上限频率,则可认为整个电路的上限频率近似为该级的上限频率。

③ 在设计多级放大电路时,必须保证每一级的频带宽于总的频带。

3.4 实际电子系统频率响应分析与设计举例

【例 3-1】 设计一个多级视频放大电路,其各级电路的增益带宽积为 500 MHz,要求该多级视频放大电路总带宽 BW 为 25 MHz,并能将有效值为 100 μV 的输入信号放大为 2 V 的输出信号。

解: 设多级视频放大电路的级数为 n,组成它的每一个宽带放大电路单元的增益为 A_1,则总增益为

$$A_u = A_1^n = \frac{2}{0.1 \times 10^{-3}} = 2 \times 10^4$$

所以

$$A_1 = \sqrt[n]{A_u} = \sqrt[n]{2 \times 10^4}$$

而总的带宽 BW 与各级带宽 BW_1 的关系为

$$BW = BW_1 \cdot \frac{1}{1.1 \sqrt{n}}$$

又已知各单级单元电路增益带宽积 $A_1 \times BW_1 = 500$ MHz,可得出单级带宽为

$$BW_1 = \frac{500}{A_1} = \frac{500}{\sqrt[n]{2 \times 10^4}}$$

有

$$25 = \frac{500}{\sqrt[n]{2 \times 10^4}} \cdot \frac{1}{1.1 \sqrt{n}}$$

解上面方程得:级数 $n=6$;每级增益 $A_1 = \sqrt[6]{2 \times 10^4} = 5.21$;每级单元电路带宽 $BW_1 = \frac{500 \text{ MHz}}{\sqrt[6]{2 \times 10^4}} \approx 96$ MHz。

【例 3-2】 设计一个用于电话传输系统的三级放大电路,总带宽为 300 Hz~3.4 kHz,设

每一级的带宽均相同,应如何选择各级的上限频率和下限频率?

解: 每一级电路的上限频率都要高于总的上限频率 3.4 kHz,而下限频率要低于总的下限频率 300 Hz,由式(3-49)可得每一级电路的上限频率为

$$f_{H1} \approx f_H \cdot 1.1\sqrt{N} = 3.4 \times 1.1\sqrt{3} \text{ kHz} \approx 6.5 \text{ kHz}$$

由式(3-47)可得每一级电路的下限频率为

$$f_{L1} \approx f_L \cdot \sqrt{\frac{1}{1.1N}} = 300 \times \sqrt{\frac{1}{1.1 \times 3}} \text{ Hz} \approx 164 \text{ Hz}$$

习　　题

3-1 填空题:

(1) 电路如图 3-14(a)所示,请用增大、减小、不变或基本不变填空。

① 若电路中 C_e 由 100 μF 改为 10 μF,则 $|\dot{A}_{usm}|$ 将_____,f_L 将_____,f_H 将_____,中频相移将_____。

② 若换一只 f_T 较低的晶体管,则 $|\dot{A}_{usm}|$ 将_____,f_L 将_____,f_H 将_____。

③ 当信号源内阻 R_s 为零时,f_H 将_____,当 $(R_{b1}//R_{b2})$ 减小时,g_m 将_____,C'_π 将_____,f_H 将_____。

(2) 某放大电路的幅频特性如图 3-14(b)所示,其中频放大倍数 $|\dot{A}_{um}|$ =_____,f_L =_____,f_H =_____,当信号频率为 f_L 或 f_H 时,实际的电压增益=_____。

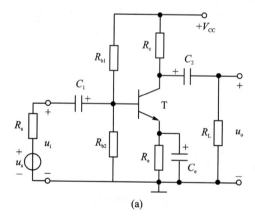
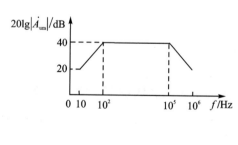

图 3-14　题 3-1 图

(3) 在放大电路输入电压幅值不变的情况下,改变输入信号的_____,可以测得放大电路的频率响应。

(4) 在高频段,由于_____电容的分流作用不可忽略,导致放大电路的电压放大能力下降。

(5) 影响放大电路低频特性的主要是_____电容和_____电容。

3-2 共射放大电路如图 3-15 所示。已知:V_{CC} = 12 V;晶体管的 C_μ = 4 pF,f_T = 60 MHz,r_{bb} = 200 Ω,β_0 = 100。试求解:

(1) 中频电压放大倍数 $\dot{A}_{\text{usm}}$；

(2) C'_π；

(3) f_H 和 f_L；

(4) 画出波特图。

3-3 场效应管电路如图 3-16 所示，已知静态时 $I_{\text{DQ}} = 0.3$ mA，试求 U_{GSQ} 和电路的下限频率 f_L。

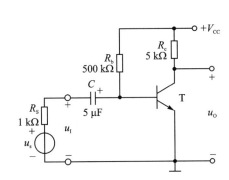

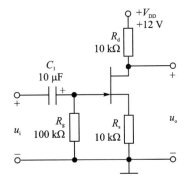

图 3-15　题 3-2 图　　　　　　图 3-16　题 3-3 图

3-4 某放大电路的中频电压增益为 40 dB，上限频率为 2 MHz，下限频率为 50 Hz，输出不失真的动态范围为 $U_\text{opp} = 10$ V，问在下列各输入信号作用情况下会产生什么失真？

(1) $u_\text{i}(t) = 0.1\sin(2\pi \times 10^3 t)$　（V）；

(2) $u_\text{i}(t) = 10\sin(2\pi \times 2 \times 10^6 t)$　（mV）；

(3) $u_\text{i}(t) = 15\sin(2\pi \times 500 t) + 10\sin(2\pi \times 10^6 t)$　（mV）；

(4) $u_\text{i}(t) = 10\sin(2\pi \times 20 t) + 10\sin(2\pi \times 10^4 t)$　（mV）；

(5) $u_\text{i}(t) = 20\sin(2\pi \times 10^3 t) + 20\sin(2\pi \times 10^7 t)$　（mV）。

3-5 已知某放大电路的电压放大倍数 $\dot{A}_u = \dfrac{-1\,000}{\left(1 + j\dfrac{f}{10^5}\right)^3}$。

(1) 试求电路的中频电压放大倍数 $\dot{A}_{\text{um}}$；

(2) 求上限频率 f_H；

(3) 该电路由几级放大电路组成？

3-6 已知某放大电路幅频特性如图 3-17 所示。问：

(1) 该电路由几级阻容耦合电路组成？

(2) 每一级的 f_L 及 f_H 各是多少？

(3) 试求电路总的放大倍数 $|\dot{A}_{\text{um}}|$；

(4) 求电路总的 f_L 及 f_H。

3-7 已知两级放大电路的幅频特性波特图如图 3-18 所示，试求电路总的中频电压放大倍数 $\dot{A}_{\text{um}}$ 及下限频率 f_L。

3-8 已知某电路的电压放大倍数 $\dot{A}_u = \dfrac{-10\mathrm{j}f}{\left(1+\mathrm{j}\dfrac{f}{10}\right)\left(1+\mathrm{j}\dfrac{f}{10^4}\right)}$，试求电路的中频电压放大倍数 $\dot{A}_{um}$、下限频率 f_L 和上限频率 f_H，并画出波特图。

3-9 放大电路如图 3-19(a)所示，已知三极管的 $\beta=100$，$r_{bb'}=200\ \Omega$，$r_{b'e}=2.6\ \mathrm{k}\Omega$，集电结电容 $C_\mu=4\ \mathrm{pF}$，发射结电容 $C_\pi=50\ \mathrm{pF}$，要求电路的幅频特性如图 3-19(b)所示，试求解：

(1) 集电极电阻 R_c 的值；

(2) 电容 C_1 取值；

(3) 电路的上限频率 f_H。

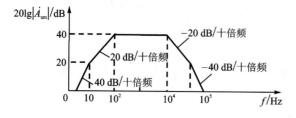

图 3-17 题 3-6 图

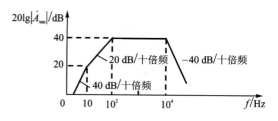

图 3-18 题 3-7 图

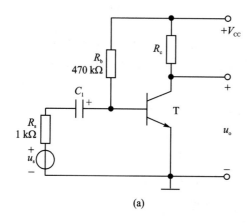

(a)

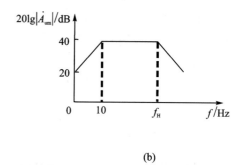

(b)

图 3-19 题 3-9 图

第 4 章　集成运算放大器

本章主要介绍集成运算放大器(简称集成运放)电路的组成原理、电压传输特性及性能参数。本章的重点是集成运放的原理及电路特点、集成运放的电流源电路、集成运放的输入级-差动放大电路。

本章的难点在于差动输入级的组成与工作原理及静态、动态参数的分析和估算。尤其是初学时对下列问题理解困难：差动放大电路的组成和工作原理；为什么差动放大电路放大差模信号而抑制共模信号；差动放大电路对任意信号的放大特性等。

本章知识要点：
1. 什么是集成运算放大器？其内部电路组成如何？有什么特点？
2. 怎样设置集成运放中各级电路的静态工作点？
3. 集成运放的电压传输特性有什么特点？为什么？
4. 为什么集成运放的输入级要采用差动放大电路？
5. 集成运放有哪些主要性能指标？
6. 实际应用中如何选择集成运放？使用运放时应注意哪些问题？

集成电路通常分为模拟集成电路和数字集成电路，诞生于 20 世纪 60 年代初。它利用半导体制造工艺，将包括晶体管、二极管、电阻、电容以及它们之间连线的整个电路制作在一块半导体基片上，并封装后构成具有特定功能的电路。

集成运算放大器属于模拟集成电路，其应用非常广泛，它是电子技术领域中的一种最基本的放大元器件。由于它最初主要用来实现数学运算和进行信号放大，故取名为集成运算放大器。目前，集成运算放大器已广泛应用于信号处理、信号变换和信号产生等各个领域，同时，在自动控制、测量技术、仪器仪表、日用电器等领域中应用也相当广泛。

4.1　集成运算放大器概述

集成运放内部为晶体三极管或场效应管组成的多级放大电路，作为一种模拟集成电路，在电路的结构上受到集成工艺的制约，因此，集成运放与一般的分立元件电路相比，有如下一些特点：

① 为了节省芯片面积，集成运放中很少制作电容，均采用直接耦合方式。若需要大电容(即几百微法以上)，则常采用外接方式。

② 由集成电路工艺制作的元件，参数的精度不高，受环境温度的影响较大。但是，处于同一基片上的同类元件，其性能一致性较好，或者说元件的对称性较好。因此，集成运放电路的特性多依赖于元件参数间的匹配或它们的比值，而较少依赖于元件参数本身。

③ 集成运放中使用的二极管，大多采用三极管，并把发射极、基极和集电极适当配合构成。

④ 集成运放中多采用复合管，以改善性能。

⑤ 因为芯片上不宜制作高阻值电阻,所以在集成运放中多采用晶体管或场效应管等有源元件取代高阻值电阻。

集成运放的具体电路形式多样,但从内部结构看,集成运算放大器是一种高增益的直接耦合放大器,一般均由输入级、中间级、输出级和偏置电路四个部分组成,如图 4-1 所示。集成运放有两个输入端(u_P、u_N)和一个输出端(u_O)。

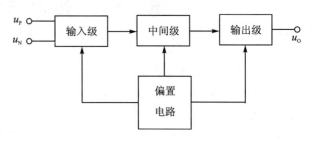

图 4-1 集成运放的组成框图

输入级是影响整个集成运放性能的关键级,一般要求输入电阻高、抑制零点漂移及干扰的能力强。所以,输入级通常采用对称结构的高性能差动放大电路,它有两个输入端,分别是同相输入端(标有 u_P 的一端)和反相输入端(标有 u_N 的一端)。输入级的性能直接影响集成运放的大多数性能,因此,输入级在集成运放产品的更新过程中变化最大。中间级的主要作用是使集成运放具有较强的放大能力,多采用有源负载共射或共源放大电路。输出级多采用射极跟随器组成的互补输出电路,以减小输出电阻,提高集成运放的带负载能力。偏置电路多采用电流源电路,主要为集成运放内各级电路提供合适的静态工作电流。

4.2 集成运算放大器的电流源电路

电流源电路具有直流电阻很小、交流电阻很大、能进行温度补偿等特点,是组成模拟集成电路的基本单元电路。电流源对提高集成运放的性能起到了很重要的作用,在集成运放电路中,电流源除了提供各级的静态电流外,还常作有源负载,以提高运放的放大能力。下面介绍几种常用的电流源电路。

4.2.1 基本电流源电路

1. 镜像电流源

镜像电流源用于提供较大(毫安级)电流,图 4-2 所示为镜像电流源电路,晶体管 T_1 和 T_2 特性完全相同,所以有 $U_{BE1}=U_{BE2}=U_{BE}$,$I_{B1}=I_{B2}=I_B$,$\beta_1=\beta_2=\beta$,可得出两管的集电极电流也相等,即

$$I_O = I_{C1} \qquad (4-1)$$

$I_{C1}=I_R-2I_B=I_R-\dfrac{2I_{C1}}{\beta}$,所以有

$$I_{C1} = \dfrac{I_R}{1+\dfrac{2}{\beta}} \qquad (4-2)$$

当 $\beta \gg 2$ 时,有

$$I_O = I_{C1} \approx I_R \qquad (4-3)$$

即输出电流 I_O 会随着 I_R 改变而改变,如同 I_R 在镜中的像一样,故称该电路为镜像电流源电路。流过电阻 R 的电流称为基准电流,其表达式为

$$I_R = \frac{V_{CC} - U_{BE}}{R} \approx \frac{V_{CC}}{R} \quad (4-4)$$

2. 比例电流源

比例电流源改变了镜像电流源的镜像关系,使输出电流与基准电流成比例,其电路如图 4-3 所示。由图可知 $U_{BE1} + I_{E1}R_1 = U_{BE2} + I_{E2}R_2$,所以

$$I_{E2} = \frac{I_{E1}R_1}{R_2} + \frac{U_{BE1} - U_{BE2}}{R_2} \quad (4-5)$$

根据 PN 结的电流方程可得

$$U_{BE1} - U_{BE2} \approx U_T \ln \frac{I_{E1}}{I_{E2}} \quad (4-6)$$

将式(4-6)代入式(4-5)得

$$I_{E2} = \frac{I_{E1}R_1}{R_2} + \frac{U_T}{R_2} \ln \frac{I_{E1}}{I_{E2}} \quad (4-7)$$

在常温下,当 T_1 和 T_2 两管的发射极电流相差在 10 倍以内时,式(4-7)中的对数项很小,可以忽略。当 $\beta \gg 2$ 时,有 $I_R \approx I_{E1}$,$I_O \approx I_{E2}$,所以

$$I_O \approx I_R \frac{R_1}{R_2} \quad (4-8)$$

可见,只要改变 R_1 和 R_2 的阻值,就可改变 I_O 和 I_R 的比例关系。其中基准电流

$$I_R \approx \frac{V_{CC} - U_{BE1}}{R + R_1} \quad (4-9)$$

3. 微电流源

当需要较小(微安级)工作电流时,常采用微电流源,其电路如图 4-4 所示。由图可得 $I_O R_2 = U_{BE1} - U_{BE2}$,即

$$I_O = \frac{U_{BE1} - U_{BE2}}{R_2} \quad (4-10)$$

在微电流源电路中,由于 $(U_{BE1} - U_{BE2})$ 很小,故只需不大的 R_2 就可以获得微小的工作电流,适合集成电路的要求。

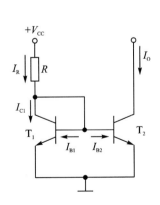

图 4-2 镜像电流源电路

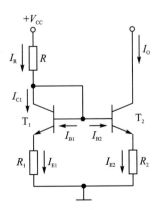

图 4-3 比例电流源电路

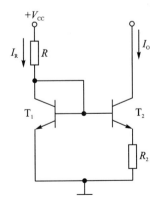

图 4-4 微电流源电路

4. 多路电流源

实际运放中,通常利用一个基准电流去获得多个不同的输出电流,这样可以为集成运放内部的多级电路提供合适的静态工作电流。多路镜像电流源电路如图 4-5 所示,晶体管 $T_1 \sim T_4$ 特性完全相同。当 $\beta \gg 2$ 时,多个输出电流相等,即

$$I_{C2} \approx I_{C3} \approx I_{C4} \approx I_R = \frac{V_{CC} - U_{BE}}{R} \quad (4-11)$$

多路比例电流源电路如图 4-6 所示,由于晶体管 $T_1 \sim T_4$ 特性完全相同,所以有

$$R_1 I_{E1} \approx R_2 I_{E2} \approx R_3 I_{E3} \approx R_4 I_{E4}$$

各输出电流 I_{C2}、I_{C3}、I_{C4} 分别为

$$I_{C2} \approx I_{E2} \approx \frac{R_1}{R_2} I_{E1} \approx \frac{R_1}{R_2} I_{C1} \approx \frac{R_1}{R_2} I_R \quad (4-12)$$

$$I_{C3} \approx I_{E3} \approx \frac{R_1}{R_3} I_{E1} \approx \frac{R_1}{R_3} I_{C1} \approx \frac{R_1}{R_3} I_R \quad (4-13)$$

$$I_{C4} \approx I_{E4} \approx \frac{R_1}{R_4} I_{E1} \approx \frac{R_1}{R_4} I_{C1} \approx \frac{R_1}{R_4} I_R \quad (4-14)$$

式(4-12)~式(4-14)中的基准电流 I_R 见式(4-9)。可见,当基准电流确定后,只要选择合适的发射极电阻 R_2、R_3、R_4,便可以得到所需的输出电流。

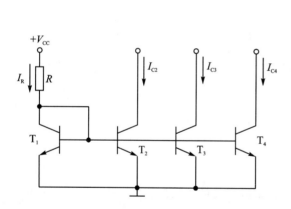

图 4-5 多路镜像电流源电路

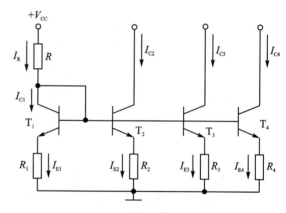

图 4-6 多路比例电流源电路

4.2.2 有源负载放大电路

为了提高电压放大倍数的数值,在模拟集成电路中,电流源常作为负载使用,称为有源负载。有源负载共射放大电路如图 4-7 所示,其中 T_2、T_3 组成镜像电流源,作为放大管 T_1 的集电极有源负载。由图 4-7 可得 $I_{C2} \approx I_R \approx \frac{V_{CC}}{R}$,电压放大倍数为

$$\dot{A}_u = \frac{\dot{U}_o}{\dot{U}_i} = -\frac{\beta(r_o // R_L)}{R_b + r_{be1}} \approx -\frac{\beta R_L}{R_b + r_{be1}} \quad (4-15)$$

式中:r_o 为电流源的交流电阻,其值很大,通常在几百 $k\Omega$ 以上。可见,采用有源负载后,T_1 管集电极的动态电流全部流向负载,使放大倍数数值大大提高。

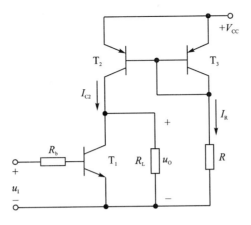

图 4-7 有源负载共射放大电路

4.3 差动放大电路

差动放大电路又称差分放大电路,是集成运算放大电路的重要组成单元,其功能是放大两个输入信号之差,具有很强的抑制零点漂移的能力,因此被用作集成运放的输入级。

4.3.1 差动放大电路的组成

基本差动放大电路如图 4-8 所示。可见,其结构具有对称性,即 $R_{c1}=R_{c2}=R_c$,$R_{b1}=R_{b2}=R_b$;T_1 管和 T_2 管的特性相同,即 $\beta_1=\beta_2=\beta$,$r_{be1}=r_{be2}=r_{be}$。R_e 为公共发射极电阻。从结构上看,差动放大电路可看作是由两个性能参数完全相同的单管共射放大电路组成的,电路中 T_1 管和 T_2 管射极连接并经公共电阻 R_e 将两个共射电路耦合在一起。

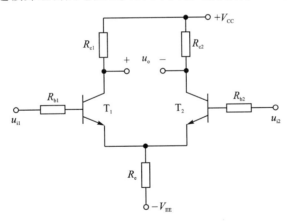

图 4-8 基本差动放大电路

由图 4-8 可见,差动放大电路有两个输入端,两个输出端。若从电路的两个输入端同时加入输入信号,则称为双端输入;若从电路的一个输入端输入信号,另一个输入端接地,则称为单端输入。若从电路的两个输出端之间输出信号,则称为双端输出;若从电路的一个输出端输出信号,则称为单端输出。所以,与一般放大电路不同,差动放大电路有四种工作方式:双端输入双端输出,双端输入单端输出,单端输入双端输出和单端输入单端输出。

由于有两个输入端,差动放大电路的输入信号可分为差模信号和共模信号两类。若两个输入端输入的信号大小相等、极性相反,则称为差模输入,这种输入信号称为差模信号,如图 4-8 所示,此时 $u_{i1} = -u_{i2}$,两个输入端之间的差模输入电压为

$$u_{id} = u_{i1} - u_{i2} = 2u_{i1} \tag{4-16}$$

若两个输入端输入的信号大小相等、极性相同,则称为共模输入,这种输入信号称为共模信号,此时 $u_{i1} = u_{i2}$,电路的共模输入电压为

$$u_{ic} = \frac{u_{i1} + u_{i2}}{2} = u_{i1} = u_{i2} \tag{4-17}$$

4.3.2 差动放大电路抑制零点漂移的原理

集成运放采用差动放大电路作为输入级,主要是为了抑制零点漂移。为了说明差动放大电路抑制零点漂移的原理,首先要进行电路的静态分析。

1. 静态分析

由于电路结构对称,两个晶体管的各极电流和电位相等,所以只需求出一个晶体管的静态工作点即可。当 $u_{i1} = u_{i2} = 0$ 时,基本差动放大电路的直流通路如图 4-9 所示。

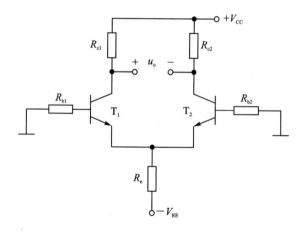

图 4-9 基本差动放大电路的直流通路

如图 4-9 所示,电路的基极回路方程为 $I_B R_b + U_{BE} + 2I_E R_e = V_{EE}$,一般情况下,$R_b$ 多为信号源内阻,其值很小,而且基极电流 I_B 也很小,所以可以忽略 R_b 上的电压,得

$$I_E \approx \frac{V_{EE} - U_{BE}}{2R_e} \tag{4-18}$$

发射极电位

$$U_E \approx -U_{BE} \tag{4-19}$$

$$I_B = \frac{I_E}{1+\beta} \tag{4-20}$$

$$U_{CE} = U_C - U_E \approx V_{CC} - I_C R_c + U_{BE} \tag{4-21}$$

由于 $U_{C1} = U_{C2}$,所以静态时 $u_o = U_{C1} - U_{C2} = 0$。

2. 抑制零点漂移的原理

由以上差动放大电路的静态分析可知,当输入端短路($u_{i1} = u_{i2} = 0$)时,输出电压 $u_o = 0$。

而在实际电路中,即使将输入端短路,再测量输出端,仍有忽大忽小、缓慢变化的输出电压(称为漂移电压),这种现象称为零点漂移现象,简称零漂。

一般而言,电源电压波动、元器件老化、半导体元器件参数随温度的变化,都将引起放大电路输出电压的漂移。采用高质量的稳压电源和抗老化的元器件就可大大减小因此而产生的漂移。所以,由温度变化引起的半导体器件参数的变化就成为产生零点漂移的主要原因,因此零漂也称为温度漂移或温漂。

差动放大电路利用对称性,可以有效地抑制零点漂移。也就是当温度变化时,将引起两管静态工作点发生变化,由于电路结构的对称性,两管的集电极电流与电位的变化量相同,即

$$\Delta I_{C1} = \Delta I_{C2}, \quad \Delta U_{C1} = \Delta U_{C2}$$

所以输出电压的变化量 $\Delta u_o = \Delta U_{C1} - \Delta U_{C2} = 0$,即输出电压不变,从而抑制了零漂。

由于电路具有对称性,在差动放大电路中,无论是哪种原因引起的零漂对两管的影响都是相同的,这就相当于在两管的输入端输入了相同的信号即共模信号,可见,差动放大电路能够抑制共模信号。零漂信号相当于共模信号。

4.3.3 差动放大电路对共模信号的抑制作用

当差动放大电路的两个输入端接入共模输入信号,即 $u_{i1} = u_{i2}$ 时,由于电路对称,因此有 $\Delta i_{E1} = \Delta i_{E2} = \Delta i_E$,公共发射极电阻 R_e 上电流的变化量为 $2\Delta i_E$,因而发射极电位的变化量 $\Delta u_E = 2\Delta i_E R_e$,相当于每管发射极接了 $2R_e$ 的等效电阻。共模输入时的交流通路如图 4 - 10 所示。

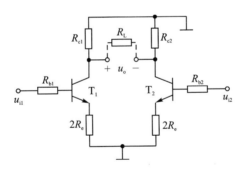

图 4 - 10 共模输入时的交流通路

双端输出时,由于电路对称,有 $u_{oc1} = u_{oc2}$,若接入负载电阻 R_L,则 R_L 上流过的电流为零,所以共模电压放大倍数与空载时相同,为

$$A_{uc} = \frac{u_{oc}}{u_{ic}} = \frac{u_{oc1} - u_{oc2}}{u_{ic}} = 0 \tag{4-22}$$

因为实际电路不可能做到完全对称,所以共模电压放大倍数数值一般不等于零,但其值很小。

单端输出时,每半边电路均为单管共射放大电路,故共模电压放大倍数为

$$A_{uc(单)} = = \frac{u_{oc1}}{u_{ic1}} = -\frac{\beta R_c}{R_b + r_{be} + (1+\beta)2R_e} \tag{4-23}$$

其数值很小,且 R_e 越大,共模放大倍数越小,电路抑制零点漂移的能力越强。

实际上,差动放大电路对共模信号的抑制作用,不仅利用了电路结构的对称性,而且还利用了公共发射极电阻的负反馈作用,抑制了每管集电极电流的变化,从而抑制了集电极电位的变化。

4.3.4 差动放大电路对差模信号的放大作用

在输入差模信号的情况下,即 $u_{i1}=-u_{i2}$ 时,由于电路的对称性,电路对称点信号的变化量大小相等,极性相反,即 $\Delta i_{B1}=-\Delta i_{B2}$,$\Delta i_{C1}=-\Delta i_{C2}$,$\Delta i_{E1}=-\Delta i_{E2}$,故公共发射极的电位在差模信号的作用下不变,相当于交流接地;当接入负载电阻 R_L 时,负载的中点电位在差模信号作用下不变,也相当于接地,此时交流通路如图 4-11 所示(双端输入双端输出的情况)。

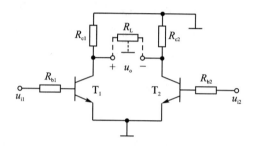

图 4-11 差模输入时的交流通路

空载时差模电压放大倍数

$$A_{ud} = \frac{u_{od}}{u_{id}} = \frac{u_{o1}-u_{o2}}{u_{i1}-u_{i2}} = \frac{2u_{o1}}{2u_{i1}} = -\frac{\beta R_c}{R_b + r_{be}} \qquad (4-24)$$

相当于每半边单管共射放大电路的放大倍数。可见,差动放大电路是以牺牲一个管子的放大能力来换取抑制零漂能力的。

若接入负载电阻 R_L,每半边共射电路相当于带有 $\dfrac{R_L}{2}$ 的负载,则差模电压放大倍数为

$$A_{ud} = -\frac{\beta\left(R_c // \dfrac{R_L}{2}\right)}{R_b + r_{be}} \qquad (4-25)$$

差模输入电阻

$$R_{id} = 2(R_b + r_{be}) \qquad (4-26)$$

差模输出电阻

$$R_{od} = 2R_c \qquad (4-27)$$

当单端输出时,若从 T_1 管集电极输出,则

$$A_{ud} = \frac{u_{o1}}{u_{id}} = \frac{u_{o1}}{u_{i1}-u_{i2}} = \frac{u_{o1}}{2u_{i1}} = -\frac{\beta R_c}{2(R_b + r_{be})} \qquad (4-28)$$

若从 T_2 管集电极输出,则

$$A_{ud} = \frac{u_{o2}}{u_{id}} = \frac{u_{o2}}{u_{i1}-u_{i2}} = \frac{-u_{o1}}{2u_{i1}} = \frac{\beta R_c}{2(R_b + r_{be})} \qquad (4-29)$$

由于输出电阻与输出方式有关,故单端输出时差模输出电阻为

$$R_{od} = R_c \tag{4-30}$$

单端输出时的差模输入电阻同双端输出。

综上分析可知,差动放大电路放大差模信号,抑制共模信号。为了综合衡量差动放大电路对差模信号的放大能力及对共模信号的抑制能力,引入共模抑制比 K_{CMR},其定义为电路差模电压放大倍数与共模电压放大倍数之比的绝对值,即

$$K_{CMR} = \left| \frac{A_{ud}}{A_{uc}} \right| \tag{4-31}$$

差模电压放大倍数越大,共模电压放大倍数越小,则共模抑制比越大,差动放大电路抑制共模信号的能力越强,电路的性能越好。共模抑制比也常用分贝(dB)表示,即

$$K_{CMR} = 20 \left| \frac{A_{ud}}{A_{uc}} \right| \tag{4-32}$$

4.3.5 具有恒流源的差动放大电路

前述从对基本差动放大电路的分析中已得出结论:公共发射极电阻 R_e 越大,共模放大倍数越小,电路抑制零点漂移的能力越强。但是若 R_e 取值太大,根据式(4-18),为了保证晶体管有合适的静态工作电流 I_E,则必须增大负电源 V_{EE} 的值。而采用过高的电源电压,不但对小信号放大电路是不现实的,而且为了保证电路安全工作,还必须选择高耐压的晶体管。同时,高阻值电阻也是不易集成的。由于电流源(恒流源)的动态电阻很大,所以采用恒流源代替 R_e 可以保证既能采用较低的电压,又能具备很大的等效公共发射极电阻。如图 4-12(a)所示为一种具有恒流源的差动放大电路,其中 T_3 管、R_1、R_2、R_3 和负电源 $-V_{EE}$ 组成电流源电路。如果将实际电流源近似为理想恒流源,则可用图 4-12(b)所示的简化电路来表示具有恒流源的差动放大电路。

对于图 4-12(a)的电路,可先求出电流源电路的输出电流

$$I_{C3} \approx I_{E3} = \frac{\frac{R_2}{R_1+R_2}V_{EE} - U_{BE3}}{R_3}$$

然后可求得静态工作点

$$I_{C1} = I_{C2} = \frac{1}{2}I_{C3}$$

$$U_{CE1} = U_{CE2} = V_{CC} - I_{C1}R_{c1} + U_{BE}$$

具有恒流源的差动放大电路的差模指标计算与基本差动放大电路一样,双端输入双端输出时有

$$A_{ud} = \frac{u_{od}}{u_{id}} = -\frac{\beta R_c}{r_{be}}$$

$$R_{id} = 2r_{be}$$

$$R_{od} = 2R_c$$

由于恒流源的动态电阻 r_o 非常大,所以单端输出时的共模电压放大倍数为

$$A_{uc(单)} = \frac{u_{oc1}}{u_{ic1}} = -\frac{\beta R_c}{r_{be} + (1+\beta)2r_o} \approx 0$$

可见,具有恒流源的差动放大电路无论是双端输出还是单端输出,其共模电压放大倍数都为零,即共模抑制比趋于无穷大,均能够很好地抑制共模信号。

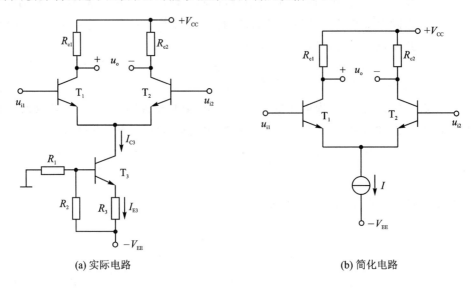

(a) 实际电路　　　　　　　　　　　(b) 简化电路

图 4-12　具有恒流源的差动放大电路

4.3.6　差动放大电路对任意输入信号的放大特性

当在差动放大电路的两个输入端加入既非差模也非共模的任意输入信号 u_{i1} 和 u_{i2} 时,为了讨论其放大特性,首先将两个输入信号进行等效变换如下:

$$u_{i1} = \frac{u_{i1} + u_{i2}}{2} + \frac{u_{i1} - u_{i2}}{2}$$

$$u_{i2} = \frac{u_{i1} + u_{i2}}{2} - \frac{u_{i1} - u_{i2}}{2}$$

可见,此时差动放大电路相当于输入了一对差模信号

$$u_{id1} = -u_{id2} = \frac{u_{i1} - u_{i2}}{2}$$

由前述对差动放大电路的分析可知,这时的差模输入电压为

$$u_{id} = u_{id1} - u_{id2} = u_{i1} - u_{i2} \tag{4-33}$$

同时,差动放大电路也相当于输入了一对共模信号

$$u_{ic1} = u_{ic2} = \frac{u_{i1} + u_{i2}}{2} \tag{4-34}$$

再根据叠加定理,差动放大电路对任意两路输入信号的输出电压应为差模输出电压与共模输出电压之和。双端输出时,由于 $A_{uc} = 0$,所以输出电压为

$$u_o = A_{ud}u_{id} = A_{ud}(u_{id1} - u_{id2}) = A_{ud}(u_{i1} - u_{i2})$$

单端输出时,对于如图 4-8 所示的基本差动放大电路,有

$$u_{o1} = -u_{o2} = \frac{1}{2}A_{ud}u_{id} + A_{uc(单)}u_{ic}$$

单端输出时,对于具有恒流源的差动放大电路,由于共模电压放大倍数也近似为零,故有

$$u_{o1} = -u_{o2} \approx \frac{1}{2}A_{ud}u_{id} = \frac{1}{2}A_{ud}(u_{i1} - u_{i2})$$

由上述分析可见,差动放大电路只放大两个输入端的信号之差。

4.4 集成运算放大器的输出级电路

对集成运放的输出级一般有两个基本要求,一是输出功率大,二是带负载能力强,所以运放的输出级多采用 OCL 电路,详见第 2 章。

除了第 2 章介绍的 OCL 电路中利用二极管来克服交越失真外,在实际的集成运放输出级中还常采用图 4-13 所示的 U_{BE} 倍增电路来消除交越失真,设计时一般满足 $I_1 \gg I_B$,所以

$$U_{b1b2} = \frac{R_1 + R_2}{R_2}U_{BE} \tag{4-35}$$

调节 R_1 和 R_2,就可获得 U_{BE} 任意倍数的偏置电压。

在集成运放等集成电路中,为了增大晶体管的电流放大系数,减小前级的驱动电流,常采用复合管。同时,在集成电路中要制作特性完全相同的 NPN 和 PNP 管是比较困难的,所以,在实用电路中常采用图 4-14 所示的准互补输出电路。T_1 和 T_2 复合成 NPN 型管,T_3 和 T_4 复合成 PNP 型管,输出管(T_2 和 T_4)都是 NPN 型的,较容易做到特性相同。一般将这种输出管为同类管的电路称为准互补输出电路。

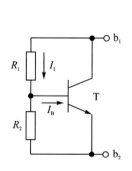

图 4-13 U_{BE} 倍增电路

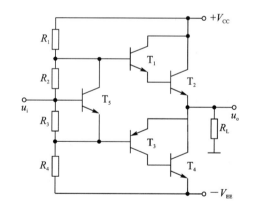

图 4-14 准互补输出电路

4.5 集成运算放大器电路举例

下面以双极型集成运放 F007 为例介绍集成运放的内部具体电路。

F007 为国产通用型单运放,其性能与国外 OP07、μA741 运放基本兼容。由于它价格低,性能好,所以是目前使用最为广泛的集成运放之一。F007 由输入级、中间级、输出级共三级放

大电路和偏置电路组成,其电路原理图如图 4-15 所示,对外有 8 个引脚,图 4-15 中各引出端所标数字为引脚号。

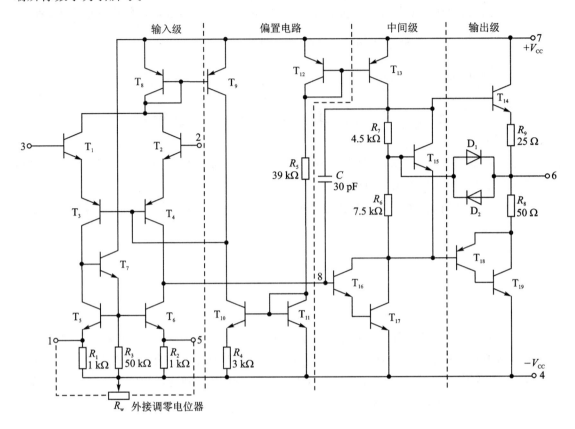

图 4-15 F007 电路原理图

F007 电路原理图的各引脚功能如下:1、5 脚为调零端;2 脚为反相输入端;3 脚为同相输入端;6 脚为输出端;4 脚为负电源;7 脚为正电源;8 脚为闲置。

由于集成运放的输入级是影响整个运放电路性能的关键级,故通常要求输入级的输入电流及其温漂尽可能小。F007 的输入级由 $T_1 \sim T_7$ 管组成,其中 T_1、T_3 和 T_2、T_4 分别组成一对对称的共集-共基组合电路,并经 T_8 耦合成差动放大电路,这样既保证了高输入电阻(F007 的输入电阻可达 2 MΩ 以上),又扩大了差模输入电压的范围。信号由 T_1、T_2 的基极输入,由 T_4 的集电极输出。T_5、T_6、T_7 组成电流源电路作为差动输入级的有源负载,使得在单端输出时可以获得相当于双端输出时的差模放大能力、共模抑制比等性能。

中间级为 T_{16}、T_{17} 复合管组成的有源负载共射放大电路。T_{12}、T_{13} 组成镜像电流源,作为中间级的有源负载,以保证中间级具有很高的电压放大倍数,从而使 F007 的电压放大倍数可达几十万倍以上。

输出级为由 T_{14} 和 T_{18}、T_{19} 组成的准互补 OCL 电路。T_{18}、T_{19} 组成复合 PNP 管,由于 T_{14}、T_{19} 均为 PNP 管,保证了互补输出时的对称性。R_6、R_7 和 T_{15} 组成 U_{BE} 倍增电路,为输出管提供适当的正向偏压,以克服交越失真。D_1、D_2、R_8、R_9 组成保护电路。在正常输出情况下,R_8、R_9 上的压降不足以使 D_1、D_2 导通,故保护电路不工作。当不慎输出短路或输出电流过大时,

R_8、R_9 上的电压增大,使 D_1、D_2 导通,将 T_{14} 和 T_{18} 基极的部分驱动电流旁路,从而限制了互补输出管的电流,起到过流保护的作用。

T_{10}、T_{11} 组成微电流源,其输出电流作为 T_8、T_9 构成镜像电流源的基准电流。T_8 的输出电路为输入级提供偏置电流。

F007 内部还接了一个 30 pF 的补偿电容 C,用以进行相位补偿,以消除自激振荡,具体内容详见第 5 章关于负反馈放大电路稳定性的相关内容。

R_w 为外接调零电位器,改变其阻值,可以改变 T_5、T_6 管的发射极电阻,以保证输入级对称。

F007 的同相输入端和反相输入端是指两个输入端的输入信号相对于输出信号的相位是同相还是反相的。根据图 4-15 容易得出:3 脚为同相输入端,2 脚为反相输入端。

4.6 集成运算放大器的使用

集成运放的封装形式主要有金属圆壳封装、双列直插式封装和扁平型封装。考虑封装密度、体积等原因,目前最常采用的是双列直插式封装。封装材料有金属、陶瓷、塑料等。陶瓷封装的集成运放具有电路可靠性高、适用的温度范围宽等优点;塑料封装的集成运放虽然在性能上不如陶瓷封装的稳健,但是由于其价格低,所以综合性价比较高,在实际系统中得到了广泛的应用。

从本质上看,集成运放是一个高放大倍数、高输入电阻、低输出电阻的直接耦合多级放大电路。它有同相输入端和反相输入端两个输入端和一个输出端,电路符号如图 4-16(a)所示,u_P 为同相输入端,u_N 为反相输入端。集成运放自 20 世纪 60 年代问世以来经历了几代产品,现在已经获得了较高的性能,接近理想运放指标。大多数集成运放需要一正一负两路直流电压供电,运放直流电源的接法如图 4-16(b)所示,考虑集成运放的两个输入端、一个输出端及两路电源,一般的单运放至少应有 5 个引脚。

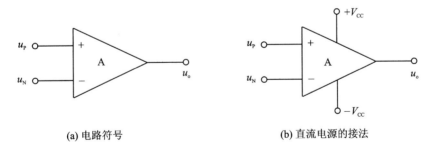

(a) 电路符号   (b) 直流电源的接法

图 4-16 集成运放的电路符号

4.6.1 集成运算放大器的主要参数

考察和选用集成运放时,主要考虑如下性能参数:

1. 开环差模电压放大倍数 A_{od}

A_{od} 为集成运放无外加反馈时输出电压与输入差模电压之比,常用分贝来表示。通用集成运放的 A_{od} 通常在 100 dB(即 10^5)左右。

2. 共模抑制比 K_{CMR}

K_{CMR} 等于运放开环差模电压放大倍数与共模放大倍数之比的绝对值(取对数),其值一般大于 80 dB。

3. 差模输入电阻 R_{id} 和输出电阻 R_{od}

R_{id} 是集成运放差模输入时两个输入端之间的动态电阻,其值越大,从信号源索取的电流越小,R_{id} 数值一般为几十 kΩ 到几 MΩ。

R_{od} 是集成运放开环工作时,从输出端看进去的等效电阻,R_{od} 越小,运放带负载能力越强,其值一般为几十 Ω 到几百 Ω。

4. 输入失调电压 U_{IO} 及其温漂 $\dfrac{dU_{IO}}{dT}$

一个理想运放,若其输入电压为零,则输出电压必定为零。但对于实际运放而言,其输入级电路不可能完全对称,所以当输入电压为零时,输出电压并不为零,此时,可在输入端外加一个补偿电压而使输出电压为零。该补偿电压称为输入失调电压 U_{IO},其数值越小,说明集成运放电路的对称性越好,U_{IO} 的值一般为 ±(1~10 mV),高性能运放的 U_{IO} 在 1 mV 以下。

$\dfrac{dU_{IO}}{dT}$ 是 U_{IO} 随温度的平均变化率,其值越小,表明运放的温漂越小。

5. 输入失调电流 I_{IO} 及其温漂 $\dfrac{dI_{IO}}{dT}$

常温下,集成运放两个输入端的基极静态电流之差称为输入失调电流,即

$$I_{IO} = |I_{BP} - I_{BN}| \tag{4-36}$$

I_{IO} 反映了差动输入级电流的不对称程度,其值越小,说明运放质量越高。

$\dfrac{dI_{IO}}{dT}$ 是温度的平均变化率,其值越小,表明运放的性能越好。

6. 输入偏置电流 I_{IB}

I_{IB} 是差动输入级两管基极(栅极)偏置电流的平均值,其值越小,信号源内阻对集成运放静态工作点的影响也就越小,运放的性能越好。

7. 最大差模输入电压 U_{idmax}

当输入差模信号时,集成运放的输入级至少有一个 PN 结承受反向电压,当所加差模电压大到一定程度时,可能会导致该 PN 结反向击穿,输入级将损坏。U_{idmax} 是不至于使 PN 结反向击穿所允许加到运放的最大差模输入电压,其值可达几十伏。

8. 最大共模输入电压 U_{icmax}

U_{icmax} 是输入级能正常放大差模信号情况下,允许输入的最大共模信号,如果共模输入电压超过此值,则运放的共模抑制比显著下降,甚至不能放大差模信号。因此,在实际应用中,应特别注意输入信号中共模信号的大小。高性能运放的 U_{icmax} 可达 ±13 V。

9. −3 dB 带宽 f_H

f_H 又称开环带宽,是指使 A_{od} 下降 3 dB 时对应的信号频率。由于集成运放内部含有数目很多的晶体管,故极间电容就较多;又由于多个元件制作在一小块硅片上,故分布电容和寄生电容也较多,因此,当信号频率升高时,这些电容的容抗减小,使信号受到损失,导致数值下降且产生相移。因此,集成运放的开环带宽很低,一般只有几 Hz 到几十 Hz。应当说明,在集成

运放的实用电路中,可通过引入负反馈,使频带展宽,所以 f_H 可达几百 kHz 以上。

10. 单位增益带宽 f_c

f_c 是使 A_{od} 下降到 0 dB 时的信号频率。当信号频率达到 f_c 时,集成运放将失去电压放大能力。

11. 转换速率 S_R

S_R 是指集成运放在闭环状态下,输入为大信号(如阶跃信号或大的高频正弦信号)时,输出电压在单位时间变化量的最大值,即

$$S_R = \left| \frac{du_o}{dt} \right|_{max} \tag{4-37}$$

转换速率表示运放对信号变化速度的适应能力,是运放在大信号和高频信号工作时的一项重要指标,在使用时,通常要求运放的转换速率大于信号变化速率的绝对值。信号幅值越大、频率越高,要求运放的 S_R 也就越大。

4.6.2 集成运算放大器的使用及保护措施

集成运放的种类众多,为了方便,通常将其分为通用型和专用型两大类。通用型运放的性能比较适中,可以满足一般的应用要求,价格较低,适用范围很广,比如通用型运放 CF741 (μA741)、CF324(LM324) 等。专用型运放是在通用型基础上,为适应某些特殊要求而制作的,它们的某些指标比较高。专用型运放主要有高速、高精度、高输入阻抗、宽带、低功耗、高压和大功率型等。

无论是哪种集成运放,在使用时都要考虑以下几个方面:

1. 查阅元器件手册

查阅手册的目的是得到集成运放的性能参数,确认其供电方式(单电源或双电源)和各引脚,以正确连接电路。

2. 参数测量

使用运放之前通常要用万用表判断其好坏,必要时还可采用测试仪器对其主要参数进行测量。

3. 调零或调整偏置电压

由于输入失调电压和失调电流的存在,在运放输入为零时,输出往往不是零。所以,对于内部没有调零电路的运放,需要外接调零电路,保证其零输入、零输出。

对于单电源供电的运放,常需要在输入端加直流偏置电压,以设置合适的静态输出电压,从而放大正、负两个方向变化的交流信号。

4. 消除自激振荡

为了防止电路产生自激振荡,应在集成运放的电源端加上去耦电容。对于内部无补偿电容的运放,需要外接合适的电容进行频率补偿,以消除自激振荡。

5. 增加保护措施

为了防止损坏集成运放,在实用电路中一般要增加保护电路。造成运放损坏的原因主要有输入信号过大、电源极性接反或过高、输出端对地短路或接电源三方面。因此,为使运放安全工作,一般要从这三个方面加以保护。

(1) 输入保护

一般而言,运放开环工作时,容易因差模电压过大而损坏;闭环工作时,容易因共模电压过

大而损坏。实际应用中,可以利用二极管构成输入保护电路,如图 4-17 所示。

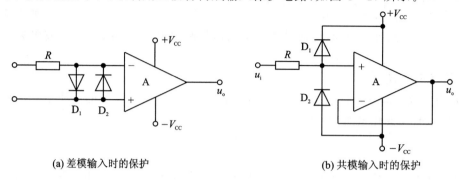

(a) 差模输入时的保护　　　　　　　(b) 共模输入时的保护

图 4-17　集成运放输入保护电路

(2) 输出保护

集成运放输出端保护电路如图 4-18 所示,利用双向稳压管 D_Z 与限流电阻 R 组成的限幅电路,不仅限制了输出电压的幅值,而且还将运放输出端与负载隔离,限制了运放的输出电流不至于过大。

(3) 电源端保护

利用二极管的单向导电性,在电源端串接二极管,可以防止由于电源极性接反而对运放造成的损坏。电源端保护电路如图 4-19 所示。

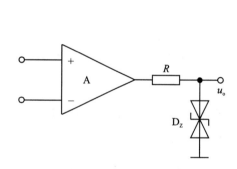 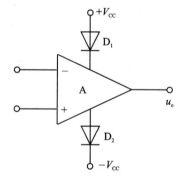

图 4-18　输出端保护电路　　　　　　图 4-19　电源端保护电路

应当指出,集成运放的保护电路形式多样,实际应用中应根据需求来进行设计和使用。

4.7　集成运算放大器的电压传输特性及理想运算放大器

4.7.1　集成运算放大器的电压传输特性

集成运放有两个输入端(同相输入端和反相输入端)和一个输出端,从外部可将其等效为一个具有高差模增益、高输入电阻、低输出电阻的双端输入、单端输出的差动放大电路。集成运放输出电压 u_o 与输入电压 $u_P - u_N$(即同相输入端与反相输入端之间的电位差)之间的关系曲线称为电压传输特性,如图 4-20 所示,可见集成运放的传输特性具有非线性特性。

由传输特性可见,集成运放有两个工作区,即线性放大区(线性区)和饱和区(非线性区)。在线性区,曲线的斜率为开环差模电压放大倍数 A_{od},即 $u_o = A_{od}(u_P - u_N)$,通常 A_{od} 很大,可达几十万倍,因此集成运放开环工作时的线性区很窄。在非线性区,输出电压只有两种可能值,即 $+U_{OM}$ 或 $-U_{OM}$。大多数集成运放需要正、负两路直流电源供电,U_{OM} 值取决于两路电源的电压。

4.7.2 理想运算放大器

由于集成运放具有开环电压增益高、输入电阻高、输出电阻低、共模抑制比高等性能特点,在实际电路中,常将其特性理想化,把具有理想参数的集成运放称为理想运算放大器。理想运放的主要特点如下:

① 开环差模电压放大倍数 $A_{od} = \infty$;
② 差模输入电阻 $R_{id} = \infty$;
③ 输出电阻 $R_{od} = 0$;
④ 共模抑制比 $K_{CMR} = \infty$;
⑤ 失调电压 U_{IO}、失调电流 I_{IO} 及它们的温漂均为零。

理想运放的电压传输特性如图 4-21 所示。可见,理想运放工作在线性区时,有 $u_o = A_{od}(u_P - u_N)$,由于 u_o 为有限值($+U_{OM}$ 或 $-U_{OM}$)且 $A_{od} = \infty$,因而 $u_P - u_N = 0$,即

$$u_P = u_N \tag{4-38}$$

理想运放两个输入端的电位无穷接近,但又不是真正短路,故称为"虚短"。

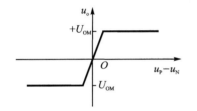
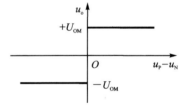

图 4-20 集成运放的电压传输特性   图 4-21 理想运放的电压传输特性

同时,因为净输入电压为零($u_P - u_N = 0$),且输入电阻 $R_{id} = \infty$,所以两个输入端的输入电流均为零,即

$$i_P = i_N = 0 \tag{4-39}$$

理想运放两个输入端的电流为零,而两个输入端又不是真正断路,故称为"虚断"。

应当注意的是,由于电子技术的飞速发展,现在生产的集成运放性能均接近理想运放,所以"虚短"和"虚断"是分析集成运放线性应用电路的基本出发点。

理想运放工作在非线性区时,若 $u_P > u_N$,则 $u_o = +U_{OM}$,即输出达正向饱和;若 $u_P < u_N$,则 $u_o = -U_{OM}$,即输出达反向饱和。也就是说,"虚短"不再成立。同时,由于 $R_{id} = \infty$,"虚断"仍然成立。

习 题

4-1 简答题:

(1) 集成运放电路的基本组成包括哪些部分?各部分的作用是什么?

(2) 电流源在集成运放等模拟集成电路中主要起什么作用？

(3) 在集成电路中，为什么用电流源作为有源负载？

(4) 什么是放大电路的零点漂移？其产生的原因是什么？如何抑制？

(5) 对集成运放的中间级有什么要求？一般采用什么样的电路形式？

(6) 对集成运放的输出级一般有何要求？

(7) 什么是共模抑制比？差动放大电路采用双端输出或单端输出时，哪个抑制共模信号的效果更好？

(8) 理想运放工作在线性放大状态时有什么特点？

4-2 电路如图 4-22 所示，T_1、T_2、T_3 的特性均相同，U_{BE} 均为 0.7 V，试求 I_{C2}。

4-3 电路如图 4-23 所示，已知 $I=1$ mA，所有晶体管的特性均相同，U_{BE} 均为 0.7 V。

(1) 试求电阻 R 的值；

(2) 分别求 I_{C2} 和 I_{C3}。

4-4 电路如图 4-24 所示，T_1、T_2、T_3 的特性均相同，U_{BE} 均为 0.7 V，试求 I_{C1}。

4-5 电路如图 4-25 所示，已知 T_1、T_2 的特性相同，$U_{BE}=0.7$ V，$\beta \gg 2$。

(1) 说明所组成电路的作用；

(2) 分别求 I 和 I_{C1}。

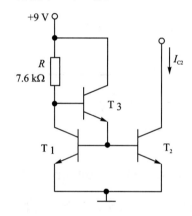

图 4-22 题 4-2 图

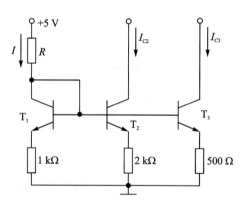

图 4-23 题 4-3 图

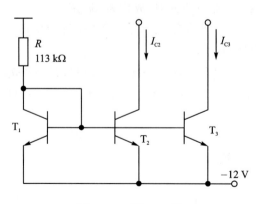

图 4-24 题 4-4 图

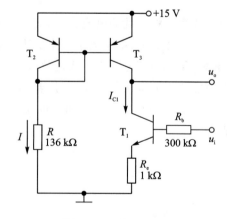

图 4-25 题 4-5 图

4-6 电路如图 4-26 所示,已知晶体管 $\beta=100$,$U_{BE}=0.7$ V,$r_{bb'}=200$ Ω;$V_{CC}=V_{EE}=12$ V,$R_b=2$ kΩ,$R_c=6$ kΩ,$R_e=5.65$ kΩ。

(1) 求电路的静态工作点 I_{CQ} 和 U_{CEQ};

(2) 求电路的差模电压放大倍数 A_{ud}、差模输入电阻 R_{id} 和输出电阻 R_{od}。

4-7 电路如图 4-26 所示,已知静态时 $U_{C1}=U_{C2}=10$ V。

(1) 设 $|A_{ud}|=100$,$u_{i1}=20$ mV,$u_{i2}=10$ mV,求电路的输出电压 u_o;

(2) 设 $A_{ud}=-20$,$u_{i1}=0.1$ V,$u_{i2}=-0.1$ V,则 T_1 管的集电极电位 U_{C1} 和 T_2 管的集电极电位 U_{C2} 各为多少?

4-8 电路如图 4-27 所示,已知晶体管 $\beta=40$,$U_{BE}=0.7$ V,$r_{bb'}=200$ Ω;$V_{CC}=V_{EE}=6$ V,$R_c=R_L=4$ kΩ,$R_e=5.3$ kΩ。

(1) 分别求 T_1、T_2 管静态电流 I_{C1Q}、I_{C2Q} 及静态管压降 U_{CE1Q}、U_{CE2Q};

(2) 求电路的差模电压放大倍数 A_{ud}、差模输入电阻 R_{id} 和输出电阻 R_{od}。

(3) 为了提高电路的共模抑制比,应如何改进电路?为什么?

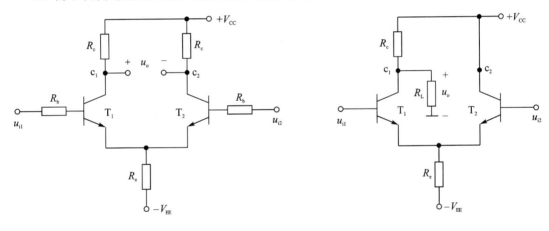

图 4-26 题 4-6 图　　　　图 4-27 题 4-8 图

4-9 电路如图 4-28 所示,$T_1 \sim T_4$ 为 $\beta=100$ 的硅管,$r_{bb'}=200$ Ω。

(1) 求图中电流 I_O 以及 T_2 的静态工作点 I_{C2Q}、U_{C2Q};

(2) 求电路差模电压放大倍数 A_{ud}、差模输入电阻 R_{id} 和输出电阻 R_{od}。

4-10 电路如图 4-29 所示,已知 T_1、T_2 管的 $\beta=60$,$U_{BE}=0.7$ V,$r_{be}=2.6$ kΩ。

(1) 求 T_1 管静态工作点 I_{C1Q};

(2) 求电路差模电压放大倍数 A_{ud}、差模输入电阻 R_{id} 和输出电阻 R_{od};

(3) 当 $u_{i1}=u_{i2}=20$ mV 时,电路的输出电压 u_o 为多少?

4-11 电路如图 4-30 所示,已知 T_1、T_2、T_3 管的 $\beta=50$,$U_{BE}=0.7$ V,$r_{bb'}=200$ Ω,稳压管稳定电压 $U_Z=6$ V。

(1) 为使静态时 $u_o=0$,应该调整哪个元件?

(2) 当开关 K 位于"1"时,分别求解电路的静态工作点、差模电压放大倍数;

(3) T_3 管所组成电路的功能是什么?

(4) 当开关 K 位于 "2" 时,分别求解电路的静态工作点、差模电压放大倍数;

(5) 当开关 K 位于 "1" 或 "2" 时,哪种情况电路抑制共模信号能力更强?为什么?

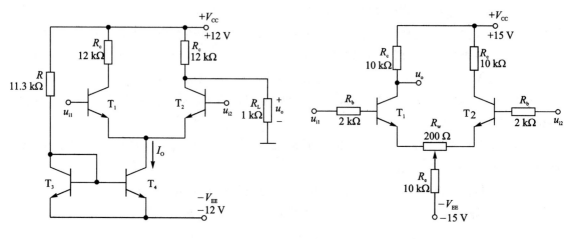

图 4-28 题 4-9 图　　　　　　　　图 4-29 题 4-10 图

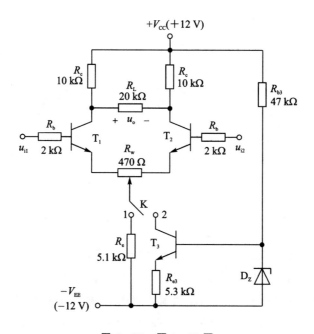

图 4-30 题 4-11 图

4-12 集成电路的输出级如图 4-31 所示,试回答:

(1) R_4、R_5 和 T_8 组成什么电路?在电路中有什么作用?

(2) R_3、T_6 和 T_7 组成什么电路?在电路中有什么作用?

(3) T_1 和 T_2、T_4 和 T_5 各构成什么类型的复合管?各复合管有什么作用?

(4) R_1、R_2 的作用是什么?

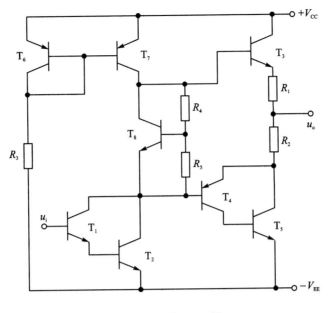

图 4-31 题 4-12 图

第 5 章 反 馈

本章主要介绍反馈的基本概念、反馈的分类与判断、负反馈放大电路的方框图及一般表达式、负反馈的组态及对电路性能的影响、深度负反馈条件下电路放大倍数等参数的估算和负反馈放大电路的稳定性等问题。本章的重点是交流负反馈；难点在于反馈的判断及负反馈组态的判断，如何根据需要在电路中引入合适的负反馈，深度负反馈放大电路参数的估算，以及负反馈放大电路的稳定性。

本章知识要点：

1. 什么是反馈？什么是负反馈？为什么放大电路多引入负反馈？
2. 怎样判断反馈的有无和反馈极性？
3. 什么是直流反馈？直流负反馈有什么作用？
4. 什么是交流负反馈？它有哪些组态？
5. 交流负反馈的方框图和一般表达式是什么？
6. 不同组态的负反馈对放大电路性能有何影响？
7. 深度负反馈的实质是什么？怎样在深度负反馈条件下分析放大倍数？
8. 一般几级负反馈放大电路比较稳定？为什么？

在扩音系统等实际的电子系统中，普遍存在着反馈现象。反馈有正负之分，在常见的放大电路中，一般都要引入负反馈，以改善放大电路在某些方面的性能；而在某些振荡电路中，则要引入正反馈来达到产生稳定振荡的目的。本章着重介绍的是放大电路中的负反馈。

5.1 反馈的基本概念和一般表达式

在电子电路中，将输出量(输出电压或输出电流)的一部分或全部通过一定的电路形式作用到输入回路，从而影响输入量(输入电压或输入电流)的措施称为反馈。如第 1 章中介绍的阻容耦合静态工作点稳定电路，在此重新引用如图 5-1 所示。其工作点稳定的原因除了基极电位 U_{BQ} 基本不变外，就是电路中的负反馈，即利用发射极电阻 R_e 将输出电流 I_C 的变化引回到输入回路，进而影响输入回路电压 U_{BEQ} 的调节措施。当输出回路电流 I_{CQ} 变化时，通过在 R_e 上产生电压的变化来影响 b-e 间的电压，从而使 I_{BQ} 向相反方向变化，从而使 Q 点稳定。

含有反馈的放大电路称为反馈放大电路，按照其主要功能可以将其分为基本放大电路和反馈网络两部分，反馈放大电路的方框图如图 5-2(a)所示。基本放大电路的主要作用是放大信号，反馈网络的主要作用是联系输入回路和输出回路并传输反馈信号。

使放大电路净输入量增大的反馈称为正反馈，使放大电路净输入量减小的反馈称为负反馈。考虑一般放大电路中引入的均为负反馈，并设 $\dot{X}_i$ 为输入量，$\dot{X}'_i$ 为净输入量，$\dot{X}_o$ 为输出量，$\dot{X}_f$ 为反馈量，可得到反馈放大电路的简化方框图如图 5-2(b)所示。

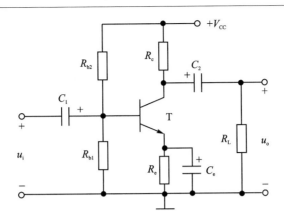

图 5-1 静态工作点稳定电路

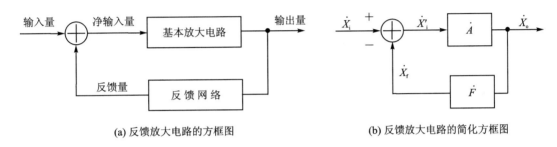

(a) 反馈放大电路的方框图   (b) 反馈放大电路的简化方框图

图 5-2 反馈放大电路的方框图和简化方框图

图 5-2(b) 中的"＋"和"－"是进行比较时的参考极性，即

$$\dot{X}'_i = \dot{X}_i - \dot{X}_f \tag{5-1}$$

基本放大电路的放大倍数（开环放大倍数）为

$$\dot{A} = \frac{\dot{X}_o}{\dot{X}'_i} \tag{5-2}$$

反馈系数为

$$\dot{F} = \frac{\dot{X}_f}{\dot{X}_o} \tag{5-3}$$

负反馈放大电路的放大倍数（闭环放大倍数）为

$$\dot{A}_f = \frac{\dot{X}_o}{\dot{X}_i} \tag{5-4}$$

根据上述式子可得

$$\dot{A}_f = \frac{\dot{X}_o}{\dot{X}_i} = \frac{\dot{X}_o}{\dot{X}'_i + \dot{X}_f} = \frac{\dot{A}\dot{X}'_i}{\dot{X}'_i + \dot{A}\dot{F}\dot{X}'_i}$$

由此可得 $\dot{A}_f$ 的一般表达式为

$$\dot{A}_f = \frac{\dot{A}}{1 + \dot{A}\dot{F}} \tag{5-5}$$

式中:$\dot{A}\dot{F}=\dfrac{\dot{X}_f}{\dot{X}'_i}$ 称为环路放大倍数,$1+\dot{A}\dot{F}$ 称为反馈深度。

当 $|1+\dot{A}\dot{F}|>1$ 时,$|\dot{A}_f|<|\dot{A}|$,即引入反馈后,使输入至基本放大电路的净输入信号减小,反馈放大电路的放大倍数数值减小,称为负反馈。

当 $|1+\dot{A}\dot{F}|<1$ 时,$|\dot{A}_f|>|\dot{A}|$,即引入反馈后,使输入至基本放大电路的净输入信号增大,反馈放大电路的放大倍数数值增大,称为正反馈。

当 $|1+\dot{A}\dot{F}|=0$ 时,$|\dot{A}_f|\to\infty$,说明电路在输入信号为零时也有输出信号,称放大电路产生了自激振荡。

在中频段,$\dot{A}_f$、$\dot{A}$ 和 $\dot{F}$ 均不随频率改变,故式(5-5)可写为

$$A_f=\dfrac{A}{1+AF} \tag{5-6}$$

5.2 反馈的判断及负反馈组态

5.2.1 反馈的判断

实际应用中,对放大电路的要求不同,引入的反馈也不同。对放大电路中反馈类型及性质的准确判断,是研究反馈放大电路的基础。对于反馈的判断主要有以下几个方面:

1. 有无反馈的判断

如果放大电路中存在将输出回路与输入回路联系起来的通路,并由此影响了放大电路的净输入量,则表明电路中引入了反馈;否则便没有引入反馈。

2. 正、负反馈的判断

反馈极性有两种,即正反馈与负反馈。使放大电路净输入量增大的反馈为正反馈,使放大电路净输入量减小的反馈称为负反馈。因为电路净输入量的改变必然影响输出量,所以,也可以根据输出量的变化来区分反馈极性,即使输出信号增大的反馈为正反馈,使输出信号减小的反馈为负反馈。

判断反馈极性最基本的方法是瞬时极性法,即规定电路输入信号在某一时刻对地的极性,并以此为依据,逐级判断电路中各相关点电流的流向和电位的极性,从而得到输出信号的极性;再根据输出信号的极性判断出反馈信号的极性。若反馈信号使基本放大电路的净输入信号增大,则为正反馈;反之为负反馈。

【例 5-1】 (1)判断图 5-3 中各电路是引入了正反馈还是负反馈?

(2) 若将图 5-3(a)中运放的同相端与反相端互换,试判断此时的反馈极性。

解:(1)按照瞬时极性法,在假设输入电压对地为"+"的情况下,电路中各点的电位如图 5-3 所标注。对图 5-3(a),净输入量 $u_{id}=u_P-u_N=u_i-u_f$ 的数值减小,故引入了负反馈;对图 5-3(b),净输入量 $u_{be}=u_i-u_f$ 的数值也减小,故也引入了负反馈。

(2) 若将图 5-3(a)中运放的同相端与反相端互换后,则按照瞬时极性法,可判断出净输入量增大,故引入了正反馈。

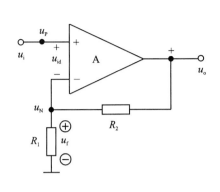
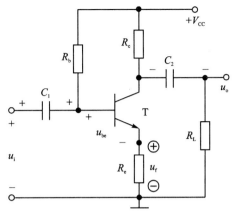

(a) 运放电路的反馈极性　　　　　　　　(b) 分立元件电路的反馈极性

图 5-3　例 5-1 电路图

3. 直流反馈与交流反馈的判断

如果反馈量中只含有直流量,则称为直流反馈;如果反馈量中只含有交流量,则称为交流反馈。或者说,仅在直流通路中存在的反馈为直流反馈;仅在交流通路中存在的反馈称为交流反馈。在判断所引入的反馈是直流反馈还是交流反馈时,要特别注意耦合电容等大电容的通交隔直的作用。

直流反馈的主要作用是稳定放大电路的静态工作点,而交流反馈可以改善放大电路的动态性能,本章重点研究的是交流反馈。

4. 电压反馈与电流反馈的判断

放大电路中引入的反馈是电压反馈还是电流反馈,取决于反馈信号在输出回路的取样方式。若反馈信号取自输出电压,并且与输出电压成比例,则该反馈就是电压反馈;若反馈信号取自输出电流,并且与输出电流成比例,则该反馈就是电流反馈。

电压反馈与电流反馈的判断主要应用输出短路法,即令输出电压为零(将 u_o 短路),若反馈信号也随之消失,则为电压反馈;若反馈量依然存在,则为电流反馈。

【**例 5-2**】 试判断图 5-3 中各电路是引入了电压反馈还是电流反馈。

解:在图 5-3(a)中,将输出电压置零,会使输出端对地短路,电阻 R_2 的一端也接地,即反馈量随之消失,所以引入的反馈是电压反馈;在图 5-3(b)中,将输出电压置为零,但是发射极电阻 R_e 中仍然有电流流过,即反馈信号依然存在,故引入的是电流反馈。

5. 串联反馈与并联反馈的判断

放大电路中引入的反馈是串联反馈还是并联反馈,取决于反馈信号在输入回路与输入信号中的比较方式。当反馈信号与输入信号以电压方式相比较时,称为串联反馈;当反馈信号与输入信号以电流方式相比较时,称为并联反馈。

在进行串联反馈与并联反馈的判断时,若放大电路的输入回路中,输入信号与反馈信号作用在不同端子上,则为串联反馈;若输入信号与反馈信号作用在相同端子上,则为并联反馈。

【**例 5-3**】 试判断图 5-4 中各电路是引入了串联反馈还是并联反馈。

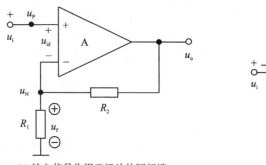
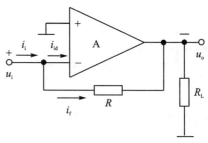

(a) 输入信号作用于运放的同相端　　　　　(b) 输入信号作用于运放的反相端

图 5-4　例 5-3 电路图

解：如图 5-4(a)所示，在输入回路中，输入信号作用在运放的同相端，而反馈信号作用在运放的反相端，即输入信号和反馈信号按电压方式相比较，净输入电压 $u_{id}=u_i-u_f$，所以引入了串联反馈；如图 5-4(b)所示，在输入回路中，输入信号与反馈信号均作用在运放的反相端，即输入信号和反馈信号按电流方式相比较，净输入电流 $i_{id}=i_i-i_f$，引入了电流反馈。

5.2.2　四种负反馈组态

综合考虑输出回路中反馈信号与输出信号的取样方式以及输入回路中反馈信号与输入信号的比较方式，交流负反馈有四种基本组态，即电压串联负反馈、电流串联负反馈、电压并联负反馈和电流并联负反馈。

1. 电压串联负反馈

在图 5-5 所示的放大电路中，R_1 和 R_2 组成反馈网络，电路各点电位的瞬时极性如图中所标注，可见引入的是负反馈。从图 5-5 的输出回路看，反馈电压 u_f 是电阻 R_1 和 R_2 组成的分压器从输出电压 u_o 取样来的，与输出电压成比例，即

$$u_f=\frac{R_1}{R_1+R_2}u_o \tag{5-7}$$

所以为电压反馈。再从输入回路看，输入信号与反馈信号是按电压形式比较的，即输入信号与反馈信号作用在不同端，所以为电压串联负反馈。根据"虚短"和"虚断"得 $u_P=u_N=u_i$，又

$$\frac{0-u_N}{R_1}=-\frac{u_i}{R_1},\quad \frac{u_N-u_o}{R_2}=\frac{u_i-u_o}{R_2}$$

可得

$$u_o=\left(1+\frac{R_2}{R_1}\right)u_i \tag{5-8}$$

可见，u_o 与 u_i 成比例，比例系数（放大倍数）为 $1+\frac{R_2}{R_1}$，且 u_o 与 u_i 相位相同，故此电路也称为同相比例运算电路。

2. 电流串联负反馈

电流串联负反馈电路如图 5-6 所示，电路中相关电位及电流的瞬时极性如图中所标注，可见引入的是负反馈。反馈信号为

$$u_f = i_o R_1 \tag{5-9}$$

表明反馈信号与输出电流成比例,所以为电流反馈。在输入回路,输入信号与反馈信号是按电压形式比较的,即输入信号与反馈信号作用在不同端,所以为电流串联负反馈。

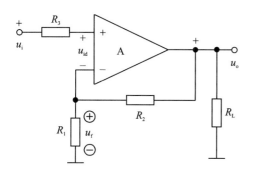

图 5-5 电压串联负反馈电路

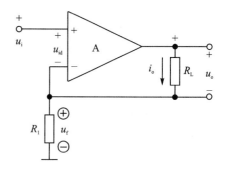

图 5-6 电流串联负反馈电路

3. 电压并联负反馈

电压并联负反馈电路如图 5-7 所示,电路中相关电位及电流的瞬时极性如图中所标注,可见引入的是负反馈。反馈信号为

$$i_f = -\frac{u_o}{R_2} \tag{5-10}$$

表明反馈信号取自输出电压且与输出电压成比例,所以为电压反馈。在输入回路,输入信号与反馈信号是按电流形式比较的,即输入信号与反馈信号均作用在运放的反相端,所以为电压并联负反馈。由"虚短"和"虚断"得 $u_P = u_N = 0, i_i = i_f$,因此

$$\frac{u_i - u_N}{R_1} = \frac{u_N - u_o}{R_2}$$

整理得

$$u_o = -\frac{R_2}{R_1} u_i \tag{5-11}$$

可见,u_o 与 u_i 成比例,比例系数(放大倍数)为 $-\frac{R_2}{R_1}$,负号表示 u_o 与 u_i 相位相反,故此电路也称为反相比例运算电路。

4. 电流并联负反馈

电流并联负反馈电路如图 5-8 所示,电路中相关电位及电流的瞬时极性如图中所标注,可见引入的是负反馈。反馈信号为

$$i_f = -\frac{R_3}{R_2 + R_3} i_o \tag{5-12}$$

可见,反馈信号取自输出电流且数值与输出电流成比例,所以为电流反馈。在输入回路,输入信号与反馈信号是按电流形式比较的,即输入信号与反馈信号均作用在运放的反相端,所以为电流并联负反馈。

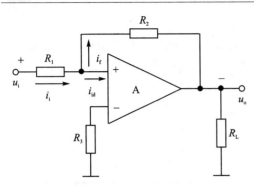

图 5-7 电压并联负反馈电路

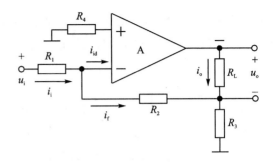

图 5-8 电流并联负反馈电路

【例 5-4】 试判断图 5-9 所示电路引入了哪种组态的交流反馈？

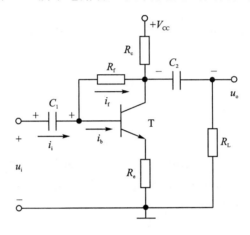

图 5-9 例 5-4 电路图

解：在假设输入电压对地极性为"+"的情况下，电路中各点电位及各电流的瞬时极性如图 5-9 中所标注，可见引入的是负反馈。在输入回路，输入信号与反馈信号是以电流形式比较的，故电路引入的是并联反馈；在输出回路，令输出电压 $u_o = 0$，即将 R_L 对地短路时，反馈信号也随之消失，故为电压反馈。

所以，该电路引入的反馈组态为电压并联负反馈。

5.3 深度负反馈放大电路的分析

实用放大电路中多引入深度负反馈，为了便于研究和测试，一般常需要求出不同组态负反馈放大电路的电压放大倍数，这就需要了解深度负反馈的实质及深度负反馈放大电路的分析计算方法。

5.3.1 深度负反馈的实质

在 5.1 节中已经得出负反馈放大电路的一般表达式为

$$\dot{A}_f = \frac{\dot{A}}{1 + \dot{A}\dot{F}}$$

当 $|1+\dot{A}\dot{F}|\gg 1$ 时,有

$$\dot{A}_\mathrm{f} \approx \frac{1}{\dot{F}} \quad (5-13)$$

而 $\dot{A}_\mathrm{f}=\dfrac{\dot{X}_\mathrm{o}}{\dot{X}_\mathrm{i}}$,$\dot{F}=\dfrac{\dot{X}_\mathrm{f}}{\dot{X}_\mathrm{o}}$,所以有

$$\dot{A}_\mathrm{f}=\frac{\dot{X}_\mathrm{o}}{\dot{X}_\mathrm{i}} \approx \frac{1}{\dot{F}}=\frac{\dot{X}_\mathrm{o}}{\dot{X}_\mathrm{f}} \quad (5-14)$$

说明 $\dot{X}_\mathrm{i} \approx \dot{X}_\mathrm{f}$。可见,深度负反馈的实质是在近似分析中忽略净输入量。反馈组态不同,可忽略的净输入量也将不同。当电路引入的是串联负反馈时,净输入电压可以忽略不计,有

$$\dot{U}_\mathrm{i} \approx \dot{U}_\mathrm{f} \quad (5-15)$$

而当电路引入的是并联负反馈时,净输入电流可以忽略不计,有

$$\dot{I}_\mathrm{i} \approx \dot{I}_\mathrm{f} \quad (5-16)$$

式(5-15)和式(5-16)体现了深度负反馈的实质,利用这两个式子,可以求出四种不同组态负反馈放大电路的电压放大倍数。

5.3.2 深度负反馈放大电路电压放大倍数的计算

下面基于深度负反馈的实质,分别介绍四种组态深度负反馈放大电路电压放大倍数的分析计算方法。

1. 电压串联负反馈电路

电压串联负反馈电路如图 5-5 所示,由于引入深度串联负反馈,基于深度负反馈的实质,有

$$\dot{U}_\mathrm{i} \approx \dot{U}_\mathrm{f}$$

又

$$\dot{U}_\mathrm{f}=\frac{R_1}{R_1+R_2}\dot{U}_\mathrm{o}$$

于是电压放大倍数

$$\dot{A}_\mathrm{uf}=\frac{\dot{U}_\mathrm{o}}{\dot{U}_\mathrm{i}} \approx \frac{\dot{U}_\mathrm{o}}{\dot{U}_\mathrm{f}}=1+\frac{R_2}{R_1}$$

2. 电流串联负反馈电路

电流串联负反馈电路如图 5-6 所示,由于引入深度串联负反馈,基于深度负反馈的实质,有

$$\dot{U}_\mathrm{i} \approx \dot{U}_\mathrm{f}$$

又

$$\dot{U}_\mathrm{f}=\frac{\dot{U}_\mathrm{o}}{R_\mathrm{L}}R_1$$

于是电压放大倍数

$$\dot{A}_{uf} = \frac{\dot{U}_o}{\dot{U}_i} \approx \frac{\dot{U}_o}{\dot{U}_f} = \frac{R_L}{R_1}$$

3. 电压并联负反馈电路

电压并联负反馈电路如图 5-7 所示，由于引入深度并联负反馈，基于深度负反馈的实质，有

$$\dot{I}_i \approx \dot{I}_f$$

又

$$\dot{I}_f = -\frac{\dot{U}_o}{R_2}$$

即

$$\dot{U}_o = -\dot{I}_f R_2$$

$$\dot{I}_i = \frac{\dot{U}_i}{R_1}$$

即

$$\dot{U}_i = \dot{I}_i R_1$$

故电压放大倍数

$$\dot{A}_{uf} = \frac{\dot{U}_o}{\dot{U}_i} = -\frac{\dot{I}_f R_2}{\dot{I}_i R_1} \approx -\frac{R_2}{R_1}$$

4. 电流并联负反馈电路

电流并联负反馈电路如图 5-8 所示，由于引入深度并联负反馈，基于深度负反馈的实质，有

$$\dot{I}_i \approx \dot{I}_f$$

又

$$\dot{I}_f = -\frac{R_3}{R_2+R_3}\dot{I}_o = -\frac{R_3}{R_2+R_3} \cdot \frac{\dot{U}_o}{R_L}$$

$$\dot{I}_i = \frac{\dot{U}_i}{R_1}$$

故电压放大倍数

$$\dot{A}_{uf} = \frac{\dot{U}_o}{\dot{U}_i} = -\frac{\dot{I}_f \dfrac{R_L(R_2+R_3)}{R_3}}{\dot{I}_i R_1} \approx -\frac{R_L(R_2+R_3)}{R_1 R_3}$$

【**例 5-5**】 电路如图 5-10 所示，已知 $R_{e1}=10$ kΩ，$R_{c2}=10$ kΩ，$R_{e2}=5$ kΩ，$R_f=100$ kΩ，$R_L=5$ kΩ。

(1) 判断电路引入的反馈组态；

(2) 在深度负反馈的条件下，求电路的电压放大倍数 $\dot{A}_{uf}$。

解:(1)根据瞬时极性法,在假设输入电压对地极性为"+"的情况下,电路中各点电位及各电流的瞬时极性如图 5-10 中所标注,可见电路引入的是负反馈。在输入回路,输入信号与反馈信号是以电压的形式相比较的,故电路引入的是串联反馈;在输出回路,令输出电压 $u_o=0$,即将 R_L 对地短路时,反馈信号依然存在,故为电流反馈。所以,该电路引入的反馈组态为电流串联负反馈。

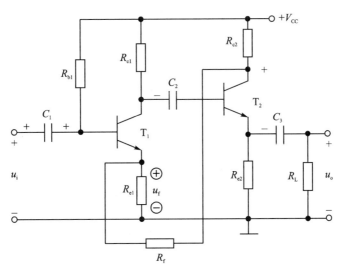

图 5-10 例 5-5 电路图

(2) 由于引入的是深度串联负反馈,有 $\dot{U}_i \approx \dot{U}_f$,输出电流 $\dot{I}_o$(即第二级电路的 $\dot{I}_e$ 或 $\dot{I}_c$)作用于 R_{e1} 上的电流为

$$\dot{I}_{R_{e1}} = \frac{R_{c2}}{R_{e1}+R_f+R_{c2}}\dot{I}_o$$

反馈电压为

$$\dot{U}_f = \dot{I}_{R_{e1}}R_{e1} = \frac{R_{c2}}{R_{e1}+R_f+R_{c2}}\dot{I}_o R_{e1}$$

又由于输出电压 $\dot{U}_o$ 与输入电压 $\dot{U}_i$ 反相,因此,电压放大倍数为

$$\dot{A}_{uf} = \frac{\dot{U}_o}{\dot{U}_i} \approx \frac{\dot{U}_o}{\dot{U}_f} = -\frac{\dot{I}_o(R_{e2}//R_L)}{\dfrac{R_{c2}}{R_{e1}+R_f+R_{c2}}\dot{I}_o R_{e1}} = -6$$

5.4 负反馈对放大电路性能的影响

在放大电路中引入交流负反馈后,电路的放大倍数有所下降,但是,放大电路的性能会得到多方面的改善,如提高放大倍数的稳定性、减小非线性失真、扩展频带和改变输入/输出电阻等,下面分别介绍。

5.4.1 提高放大倍数的稳定性

在放大电路中,环境温度的变化、电源电压的波动、器件的老化和负载的变化等因素都可能引起电路放大倍数的变化。引入负反馈后,将提高放大电路放大倍数(增益)的稳定性,即在输入信号一定时,负反馈可以使输出电压或输出电流基本维持不变,也就是能保证放大倍数基本恒定。

由前述分析可知,在中频段,引入负反馈后的闭环放大倍数为

$$A_f = \frac{A}{1+AF}$$

对上式求微分得

$$dA_f = \frac{(1+AF)dA - AF dA}{(1+AF)^2} = \frac{dA}{(1+AF)^2}$$

因此

$$\frac{dA_f}{A_f} = \frac{1}{1+AF} \cdot \frac{dA}{A} \tag{5-17}$$

式(5-17)表明,负反馈放大电路放大倍数 A_f 的相对变化量 $\dfrac{dA_f}{A_f}$ 仅为基本放大电路放大倍数 A 的相对变化量 $\dfrac{dA}{A}$ 的 $\dfrac{1}{1+AF}$。也就是说,A_f 的稳定性是 A 的 $1+AF$ 倍。例如,若 $1+AF=100$,则当 A 变化 10% 时,A_f 仅变化 0.1%。

应当指出,A_f 的稳定是以损失放大倍数为代价的,即将 A_f 减小到 A 的 $1+AF$ 分之一,才能使其稳定性提高到 A 的 $1+AF$ 倍。

5.4.2 减小非线性失真和抑制干扰

由于组成放大电路的半导体器件均具有非线性特性,当输入信号为正弦波时,输出信号的波形可能不再是一个真正的正弦波,而将产生或多或少的非线性失真。尤其是当输入信号幅度比较大时,非线性失真现象更为明显。

引入负反馈可以减小非线性失真,如图 5-11 所示。正弦波输入信号 x_i 经过基本放大电路后产生的失真波形为正半周大,负半周小,如图 5-11(a)所示。在图 5-11(b)中,设反馈网

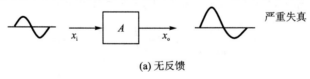

(a) 无反馈

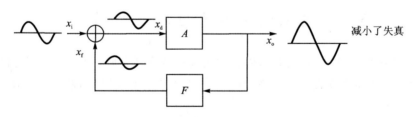

(b) 引入负反馈

图 5-11 利用负反馈减小非线性失真

络为纯电阻性的,经过反馈后,反馈信号 x_f 也为正半周大,负半周小。但它和输入信号相减后得到的净输入信号 x_d 的波形却变成正半周小,负半周大,即经过反馈,使净输入信号产生了与基本放大电路失真方向相反的预失真,这样,就把输出信号 x_o 的正半周压缩,负半周扩大,结果使正、负半周的幅度趋于一致,从而减小了非线性失真,改善了输出波形。

5.4.3 改变输入电阻和输出电阻

在放大电路中引入不同组态的负反馈后,将对输入电阻和输出电阻产生不同的影响。在实际应用中,常利用各种形式的负反馈来按需求改变输入、输出电阻的数值,以满足实际工程中的特定要求。

1. 负反馈对输入电阻的影响

输入电阻是从放大电路输入端看进去的等效电阻,因而负反馈对输入电阻的影响,取决于基本放大电路与反馈网络在输入回路的连接方式。串联负反馈将增大输入电阻,而并联负反馈将减小输入电阻。

设基本放大电路的输入电阻为 R_i、放大倍数为 A,反馈网络反馈系数为 F,利用串联负反馈电路的方框图分析,可以得出串联负反馈放大电路的输入电阻 R_if 为

$$R_\mathrm{if} = (1+AF)R_\mathrm{i} \tag{5-18}$$

可见,引入串联负反馈后,放大电路的输入电阻增大到基本放大电路输入电阻的 $1+AF$ 倍。

设基本放大电路的输入电阻为 R_i、放大倍数为 A,反馈网络反馈系数为 F,利用并联负反馈电路的方框图分析,可以得出并联负反馈放大电路的输入电阻 R_if 为

$$R_\mathrm{if} = \frac{R_\mathrm{i}}{1+AF} \tag{5-19}$$

可见,引入并联负反馈后,放大电路的输入电阻减小到基本放大电路输入电阻的 $1+AF$ 分之一。

2. 负反馈对输出电阻的影响

输出电阻是从放大电路输出端看进去的等效电阻,因而负反馈对输出电阻的影响,取决于基本放大电路与反馈网络在输出回路的连接方式,即取决于电路引入的是电压反馈还是电流反馈。电压负反馈的作用是稳定输出电压,故必将使输出电阻减小;而电流负反馈能够稳定输出电流,故必将使输出电阻增大。

设基本放大电路的输出电阻为 R_o、放大倍数为 A,反馈网络反馈系数为 F,利用负反馈放大电路的方框图,可以得出电压负反馈放大电路的输出电阻 R_of 为

$$R_\mathrm{of} = \frac{R_\mathrm{o}}{1+AF} \tag{5-20}$$

可见,引入电压负反馈后,放大电路的输出电阻减小到基本放大电路输出电阻的 $1+AF$ 分之一。当引入深度负反馈时,即 $1+AF \to \infty$ 时,R_of 趋于零,此时电路具有恒压源特性。

同理,可以得出电流负反馈放大电路的输出电阻 R_of 为

$$R_\mathrm{of} = (1+AF)R_\mathrm{o} \tag{5-21}$$

即引入电流负反馈后,放大电路的输出电阻增大到基本放大电路输出电阻的 $1+AF$ 倍。当引入深度负反馈时,即 $1+AF \to \infty$ 时,R_of 也将趋于无穷大,此时电路可近似为恒流源。

5.4.4 展宽频带

通过前面的分析可以看出,无论何种原因引起放大电路放大倍数发生变化,都可以通过引入负反馈使放大倍数的相对变化量减小。因此,对于信号频率不同而引起放大倍数的下降,也可以利用负反馈进行改善。引入负反馈是扩展电路通频带的有效措施之一,而频带展宽的程度也与反馈深度 $1+AF$ 有关。

设电路无反馈时中频放大倍数为 $\dot{A}_m$,上限频率为 f_H,下限频率为 f_L,则电路高频段的放大倍数为

$$\dot{A}_h = \frac{\dot{A}_m}{1+\mathrm{j}\dfrac{f}{f_H}}$$

引入负反馈后,电路的高频放大倍数为

$$\dot{A}_{hf} = \frac{\dot{A}_h}{1+\dot{A}_h \dot{F}_h} = \frac{\dfrac{\dot{A}_m}{1+\mathrm{j}\dfrac{f}{f_H}}}{1+\dfrac{\dot{A}_m}{1+\mathrm{j}\dfrac{f}{f_H}}\dot{F}} = \frac{\dot{A}_m}{1+\mathrm{j}\dfrac{f}{f_H}+\dot{A}_m\dot{F}} = \frac{\dfrac{\dot{A}_m}{1+\dot{A}_m\dot{F}}}{1+\mathrm{j}\dfrac{f}{(1+\dot{A}_m\dot{F})f_H}} = \frac{\dot{A}_{mf}}{1+\mathrm{j}\dfrac{f}{f_{Hf}}}$$

式中:$\dot{A}_{mf}$ 为负反馈放大电路的中频放大倍数,f_{Hf} 为其上限频率,有

$$f_{Hf} = (1+A_m F)f_H \qquad (5-22)$$

可见,引入负反馈后,电路的上限频率提高到无反馈时基本放大电路的 $1+A_m F$ 倍。

同理,可以得到负反馈放大电路下限频率 f_{Lf} 的表达式为

$$f_{Lf} = \frac{f_L}{1+A_m F} \qquad (5-23)$$

即引入负反馈后,电路的下限频率降低到无反馈时基本放大电路的 $1+A_m F$ 分之一。

通常有 $f_H \gg f_L$,$f_{Hf} \gg f_{Lf}$,因此无反馈时基本放大电路的通频带 f_{BW} 和负反馈放大电路的通频带 f_{BWf} 可分别近似表示为

$$f_{BW} = f_H - f_L \approx f_H$$

$$f_{BWf} = f_{Hf} - f_{Lf} \approx f_{Hf}$$

即负反馈放大电路的通频带展宽到无反馈基本放大电路的 $1+A_m F$ 倍,且频带的展宽是以牺牲中频放大倍数为代价的。

可见,对于大多数放大电路,增益和带宽是互为矛盾的,即增益提高时,必然使带宽变窄,而增益降低时,必然使带宽变宽。为综合考察增益和带宽的关系,引入一个新的参数——增益带宽积,即对于确定电路而言,中频时,增益和带宽的乘积基本为常数,故有

$$\dot{A}_{mf} \cdot f_{BWf} \approx \dot{A}_m \cdot f_{BW} \qquad (5-24)$$

5.4.5 放大电路中引入负反馈的一般原则

综上可知,引入负反馈可以改善放大电路多方面的性能,且引入的反馈组态不同,所产生的影响也各不相同。在实际设计放大电路时,应根据系统需求来引入合适的负反馈。一般在

电路中引入负反馈的原则如下：
① 为了稳定静态工作点，应引入直流负反馈；
② 为了改善电路的动态性能，应引入交流负反馈；
③ 为了稳定输出电压或减小电路的输出电阻，应引入电压负反馈；
④ 为了稳定输出电流或增大电路的输出电阻，应引入电流负反馈；
⑤ 为了增大输入电阻或减小信号源和内阻上的损耗，应引入串联负反馈；
⑥ 为了减小输入电阻或使电路获得更大的输入电流，应引入并联负反馈。

5.5 负反馈放大电路的自激振荡

通过5.4节的分析可知，在放大电路中引入交流负反馈，可以改善其多方面的性能，且改善程度均与反馈深度有关，反馈越深，性能改善得越好。然而，当反馈过深时，在高频段或低频段，由于电抗性元件的影响，将产生相对于中频段的附加相移，可能使负反馈演变为正反馈，放大电路不能稳定工作，在输入信号为零时，电路却产生了一定频率和幅度的输出信号，称电路产生了自激振荡。自激振荡破坏了放大电路的正常工作，应尽量避免和消除。

5.5.1 自激振荡产生的原因和条件

前面对放大电路反馈极性的判断实际是在中频段进行的，也就是忽略了电抗性元件的影响。而当电路处于低频段时，由于耦合电容和旁路电容的存在，相对于中频段，$\dot{A}\dot{F}$ 将产生超前的附加相移；在高频段，半导体元件极间电容的影响不能忽略，将使 $\dot{A}\dot{F}$ 产生相对于中频段滞后的附加相移。当附加相移达到 $\pm 180°$ 时，此时放大电路的净输入信号由原来的减小变为增大，发生正反馈。当正反馈足够强时，就产生了自激振荡。

反馈放大电路的一般表达式为

$$\dot{A}_f = \frac{\dot{A}}{1+\dot{A}\dot{F}}$$

当 $1+\dot{A}\dot{F}=0$ 时，$\dot{A}_f \to \infty$，所以自激振荡的平衡条件为

$$\dot{A}\dot{F} = -1 \tag{5-25}$$

进而得到幅值条件为

$$|\dot{A}\dot{F}| = 1 \tag{5-26}$$

相位条件为

$$\varphi_A + \varphi_F = (2n+1)\pi, \quad n=0,1,2,3,\cdots \tag{5-27}$$

应当指出，只有同时满足幅值条件和相位条件，电路才会产生自激振荡。在起振过程中，输出信号有一个从小到大的过程，故起振条件为

$$|\dot{A}\dot{F}| > 1 \tag{5-28}$$

5.5.2 负反馈放大电路的稳定性判断

利用负反馈放大电路的环路增益 $\dot{A}\dot{F}$ 的频率特性可以判断电路是否会产生自激振荡。

两个直接耦合负反馈放大电路环路增益的波特图如图 5-12 所示,设满足自激振荡相位条件的频率为 f_o,满足幅值条件的频率为 f_c。

在图 5-12(a)所示的曲线中,使 $\varphi_A+\varphi_F=-180°$ 的频率为 f_o,使 $20\lg|\dot A\dot F|=0$ dB 的频率为 f_c。由于当 $f=f_o$ 时,$20\lg|\dot A\dot F|>0$ dB,即 $|\dot A\dot F|>1$,说明满足起振条件,所以具有所示环路增益频率特性的放大电路闭环后必然产生自激振荡,振荡频率为 f_o。

在图 5-12(b)所示的曲线中,使 $\varphi_A+\varphi_F=-180°$ 的频率为 f_o,使 $20\lg|\dot A\dot F|=0$ dB 的频率为 f_c。由于当 $f=f_o$ 时,$20\lg|\dot A\dot F|<0$ dB,即 $|\dot A\dot F|<1$,说明不满足起振条件,所以具有所示环路增益频率特性的放大电路闭环后不可能产生自激振荡。

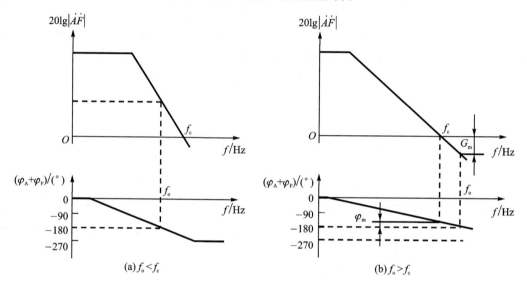

图 5-12　两个负反馈放大电路环路增益的波特图

由此可见,在已知环路增益频率特性的条件下,判断负反馈放大电路是否能够产生自激振荡的方法如下:

① 若不存在 f_o,则电路不会产生自激振荡。
② 若存在 f_o,且 $f_o<f_c$,则电路必然产生自激振荡。
③ 若存在 f_o,但 $f_o>f_c$,则电路不会产生自激振荡。

另外,为了衡量负反馈放大电路的稳定性,定义 G_m 为幅值稳定裕度,即当 $f_o>f_c$ 时,$G_m=20\lg|\dot A\dot F|\big|_{f=f_o}<0$。通常认为 $G_m\leqslant-10$ dB 时,电路就具有足够的幅值稳定裕度。定义 φ_m 为相位裕度,即 $\varphi_m=180°-|\varphi_A+\varphi_F|_{f=f_c}$。通常认为 $\varphi_m\geqslant45°$ 时,电路就具有足够的相位稳定裕度。

5.5.3　自激振荡的消除

当负反馈放大电路产生自激振荡时,电路将不能正常工作,为了避免和消除自激振荡,常用的方法是通过相位补偿改变环路增益 $\dot A\dot F$ 的频率特性,使之根本不存在 f_o,或存在 f_o 时,满足 $f_o>f_c$,则自激振荡必然被消除。实际中常用的补偿方法为超前补偿和滞后补偿。

5.6 负反馈放大电路的设计实例

5.6.1 设计要求

设计一个由集成运算放大器组成的两级负反馈放大电路,具体指标如下:

① 中频时,闭环电压放大倍数 $\dot{A}_{uf}=1\,000$;
② 输入电阻 $R_i=20\ \text{k}\Omega$;
③ 工作频率 $20\ \text{Hz}\sim 20\ \text{kHz}$;
④ 最大不失真输出电压有效值 $U_{omax}=5\ \text{V}$;
⑤ 负载电阻 $R_L=2\ \text{k}\Omega$。

5.6.2 设计方法

1. 根据中频闭环电压放大倍数 $\dot{A}_{uf}=1\,000$,确定每一级电路电压放大倍数和电路形式

一般运放同相放大电路的电压放大倍数在 $1\sim 100$ 之间,反相放大电路的电压放大倍数在 $0.1\sim 100$ 之间。由于运放同相放大电路输入电阻较高,若同相端不接平衡电阻,则其输入电阻在 $10\ \Omega\sim 100\ \text{M}\Omega$ 之间;若同相端接入平衡电阻,则电路输入电阻主要取决于该平衡电阻,所以第一级可采用同相放大电路,放大倍数选为 20,第二级采用反相放大电路,放大倍数为 50。设计电路形式如图 5-13 所示。

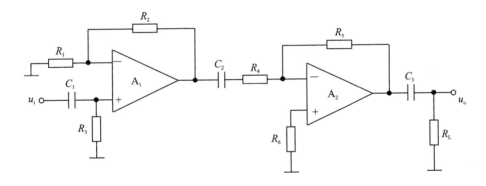

图 5-13 两级负反馈放大电路的设计电路

2. 确定各电阻、电容参数值

由于 $R_i=20\ \text{k}\Omega$,所以 $R_3=20\ \text{k}\Omega$。再根据 $R_1//R_2=R_3=20\ \text{k}\Omega$,及 $1+\dfrac{R_2}{R_1}=20$ 可得 $R_1=20\ \text{k}\Omega$,$R_2=380\ \text{k}\Omega$。

取 $R_4=2\ \text{k}\Omega$,再根据 $-\dfrac{R_5}{R_4}=-50$,$R_4//R_5=R_6$ 可得 $R_5=100\ \text{k}\Omega$,$R_6=2\ \text{k}\Omega$。

根据经验可取:$C_1=\dfrac{1\sim 10}{2\pi f_L R_i}$,$C_2=\dfrac{1\sim 10}{2\pi f_L R_{i2}}$,$C_3=\dfrac{1\sim 10}{2\pi f_L R_L}$。

3. 选择集成运放

首先,初步选择某一型号集成运放,如 LM324,然后根据所选运放的单位增益带宽 BW,计算出每一级放大电路的上限频率:

$$f_{Hi} = \frac{BW}{A_{ui}}$$

再根据多级放大电路总上限频率与组成其各级电路上限频率的关系式

$$\frac{1}{f_H} \approx 1.1 \sqrt{\frac{1}{f_{H1}^2} + \frac{1}{f_{H2}^2} + \cdots + \frac{1}{f_{HN}^2}}$$

计算出总上限频率 f_H。这个总上限频率应满足 $f_H \leqslant 20\ kHz$ 的指标要求。若不满足要求,则需选用其他型号的集成运放,如 CF741、LF347 等。

4. 计算最大不失真输出电流

首先根据最大不失真输出电压计算电路的最大不失真输出电流,然后结合所选型号的运放及负载电阻值,判断运放的输出电流能否满足电路指标要求。

习　题

5 - 1 填空题:

(1) 在放大电路中,为了稳定静态工作点,可以引入_____;若要稳定电压增益,则应引入_____;若要改变输入或输出电阻,则可以引入_____;为了抑制温漂,可以引入_____。

(2) 若希望减小放大电路从信号源索取的电流,则应在放大电路中引入_____负反馈;若希望将电压信号转换成电流信号,则应在放大电路中引入_____负反馈;若希望负载变化时输出电流稳定,并减小电路的输入电阻,则应引入_____负反馈;若希望负载变化时输出电压稳定,并增大输入电阻,则应引入_____负反馈。

5 - 2 判断题:

(1) 若放大电路的放大倍数为负,则引入的反馈一定是负反馈。(　　)

(2) 在深度负反馈放大电路中,由于闭环放大倍数仅取决于反馈网络的反馈系数,因此基本放大电路的参数无实际意义。(　　)

(3) 直流负反馈是指只用放大直流信号时采用的反馈。(　　)

(4) 负反馈只能改善反馈环路内的放大性能,对反馈环路之外无效。(　　)

(5) 电压负反馈可以稳定输出电压,流过负载的电流也就必然稳定,因此电压负反馈和电流负反馈都可以稳定输出电流,在这一点上电压负反馈和电流负反馈没有区别。(　　)

(6) 放大电路中引入的负反馈越深,电路的放大倍数就一定越稳定。(　　)

(7) 放大电路的级数越多越稳定。(　　)

(8) 放大电路中耦合电容、旁路电容越多,引入负反馈后,越容易产生低频振荡。(　　)

5 - 3 分别判断如图 5 - 14 所示各电路中是否引入了反馈,是直流反馈还是交流反馈,是正反馈还是负反馈?并分别说明哪些元件构成了反馈网络。

5 - 4 如图 5 - 14 所示的各电路,若引入了交流反馈,则分别判断反馈组态。

5 - 5 如图 5 - 14 所示的各电路,若引入了交流负反馈,则在深度负反馈条件下分别估算

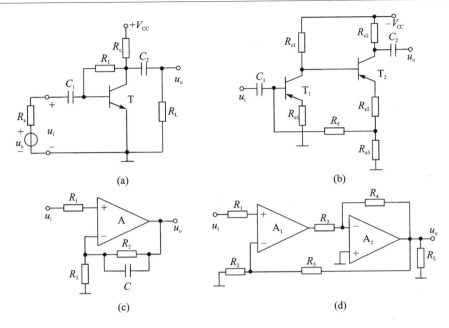

图 5-14 题 5-3 图

各电路的闭环电压放大倍数 $\dot{A}_{uf}$。

5-6 如图 5-14 所示的各电路,若引入了交流负反馈,则分别计算各电路的反馈系数 $\dot{F}$。

5-7 如图 5-14 所示的各电路,若引入了交流负反馈,则分别说明所引入的负反馈对各电路的输入电阻、输出电阻的影响。

5-8 设计题:

已知处于放大状态的差动放大电路、理想运算放大器及反馈电阻 R_f 如图 5-15 所示,按以下要求设计负反馈放大电路。

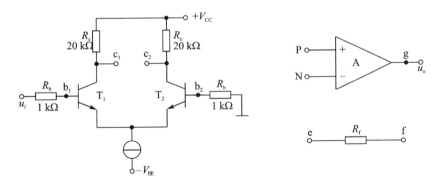

图 5-15 题 5-8 图

(1) 引入电压串联负反馈,c_1、c_2 应分别接至运放的哪个输入端?R_f 在图 5-15 中如何连线?请填入下面表格中。

c_1	c_2	f	e

(2) 若要求引入电压串联负反馈后的闭环电压放大倍数 $|\dot{A}_{uf}|=10$,则 R_f 应选多大?

5-9 以集成运放为前置推动级的功率放大电路如图 5-16 所示。设集成运放特性理想,试问:

(1) R_2 引入什么组态的负反馈?

(2) 最大输出功率 P_{om} 是多大?

(3) 输出电压仍有较大的交越失真吗? 为什么?

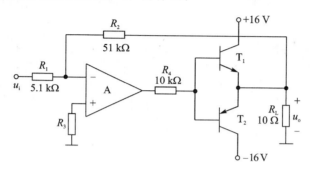

图 5-16 题 5-9 图

5-10 分别判断如图 5-17 所示各电路引入的交流负反馈组态,并求闭环电压放大倍数 $\dot{A}_{uf}$。

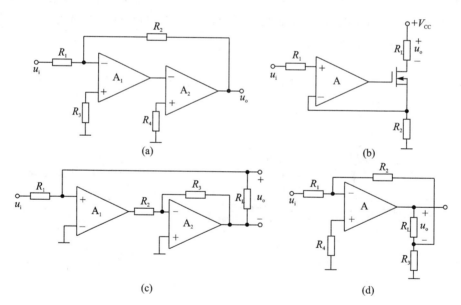

图 5-17 题 5-10 图

5-11 电路如图 5-18 所示,已知集成运放具有理想特性,最大输出电压幅值为 ±10 V。

(1) 判断电路中引入了何种组态的交流负反馈并求电路的电压放大倍数 $\dot{A}_{uf}$、输入电阻 R_i 和输出电阻 R_o;

(2) 已知 $U_i=0.5$ V,则输出电压 U_o 为多少? 若 R_2 开路,则输出电压变为多少?

(3) 已知 $U_i=0.5$ V,若 R_2 短路,则输出电压变为多少?

(4) 已知 $U_i = 0.5$ V,若 R_3 开路,则输出电压为多少?

(5) 已知 $U_i = 0.5$ V,若 R_3 短路,则输出电压为多少?

5-12 改错题:

为了保证如图 5-19 所示的两个电路中的输出电压稳定、带负载能力强,图中引入的反馈对吗?请指出各电路的错误并改正。

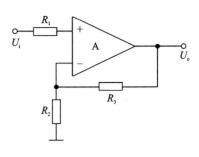

图 5-18 题 5-11 图

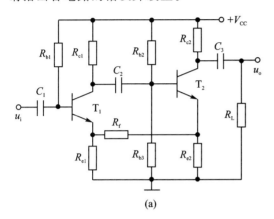

(a)

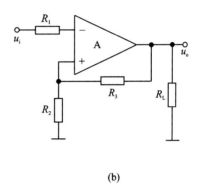

(b)

图 5-19 题 5-12 图

第6章　集成运算放大器的应用

本章主要介绍集成运算放大器的各种应用电路,包括信号运算、信号处理和信号产生三个方面。其中模拟信号的基本运算电路包括比例、加减、微分、积分、对数和指数运算电路。信号处理电路主要为有源滤波电路。信号产生电路包括电压比较器、正弦波等波形的产生电路等。本章的重点是集成运放构成的基本运算电路、有源滤波电路、电压比较器及 RC 正弦波产生电路。难点在于集成运放的线性应用和非线性应用电路的特点、原理,尤其是有源滤波电路和正弦波振荡电路,理解较为困难。

本章知识要点:
1. 利用集成运放实现模拟信号的运算为什么要引入负反馈?
2. 如何区分集成运放的线性应用电路与非线性应用电路?
3. 如何利用集成运放构成加、减等运算电路?
4. 如何利用集成运放构成的电路对信号的频率进行选择?
5. 什么是有源滤波电路?它与无源滤波电路相比有什么优点?
6. 有源滤波电路中一定引入负反馈吗?
7. 正弦波产生电路是一种自激振荡电路吗?
8. 正弦波振荡电路所产生的振荡与负反馈放大电路所产生的自激振荡有区别吗?
9. 正弦波振荡由哪些部分组成?产生正弦波振荡的条件是什么?
10. 电压比较器有什么用途?有哪些类型?
11. 由集成运放构成的电压比较器电路有什么特点?
12. 如何利用集成运放构成矩形波、三角波等非正弦波产生电路?

集成运算放大器最早应用于模拟信号的运算。随着电子技术的发展和集成运放性能的不断改善,其应用范围逐渐扩展,除了构成各种运算电路外,集成运放还在信号处理、信号产生、信号变换等领域广泛应用。

6.1　数学运算电路

在分析运算电路时,常将集成运放看作理想器件,由于理想运放 $A_{od}=\infty$,因而即使 u_P-u_N 很微小,输出电压都将超出线性区,不是正向饱和就是反向饱和。因此,只有在电路中引入负反馈,使净输入量趋于零,才能保证运放工作在线性区。所以,运算电路的基本结构均为集成运放加上反馈网络,"虚短"和"虚断"也是分析运算电路的基本依据。

6.1.1　比例运算电路

1. 反相比例运算电路

(1) 基本电路

反相比例运算基本电路如图 6-1 所示,输入信号从集成运放的反相输入端输入。利用

"虚短"、"虚断"可得电压放大倍数

$$\dot{A}_\mathrm{u} = -\frac{R_\mathrm{f}}{R_1} \quad (6-1)$$

即

$$u_\mathrm{o} = -\frac{R_\mathrm{f}}{R_1} u_\mathrm{i} \quad (6-2)$$

实现了输出电压与输入电压的反相比例运算。

由于在基本反相比例电路中引入了深度电压负反馈，$1+AF=\infty$，所以输出电阻 $R_\mathrm{o}=0$。输入电阻 $R_\mathrm{i} \approx R_1$，为电路的输入端和地之间的等效电阻。可见，尽管理想运放的输入电阻为无穷大，但由于引入了并联负反馈，反相比例电路的输入电阻减小了。

R_p 为平衡电阻(或称补偿电阻)，用来保证集成运放差动输入级的对称性，$R_\mathrm{p}=R_1 // R_\mathrm{f}$。

(2) T形网络反相比例运算电路

在图 6-1 所示的基本反相比例运算电路中，为了增大输入电阻，必须增大 R_1。若要同时保证高的比例系数，则势必要求 R_f 很大。例如，若要求 $R_\mathrm{i}=100\ \mathrm{k\Omega}$，比例系数为 -100，则 R_1 应为 $100\ \mathrm{k\Omega}$，R_f 应取 $10\ \mathrm{M\Omega}$。由于过大的电阻不但稳定性较差，而且会使反相比例运算关系改变。所以为了实现用阻值不大的电阻获得较高比例系数和较高输入电阻，可采用 T 形网络取代图 6-1 中的 R_f，得到 T 形网络反相比例运算电路，如图 6-2 所示。

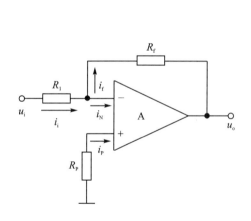

图 6-1 基本反相比例运算电路

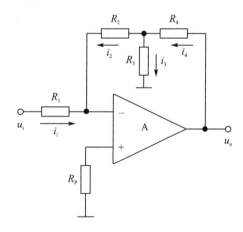

图 6-2 T形网络反相比例运算电路

根据"虚短"、"虚断"有

$$i_4 = \frac{u_\mathrm{o}}{R_4 + R_2 // R_3}$$

所以

$$i_2 = \frac{i_4 R_3}{R_2 + R_3} = \frac{u_\mathrm{o}}{R_4 + R_2 // R_3} \cdot \frac{R_3}{R_2 + R_3} = -i_\mathrm{i} = -\frac{u_\mathrm{i}}{R_1}$$

整理得

$$u_\mathrm{o} = -\frac{R_2 R_3 + R_2 R_4 + R_3 R_4}{R_1 R_3} u_\mathrm{i} \quad (6-3)$$

式(6-3)表明，当 $R_3=\infty$ 时，u_o 与 u_i 的关系式同基本反相比例电路。在 T 形网络电路中，若要求 $R_\mathrm{i}=100\ \mathrm{k\Omega}$，且比例系数为 -100，则 R_1 应取 $100\ \mathrm{k\Omega}$；若 R_2 和 R_4 也取 $100\ \mathrm{k\Omega}$，根

据式(6-3),则只需 1.02 kΩ 的 R_3 就可获得的比例系数。

2. 同相比例运算电路

(1) 基本电路

基本同相比例运算电路如图 6-3 所示。电路放大倍数为 $1+\dfrac{R_f}{R_1}$,即

$$u_o = \left(1 + \dfrac{R_f}{R_1}\right)u_i \tag{6-4}$$

可见,u_o 与 u_i 成比例且相位相同。同样,要求集成运放差动输入级参数对称,有 $R_p = R_1 // R_f$。

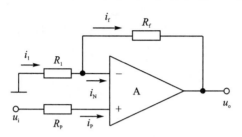

图 6-3 基本同相比例运算电路

(2) 电压跟随器

在图 6-3 所示的基本同相比例运算电路中,如果 $R_1 \to \infty$ 或 $R_f = 0$,就构成了电压跟随器,电路如图 6-4 所示。根据式(6-4),有 $u_o = u_i$,即输出电压与输入电压大小相等且相位相同,实现了输出电压跟随输入电压而变化。

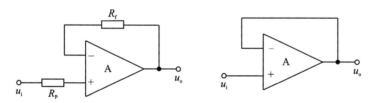

图 6-4 电压跟随器

由于引入了电压串联负反馈,所以电压跟随器具有输入电阻高、输出电阻低的特点。

6.1.2 加减运算电路

集成运放构成的加减运算电路可以实现多个信号按各自不同的比例求和或求差运算。如果所有输入信号均作用于集成运放的同一个输入端,则能够实现多个信号的加法运算;如果一部分输入信号作用于同相输入端,而另一部分作用于反相输入端,则能够实现减法运算。

1. 加法运算电路

(1) 反相加法运算电路

反相加法运算电路也称反相加法器,它的多个输入信号均作用于集成运放的反相输入端,如图 6-5 所示。根据"虚短"、"虚断"有 $u_P = u_N = 0, i_P = i_N = 0$,又

$$i_f = i_1 + i_2, \quad i_1 = \dfrac{u_{i1} - u_N}{R_1} = \dfrac{u_{i1}}{R_1}, \quad i_2 = \dfrac{u_{i2} - u_N}{R_2} = \dfrac{u_{i2}}{R_2}, \quad i_f = \dfrac{u_N - u_o}{R_f} = -\dfrac{u_o}{R_f}$$

所以

$$u_o = -\left(\frac{R_f}{R_1}u_{i1} + \frac{R_f}{R_2}u_{i2}\right) \qquad (6-5)$$

式(6-5)表明，输出电压等于各输入电压按各自比例求和取反，只要比例系数设计合理，就可以实现常规的算术加法。平衡电阻 $R_P = R_1 // R_2 // R_f$。

(2) 同相加法运算电路

同相加法运算电路也称同相加法器，它的多个输入信号均作用于集成运放的同相输入端，如图 6-6 所示。根据"虚短"、"虚断"有 $u_P = u_N$，$i_P = i_N = 0$，由图可知

$$i_2 = -i_1 = \frac{u_{i2} - u_{i1}}{R_1 + R_2}, \quad i_3 = \frac{0 - u_N}{R_3} = -\frac{u_N}{R_3}, \quad i_f = \frac{u_N - u_o}{R_f}$$

又有 $i_f = i_3$，所以

$$u_o = \left(1 + \frac{R_f}{R_3}\right)u_N = \left(1 + \frac{R_f}{R_3}\right)\frac{R_2 u_{i1} + R_1 u_{i2}}{R_1 + R_2} \qquad (6-6)$$

式(6-6)表明，输出电压等于各输入电压按各自比例同相求和。

若令 $R_1 = R_2 = R_3 = R_f$，则 $u_o = u_{i1} + u_{i2}$，可实现常规的数学加法运算。

为保证运放的差动输入级对称，一般设计电路时应满足 $R_1 // R_2 = R_3 // R_f$。

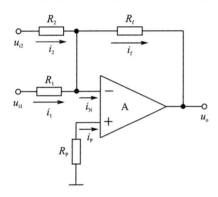
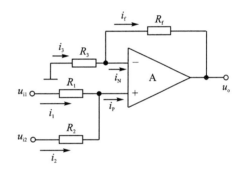

图 6-5 反相加法运算电路　　　　　图 6-6 同相加法运算电路

2. 减法运算电路

为集成运放的两个输入端均加上输入信号，可构成减法运算电路，如图 6-7 所示。根据运放工作在线性区，满足"虚短"和"虚短"，可知 $u_P = u_N$，$i_P = i_N = 0$，又

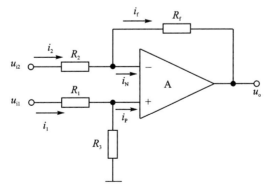

图 6-7 减法运算电路

$$u_P = u_N = \frac{R_3}{R_1+R_3}u_{i1}, \quad i_1 = \frac{u_{i1}}{R_1+R_3}, \quad i_2 = \frac{u_{i2}-u_N}{R_2}, \quad i_f = \frac{u_N-u_o}{R_f}$$

且 $i_f = i_2$，由以上各式可推出

$$u_o = \left(1+\frac{R_f}{R_2}\right)\frac{R_3}{R_1+R_3}u_{i1} - \frac{R_f}{R_2}u_{i2} \quad (6-7)$$

对于图 6-7 所示的电路，若 $R_1 = R_2$，$R_3 = R_f$，则

$$u_o = \frac{R_f}{R_1}(u_{i1} - u_{i2}) \quad (6-8)$$

当 $R_1 = R_2 = R_3 = R_f$ 时，有 $u_o = u_{i1} - u_{i2}$，可实现数学中的减法运算。

6.1.3 积分运算和微分运算电路

在测量和控制系统中，常用积分和微分运算电路作为调节环节；另外，它们还是各种波形产生电路的基本单元。以集成运放作为放大电路，同时利用电阻和电容组成反馈网络，就可以实现积分运算和微分运算。

1. 积分运算电路

在反相比例运算电路的基础上，用电容取代反馈电阻，就构成积分运算电路，如图 6-8 所示。由于运放工作在线性区，利用"虚短"、"虚断"可得 $u_P = u_N = 0$，$i_P = i_N = 0$，所以

$$i_1 = \frac{u_i - u_N}{R_1} = \frac{u_i}{R_1}$$

再根据电容端电压与其电流的关系，有

$$i_C = C\frac{du_C}{dt} = C\frac{d(u_N - u_o)}{dt} = -C\frac{du_o}{dt}$$

又因 $i_1 = i_C$，可以得出

$$u_o = -\frac{1}{R_1 C}\int u_i dt \quad (6-9)$$

式(6-9)表明输出电压 u_o 为输入电压 u_i 的积分，$R_1 C$ 为积分时间常数，负号表示 u_o 和 u_i 相位相反。

根据式(6-9)，当输入信号 u_i 为阶跃信号或方波时，输出电压 u_o 的波形如图 6-9 所示。可见，利用积分运算电路可以实现方波到三角波的变换等波形变换功能。

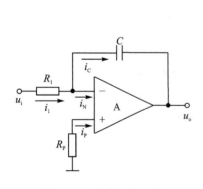

图 6-8 积分运算电路

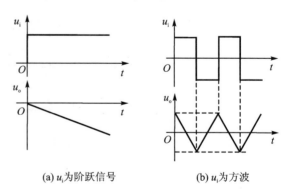

(a) u_i 为阶跃信号　　(b) u_i 为方波

图 6-9 积分运算电路输入/输出波形

2. 微分运算电路

将图 6-8 所示积分电路反馈网络中的电阻和电容位置互换,就得到基本微分运算电路,如图 6-10 所示。

利用"虚短"、"虚断"可得 $u_P = u_N = 0$,$i_P = i_N = 0$,所以 $i_f = \dfrac{u_N - u_o}{R_f} = -\dfrac{u_o}{R_f}$,再根据电容端电压与其电流的关系,有

$$i_C = C \dfrac{du_C}{dt} = C \dfrac{du_i}{dt}$$

又 $i_C = i_f$,可以得出

$$u_o = -R_f C \dfrac{du_i}{dt} \quad (6-10)$$

表明输出电压 u_o 与输入电压 u_i 之间是微分关系,$R_f C$ 为微分时间常数,负号表示 u_o 和 u_i 相位相反。

当输入信号 u_i 为方波时,微分电路输出电压 u_o 的波形如图 6-11 所示。可见,微分运算电路对输入信号的变化敏感。

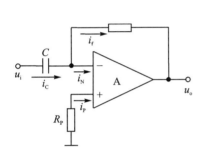

图 6-10 微分运算电路

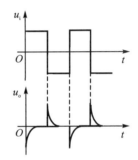

图 6-11 微分运算电路输入/输出波形

6.1.4 对数和指数运算电路

由于 PN 结的伏安特性具有指数规律,所以在集成运放电路中,将二极管或三极管分别接入反馈网络或输入回路中,就可实现对数和指数运算。

1. 对数运算电路

采用二极管的对数运算电路如图 6-12 所示。由"虚短"、"虚断"可得

$$u_P = u_N = 0, \quad i_P = i_N = 0$$

所以 $i_f = i_1 = \dfrac{u_i - u_N}{R_1} = \dfrac{u_i}{R_1}$,再根据 PN 结的电流方程,有

$$i_f \approx I_S e^{-\frac{u_o}{U_T}} = \dfrac{u_i}{R_1}$$

所以得

$$u_o \approx -U_T \ln \dfrac{u_i}{I_S R_1} \quad (6-11)$$

式(6-11)说明输出电压 u_o 与输入电压 u_i 之间为对数运算关系,负号表示两者相位相反。应当指出,为了使二极管导通,输入电压 u_i 应大于零。

2. 指数运算电路

指数运算电路如图 6-13 所示。由"虚短"、"虚断"有 $u_{BE}=u_i$，$i_f=i_E\approx I_S e^{\frac{u_i}{U_T}}$，输出电压为

$$u_o = -i_f R_f \approx -I_S e^{\frac{u_i}{U_T}} R_f \qquad (6-12)$$

式(6-12)表明输出电压 u_o 与输入电压 u_i 之间为指数运算关系，负号表示两者相位相反。为了使三极管导通，输入电压 u_i 应大于零，且只能在发射结导通电压范围内。

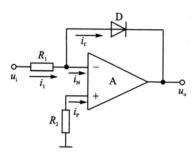

图 6-12 对数运算电路

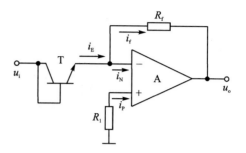

图 6-13 指数运算电路

6.1.5 乘法运算电路

利用对数和指数运算电路，再利用求和运算电路，可实现乘法运算。实现两个变量乘法运算的电路如图 6-14 所示。

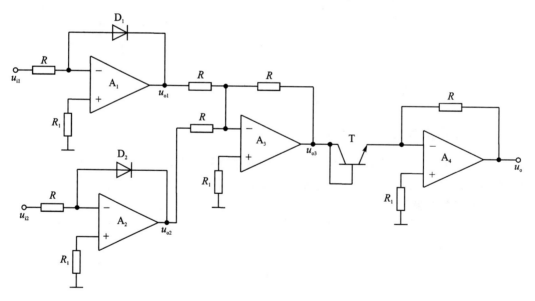

图 6-14 乘法运算电路

有

$$u_{o1} \approx -U_T \ln \frac{u_{i1}}{I_S R}$$

$$u_{o2} \approx -U_T \ln \frac{u_{i2}}{I_S R}$$

$$u_{o3} = -(u_{o1}+u_{o2}) \approx -U_T \ln\frac{u_{i1}u_{i2}}{(I_S R)^2}$$

$$u_o \approx -I_S R e^{\frac{u_{o3}}{U_T}} \approx -\frac{u_{i1}u_{i2}}{I_S R} \tag{6-13}$$

如果将图 6-14 中的求和运算电路变为差分减法运算电路,则可实现两个变量的除法运算。

6.2 有源滤波电路

6.2.1 滤波电路的基础知识

滤波电路是对信号频率具有选择性的电路,它能够使特定频率范围内的信号通过,而阻止其他频率的信号。根据滤波电路所用的元件,可将其分为无源滤波电路和有源滤波电路。仅由无源元件(R、L、C)组成的滤波电路,称为无源滤波电路;若电路中除了无源元件外还包括晶体管或集成电路等有源元器件,则称为有源滤波电路。本节讨论的是由集成运放构成的有源滤波电路。

有源滤波电路按照工作频带,可分为低通滤波电路(LPF)、高通滤波电路(HPF)、带通滤波电路(BPF)、带阻滤波电路(BEF)和全通滤波电路(APF)。理想滤波电路的幅频特性如图 6-15 所示。允许信号通过的频段称为通带,将信号衰减到零的频段称为阻带。

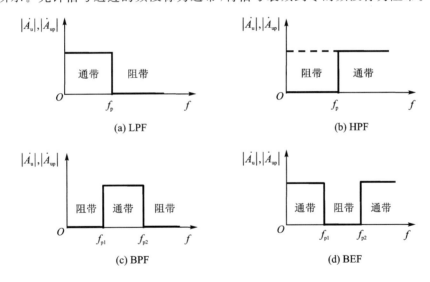

图 6-15 理想滤波电路的幅频特性

6.2.2 低通滤波电路

设截止频率为 f_p,频率低于 f_p 的信号能通过,高于 f_p 的信号被衰减的电路称为低通滤波电路。

1. 一阶低通有源滤波电路

一阶低通有源滤波电路如图 6-16 所示,以"虚短"、"虚断"为依据,可得电路的传递函数(电压放大倍数)为

$$\dot{A}_u = \frac{\dot{U}_o}{\dot{U}_i} = \frac{1+\dfrac{R_f}{R_1}}{1+\mathrm{j}\omega CR_2} = \frac{\dot{A}_{uf}}{1+\mathrm{j}\dfrac{\omega}{\omega_0}} \qquad (6-14)$$

式中：$\dot{A}_{uf}=1+\dfrac{R_f}{R_1}$，为通带放大倍数；$\omega_0=\dfrac{1}{R_2C}$。$f_0$ 为特征频率，且 $f_0=\dfrac{1}{2\pi R_2C}$。其幅频特性如图 6-17 所示，当 $f=f_0$ 时，$|\dot{A}_u|=\dfrac{A_{uf}}{\sqrt{2}}$，故通带截止频率 $f_p=f_0$。$f<f_0$ 的信号能顺利通过，$f>f_0$ 的信号按 -20 dB/十倍频下降。

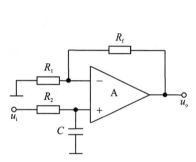

图 6-16 一阶低通有源滤波电路

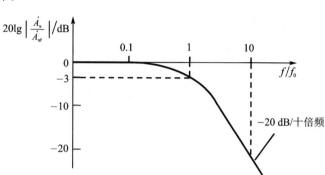

图 6-17 一阶低通有源滤波电路的幅频特性

2. 二阶低通有源滤波电路

一阶低通有源滤波电路虽然结构简单，但是过渡带较宽，幅频特性的最大衰减斜率仅为 -20 dB/十倍频，因此选择性较差。在一阶低通滤波电路中增加一个 RC 环节，可加大衰减斜率，即构成了二阶低通滤波电路，如图 6-18 所示。

由于集成运放工作在线性区，有 $i_P = i_N = 0$，且 $u_P = u_N$，可得

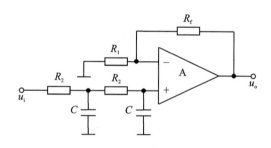

图 6-18 二阶低通有源滤波电路

$$\dot{U}_o = \left(1+\frac{R_f}{R_1}\right)\dot{U}_N$$

又

$$\dot{U}_P = \frac{\dfrac{1}{\mathrm{j}\omega C}/\!/\left(R_2+\dfrac{1}{\mathrm{j}\omega C}\right)}{R_2+\left[\dfrac{1}{\mathrm{j}\omega C}/\!/\left(R_2+\dfrac{1}{\mathrm{j}\omega C}\right)\right]} \cdot \frac{\dfrac{1}{\mathrm{j}\omega C}}{R_2+\dfrac{1}{\mathrm{j}\omega C}}\dot{U}_i$$

由以上两式可得电路的传递函数（电压放大倍数）为

$$\dot{A}_u = \frac{\dot{U}_o}{\dot{U}_i} = \left(1+\frac{R_f}{R_1}\right)\left(\frac{1}{1-\omega^2 C^2 R_2^2 + \mathrm{j}3\omega CR_2}\right) = \frac{\dot{A}_{uf}}{1-\left(\dfrac{\omega}{\omega_0}\right)^2+\mathrm{j}3\dfrac{\omega}{\omega_0}} \qquad (6-15)$$

式中：通带放大倍数 $\dot{A}_{uf}=1+\dfrac{R_f}{R_1}$，$\omega_0=\dfrac{1}{R_2C}=2\pi f_0$。

令式(6-15)分母的模等于$\sqrt{2}$,可解出通带截止频率

$$f_p \approx 0.37 f_0 \tag{6-16}$$

二阶低通滤波电路的幅频特性如图6-19所示,由图可见,$f \gg f_0$的信号按-40 dB/十倍频衰减,滤波效果比一阶电路理想。

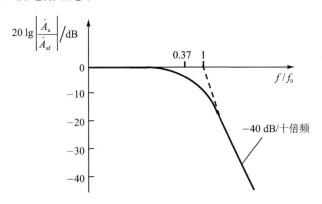

图6-19 二阶低通滤波电路的幅频特性

6.2.3 其他滤波电路

1. 高通滤波电路

高通与低通滤波电路在电路组成上成对偶关系,将图6-16一阶有源低通滤波电路中的电阻R_2和电容C位置互换,就构成一阶有源高通滤波电路,如图6-20所示,它能使较高频率信号顺利通过,使较低频率信号衰减。

以"虚短"和"虚断"为依据,可得出高通滤波电路的电压放大倍数为

$$\dot{A}_u = \frac{\dot{U}_o}{\dot{U}_i} = \frac{1 + \dfrac{R_f}{R_1}}{1 - \mathrm{j}\dfrac{1}{\omega C R_2}} = \frac{\dot{A}_{uf}}{1 - \mathrm{j}\dfrac{\omega_0}{\omega}} \tag{6-17}$$

式中:$\dot{A}_{uf} = 1 + \dfrac{R_f}{R_1}$,为通带放大倍数;$\omega_0 = \dfrac{1}{R_2 C}$,$f_0 = \dfrac{1}{2\pi R_2 C}$为特征频率,只与元件参数有关。高通电路的幅频特性如图6-21所示。

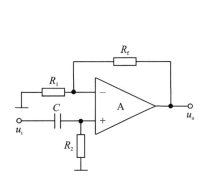

图6-20 一阶高通滤波电路

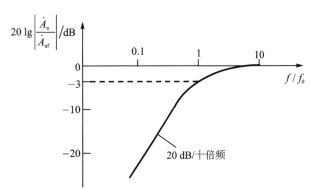

图6-21 一阶高通滤波电路的幅频特性

由图 6-21 可见，$f>f_0$ 的信号能顺利通过，$f<f_0$ 的信号按 20 dB/十倍频的斜率衰减。

2. 带通滤波电路和带阻滤波电路

带通滤波电路只允许中间某一段频率的信号通过，而将此频率以外的信号衰减。带通滤波电路可以由低通滤波电路和高通滤波电路串联构成。而带阻滤波电路与带通滤波电路相反，即将中间频段内的信号衰减掉，而此中间频段外的信号能顺利通过，将低通滤波电路与高通滤波电路并联，即可构成带阻滤波电路。

6.2.4 有源滤波电路 Multisim 仿真举例

1. 一阶有源低通滤波电路仿真

一阶有源低通滤波电路仿真图如图 6-22 所示。

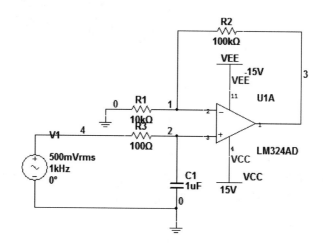

图 6-22 一阶有源低通滤波电路仿真图

设计的通带放大倍数为

$$A_{up} = 1 + \frac{R_2}{R_1} = 11$$

通带截止频率为

$$f_p = \frac{1}{2\pi R_3 C_1} \approx 1.59 \text{ kHz} \approx 1.6 \text{ kHz}$$

电路通带放大倍数实测仿真结果如图 6-23 所示，可见，当输入信号有效值为 0.5 V、频率为 2 Hz 时，测得的通带放大倍数为 $\frac{5.497}{0.5} \approx 11$，实测结果基本与理论设计一致。电路的幅频特性测试结果如图 6-24 所示，可见其过渡带较宽。实测通带截止频率 f_p 约为 1.6 kHz，与理论值基本相符。输入频率为 1 kHz 的方波信号输入，输出波形如图 6-25 所示。输出波形出现了失真，这是因为低通滤波电路滤掉了方波中高于其通带截止频率的频率分量。

2. 一般二阶有源低通滤波电路仿真

二阶有源低通滤波电路仿真图如图 6-26 所示。设计的通带放大倍数为

$$A_{up} = 1 + \frac{R_2}{R_1} = 101$$

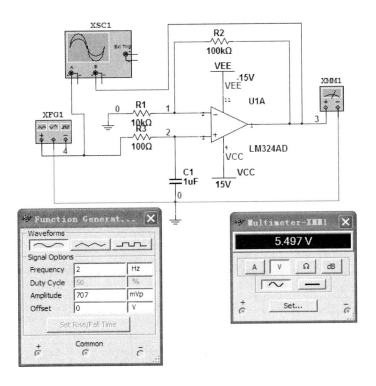

图 6-23　一阶有源低通滤波电路通带放大倍数仿真测试

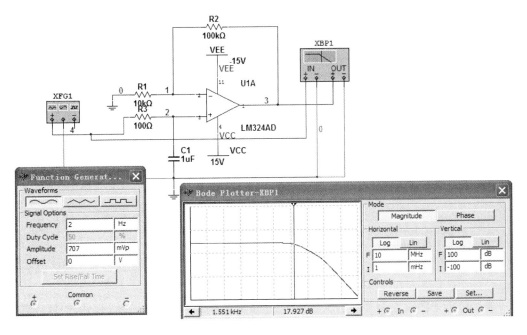

图 6-24　一阶有源低通滤波电路截止频率仿真测试

通带截止频率为
$$f_p = 0.37 \times \frac{1}{2\pi R_3 C_1} \approx 589 \text{ Hz}$$

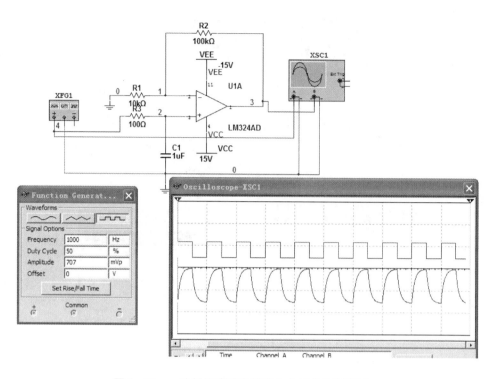

图 6-25　一阶低通滤波电路输入方波的仿真测试

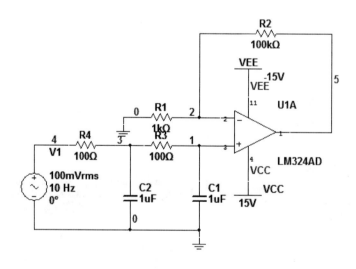

图 6-26　一般二阶有源低通滤波电路仿真图

一般二阶低通滤波电路通带放大倍数实测仿真结果如图 6-27 所示,可见,当输入信号有效值为 0.1 V、频率为 1 Hz 时,测得的通带放大倍数为 $\frac{10.087}{0.1}\approx 101$,实测结果基本与理论设计一致。电路的幅频特性测试结果如图 6-28 所示,可见其过渡带明显比一阶电路窄。实测通带截止频率 f_p 约为 588 Hz,与理论值基本相符。

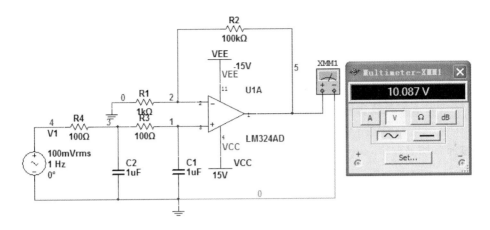

图 6-27　一般二阶低通滤波电路通带放大倍数测试

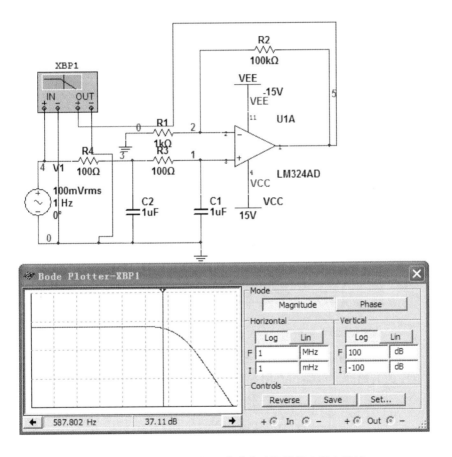

图 6-28　一般二阶低通滤波电路通带截止频率测试

3. 二阶压控电压源有源低通滤波电路

二阶压控电压源有源低通滤波电路仿真图如图 6-29 所示。由于电路中既引入了负反馈，又引入了正反馈，为了保证电路稳定工作，要求其通带放大倍数小于 3。引入正反馈的目的是增大放大倍数，使滤波特性更接近理想。

所设计的二阶压控电压源有源低通滤波电路的通带放大倍数为

$$A_{up} = 1 + \frac{R_2}{R_1} = 2$$

特征频率 $f_0 = \dfrac{1}{2\pi R_3 C} \approx 1.59 \text{ kHz}$，通带截止频率 $f_p \approx 1.27 f_0 \approx 2 \text{ kHz}$。由图 6-29 可见，电路通带放大倍数及截止频率测试结果均与理论设计基本一致。

另外，比较图 6-28 和图 6-29 中一阶滤波电路和二阶滤波电路的幅频特性，可以看出二阶电路的过渡带明显变窄，在提高了通带截止频率的同时，阻带衰减更快，滤波效果更理想。

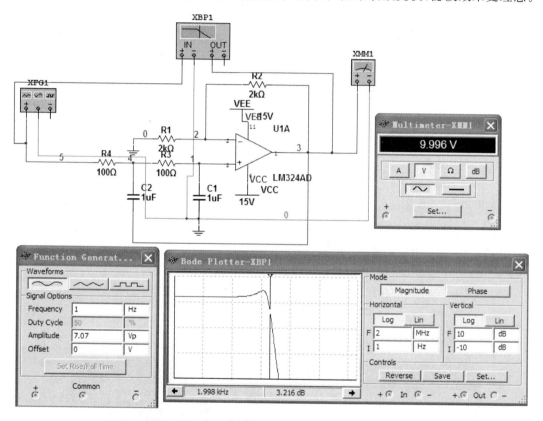

图 6-29　二阶压控电压源有源低通滤波电路仿真测试

4. 二阶压控电压源高通滤波电路

二阶压控电压源高通滤波电路仿真图如图 6-30 所示。由于电路中既引入了负反馈，又引入了正反馈，为了保证电路稳定工作，要求其通带放大倍数小于 3。设计的通带放大倍数为

$$\dot{A}_{up} = 1 + \frac{R_2}{R_1} = 2$$

通带截止频率为

$$f_p = \frac{1}{2\pi R_3 C_1} \approx 80 \text{ Hz}$$

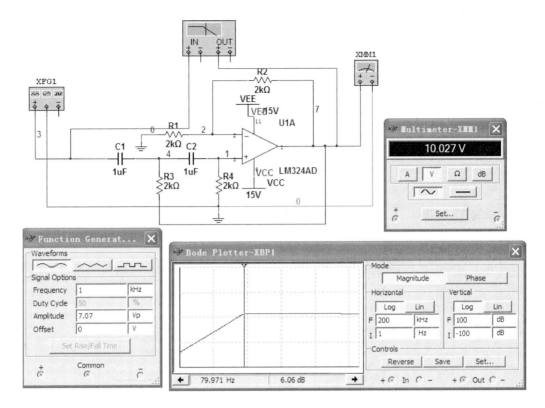

图 6-30 二阶压控电压源高通滤波电路仿真测试

由图 6-30 可见,通带放大倍数实测结果约为 2,通带截止频率实测结果约为 80 Hz,基本与理论设计相符。

6.3 电压比较器

电压比较器在测量和控制系统中有着相当广泛的应用,其功能是将一个输入模拟信号电压与一个参考电压值进行比较,从而判别输入电压与参考电压的大小关系。在电压比较器电路中,集成运算放大电路不是处于开环状态,就是仅引入正反馈,如图 6-31 所示。也就是说,电压比较器中集成运放工作在非线性区,对于理想运放,其电压传输特性如图 6-32 所示。

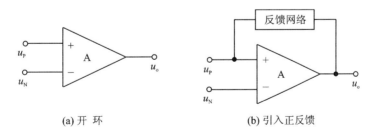

(a) 开　环　　　　　　　　　　(b) 引入正反馈

图 6-31 集成运放工作在非线性区的电路特点

由图 6-32 可见,当 $u_P > u_N$ 时 $u_o = +U_{OM}$;当 $u_P < u_N$ 时 $u_o = -U_{OM}$,即"虚短"不再成立。但是,由于理想运放的输入电阻无穷大,故净输入电流为零,"虚断"依然成立。

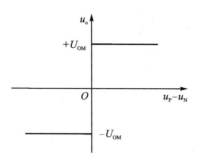

图 6-32 理想运放的电压传输特性

6.3.1 单限比较器

1. 过零比较器

参考电压为零的比较器称为过零比较器。集成运放开环工作时,构成的同相输入过零比较器如图 6-33(a)所示。当输入电压 $u_i<0$ V 时,$u_o=-U_{OM}$;当 $u_i>0$ V 时,$u_o=+U_{OM}$。因此,过零比较器的电压传输特性如图 6-33(b)所示。

将图 6-33(a)中的输入信号与地的位置互换,可构成反相输入过零比较器。

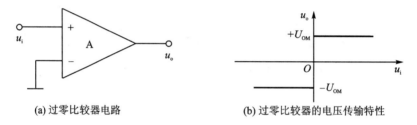

(a) 过零比较器电路 (b) 过零比较器的电压传输特性

图 6-33 过零比较器及其电压传输特性

2. 任意电平比较器

参考电压的大小、极性均可调的单限比较器称为任意电平比较器,其电路和电压传输特性如图 6-34 所示,其输出端稳压管的作用是对输出电压限幅。参考电压为 U_R,当输入电压 $u_i<U_R$ 时,$u_o=+U_Z$;当 $u_i>U_R$ 时,$u_o=-U_Z$。

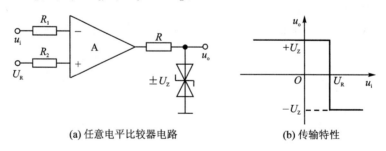

(a) 任意电平比较器电路 (b) 传输特性

图 6-34 任意电平比较器及其电压传输特性

需说明的是,图 6-34 中的参考电压 U_R 大于零,R 为限流电阻。调节参考电压的大小、极性,可以改变传输特性的跃变点或方向。

6.3.2 滞回比较器

单限比较器很灵敏,但是抗干扰能力差,输入电压在参考电压附近的任何微小变化,都会引起输出电压的跃变,当这种微小变化来源于外部干扰时,将导致比较器误动作,这在实际系统中是应该避免的。

滞回比较器具有滞回特性,因而具有一定的抗干扰能力。给任意电平比较器加一个正反馈网络,可构成滞回比较器,如图 6-35 所示。

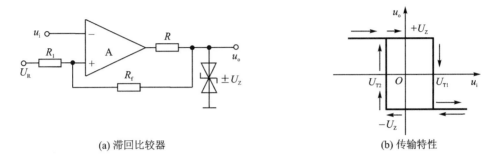

(a) 滞回比较器 (b) 传输特性

图 6-35 滞回比较器及其电压传输特性

由图 6-35 可见,$u_o = \pm U_Z$,应用叠加定理,可得同相输入端电位为

$$u_P = \frac{R_f}{R_1 + R_f} U_R + \frac{R_1}{R_1 + R_f} u_o = \frac{R_f}{R_1 + R_f} U_R \pm \frac{R_1}{R_1 + R_f} U_Z$$

又因反相端电位 $u_N = u_i$,令 $u_N = u_P$,可求出输出电压跃变时对应的输入电压,即阈值电压 U_T。滞回比较器的两个阈值电压分别为

$$U_{T1} = \frac{R_f}{R_1 + R_f} U_R + \frac{R_1}{R_1 + R_f} U_Z \tag{6-18}$$

$$U_{T2} = \frac{R_f}{R_1 + R_f} U_R - \frac{R_1}{R_1 + R_f} U_Z \tag{6-19}$$

设 $u_i < U_{T2}$,则有 $u_N < u_P$,$u_o = +U_Z$,故 $u_P = U_{T1}$,只有当 u_i 增大到 U_{T1},再增大时,输出电压 u_o 才会从 $+U_Z$ 跃变为 $-U_Z$。同理,设 $u_i > U_{T1}$,则有 $u_N > u_P$,$u_o = -U_Z$,故 $u_P = U_{T2}$,只有当 u_i 减小到 U_{T2},再减小时,输出电压 u_o 才会从 $-U_Z$ 跃变为 $+U_Z$。可见,滞回比较器的传输特性具有方向性,如图 6-35(b) 所示。正是由于滞回比较器传输特性的惯性,使其具有较强的抗干扰能力。

6.3.3 窗口比较器

窗口比较器及其电压传输特性如图 6-36 所示。

外加参考电压 $U_{RH} > U_{RL}$,当 $u_i > U_{RH}$ 时,运放 A_1 输出 u_{o1} 为高电平,A_2 输出 u_{o2} 为低电平,二极管 D_1 导通,D_2 截止,稳压管 D_Z 稳压,输出电压 $u_o = U_Z$;当 $u_i < U_{RL}$ 时,运放 A_1 输出 u_{o1} 为低电平,A_2 输出 u_{o2} 为高电平,二极管 D_1 截止,D_2 导通,稳压管 D_Z 也工作在稳压状态,输出电压 $u_o = U_Z$;当 $U_{RL} < u_i < U_{RH}$ 时,u_{o1} 和 u_{o2} 均为低电平,二极管 D_1 和 D_2 均截止,稳压管 D_Z 也截止,输出电压 $u_o = 0$。

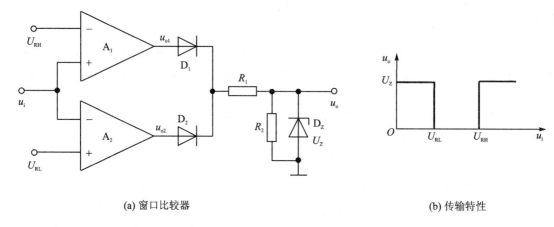

(a) 窗口比较器　　　　　　　　　　　　　　(b) 传输特性

图 6-36　窗口比较器及其电压传输特性

6.4　集成运算放大器在波形产生方面的应用

　　实际电子系统中,常需要各种波形的信号作为测试信号或控制信号。能够产生正弦波、三角波、矩形波等波形信号的电路称为波形产生电路,它们不需要外加输入信号就能产生各种波形的周期信号。应用集成运放,可构成各种波形产生电路。

6.4.1　正弦波产生电路

1. 产生正弦波振荡的条件

　　正弦波产生电路利用自激振荡来产生一定频率和幅度的正弦波,其组成框图如图 6-37 所示。由于没有外加输入信号,所以反馈信号 $\dot{X}_f$ 就是基本放大电路的净输入信号 $\dot{X}_i'$,该信号经基本放大电路放大后,输出为 $\dot{X}_o$。若在低频段或高频段存在频率 f_0,使 $\dot{X}_f$ 与 $\dot{X}_i'$ 大小相等、极性相反,即形成正反馈过程,则电路可能产生频率为 f_0 的正弦波信号。

　　根据图 6-37 有 $\dot{X}_o = \dot{A}\dot{X}_i' = \dot{A}\dot{X}_f = \dot{A}\dot{F}\dot{X}_o$,即正弦波振荡的平衡条件为

$$\dot{A}\dot{F} = 1 \quad (6-20)$$

写成模和相角的形式可得幅值平衡条件为

$$|\dot{A}\dot{F}| = 1 \quad (6-21)$$

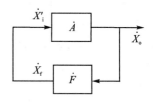

图 6-37　正弦波产生电路框图

相位平衡条件为

$$\varphi_A + \varphi_F = 2n\pi \quad (n = 0,1,2,\cdots) \quad (6-22)$$

　　在接通电源后,为了使电路能够自行振荡,必须有一个从小到大直至平衡的过程,故电路的起振条件为

$$|\dot{A}\dot{F}| > 1 \quad (6-23)$$

2. 正弦波振荡电路的组成

　　为了保证产生单一频率的正弦波,要为振荡电路设置选频网络,选频网络可以设置在基本

放大电路中,也可以设置在反馈网络中。这样,振荡电路就仅对某一频率 f_0 的信号满足振荡的相位和幅值条件,可产生单一频率的正弦波。所以正弦波振荡电路必须包括以下四个基本组成部分:

① 放大电路:保证电路能够从起振到动态平衡,使电路获得一定幅值的输出。

② 正反馈网络:引入正反馈,使放大电路的净输入信号等于反馈信号。

③ 选频网络:确定电路的振荡频率,保证产生单一频率的正弦振荡信号。实际中,通常和正反馈网络合在一起。

④ 稳幅环节:即非线性环节,使输出信号幅值稳定。

在具备了以上四个基本组成部分的基础上,通常采用相位平衡法判断电路是否可能产生正弦波振荡,具体步骤如下:

① 判断放大电路能否正常工作,即是否具有合适的静态工作点,输入信号是否能够作用于输入回路,输出回路的动态信号是否能够作用于负载等。

② 利用瞬时极性法判断电路是否满足正弦波振荡的相位条件,具体做法如下:

▷ 断开反馈,在断开处给放大电路输入频率为 f_0 的输入电压 $\dot{U}_i$,并给定其瞬时极性;

▷ 以 $\dot{U}_i$ 的瞬时极性判断输出电压 $\dot{U}_o$ 的极性,进而得到反馈电压 $\dot{U}_f$ 的极性;

▷ 判断 $\dot{U}_f$ 与 $\dot{U}_i$ 的极性关系是否满足相位平衡条件:若二者极性相同,则说明满足相位条件,电路可能产生振荡,反之则不可能振荡;

▷ 判断电路是否满足起振条件,即判断 $|\dot{A}\dot{F}|$ 是否大于 1。

应当说明的是,只有在电路满足相位条件的情况下,再判断是否满足幅值条件才有意义。若电路不满足相位条件,则不可能振荡,也就不必判断是否满足幅值条件了。

通常,按照选频网络所用元件的类型,将正弦波产生电路分为 RC 正弦波振荡电路、LC 正弦波振荡电路和石英晶体正弦波振荡电路。

3. RC 正弦波振荡电路

采用集成运放作为基本放大电路,RC 串并联网络作为选频兼正反馈网络构成的 RC 正弦波振荡电路如图 6-38 所示。

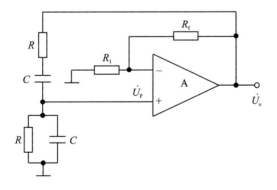

图 6-38 RC 正弦波振荡电路

RC 串并联网络的反馈系数 $\dot{F} = \dfrac{\dot{U}_P}{\dot{U}_o}$,有

$$\dot{F} = \frac{\dot{U}_P}{\dot{U}_o} = \frac{R // \dfrac{1}{j\omega C}}{\left(R + \dfrac{1}{j\omega C}\right) + \left(R // \dfrac{1}{j\omega C}\right)} = \frac{1}{3 + j\left(\omega RC - \dfrac{1}{\omega RC}\right)}$$

令 $f_0 = \dfrac{1}{2\pi RC}$，可得

$$\dot{F} = \frac{1}{3 + j\left(\dfrac{f}{f_0} - \dfrac{f_0}{f}\right)} \tag{6-24}$$

幅频特性为

$$\left|\dot{F}\right| = \frac{1}{\sqrt{3^2 + \left(\dfrac{f}{f_0} - \dfrac{f_0}{f}\right)^2}} \tag{6-25}$$

相频特性为

$$\varphi_F = -\arctan\frac{1}{3}\left(\dfrac{f}{f_0} - \dfrac{f_0}{f}\right) \tag{6-26}$$

当 $f = f_0$ 时，反馈系数模最大，$\left|\dot{F}\right|_{\max} = \dfrac{1}{3}$，而相移最小，为 $\varphi_{F\min} = 0°$，也就是说对于频率为 f_0 的输入信号，RC 串并联网络输出电压最大，且无相移，而对于其他频率的输入信号，输出电压衰减很快，且产生相移，即 RC 串并联网络具有选频特性。

当 $f = f_0$ 时，$\varphi_F = 0°$，为了使振荡电路满足相位条件，要求集成运放构成的放大电路的相移 $\varphi_A = 2n\pi (n = 0, 1, 2, \cdots)$，所以放大电路为同相输入比例电路。为了使电路能够振荡，还应满足起振条件 $\left|\dot{A}\dot{F}\right| > 1$，放大电路的放大倍数为 $\dot{A} = 1 + \dfrac{R_f}{R_1}$，而当 $f = f_0$ 时，$\left|\dot{F}\right| = \dfrac{1}{3}$，所以要求 $\left|\dot{A}\right| = 1 + \dfrac{R_f}{R_1} > 3$，即 $R_f > 2R_1$。

由于同相比例电路的输出电阻可近似为零，而输入电阻比 RC 串并联网络大得多，故电路的振荡频率可认为仅由 RC 串并联网络的参数决定，即振荡频率

$$f_0 = \frac{1}{2\pi RC} \tag{6-27}$$

LC 正弦波振荡电路主要用于产生高频（可达 100 MHz）正弦信号，由于一般集成运放的通频带很窄，所以一般由分立元件组成，此处略去。

6.4.2 矩形波产生电路

矩形波电压只有高电平和低电平两种状态，且高、低电平做周期变化，所以电压比较器和 RC 延迟环节是矩形波产生电路的主要组成部分。若矩形波高、低电平时间相等，则称为方波，方波产生电路如图 6-39(a)所示。其中，集成运放与 R_1、R_2 组成滞回比较器；充放电回路由 R 和 C 组成，它既作为延迟环节，又作为反馈网络，通过充放电实现输出高、低电平的自动转换；双向稳压管 D_Z 和 R_3 构成输出限幅电路，将输出电压幅度限制在 $\pm U_Z$。

设接通电源时 $u_o = +U_Z$，则运放同相输入端电位为 $u_P = \dfrac{R_1}{R_1 + R_2} U_Z$，$u_o$ 通过 R 对电容 C 充电，反相输入端电位即电容端电压 u_C 随时间按指数规律上升。当 u_C 刚开始大于 u_P 时，

u_o 将从 $+U_Z$ 跃变为 $-U_Z$,同时,电容 C 开始通过 R 放电,此时 $u_P = -\dfrac{R_1}{R_1+R_2}U_Z$;当 u_C 下降至稍低于 u_P 时,u_o 的状态又从 $-U_Z$ 跃变为 $+U_Z$,与此同时,$u_P = \dfrac{R_1}{R_1+R_2}U_Z$,电容又开始充电。这样周而复始,电路产生了自激振荡,在输出端产生了方波,如图 6-39(b)所示。

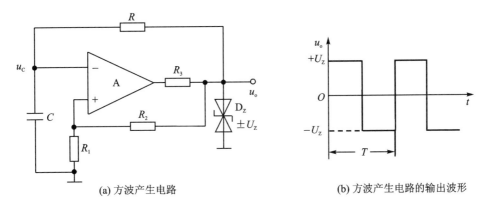

(a) 方波产生电路

(b) 方波产生电路的输出波形

图 6-39 方波产生电路及输出波形

可以证明,方波的周期为

$$T = 2RC\ln\left(1 + \dfrac{2R_1}{R_2}\right) \qquad (6-28)$$

只要使方波产生电路的充电和放电时间常数不相等,就可得到如图 6-40 所示的矩形波产生电路。调节 R_W 的滑动端,可以改变 RC 回路的充、放电时间常数,使之不等,便会产生矩形波。

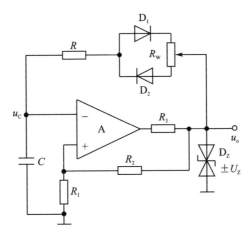

图 6-40 矩形波产生电路

6.4.3 三角波产生电路

三角波产生电路如图 6-41 所示,集成运放 A_1 为同相输入的滞回比较器,A_2 为反相积分电路。滞回比较器的输出电压 $u_{o1} = \pm U_Z$,输入电压为积分电路的输出电压 u_o。

根据叠加定理,可得 A_1 同相输入端电位为

$$u_{P1} = \frac{R_2}{R_1+R_2}u_o + \frac{R_1}{R_1+R_2}u_{o1} = \frac{R_2}{R_1+R_2}u_o \pm \frac{R_1}{R_1+R_2}U_Z$$

令 $u_{P1}=u_{N1}=0$，可得滞回比较器的阈值电压 $\pm U_T = \pm\frac{R_1}{R_2}U_Z$。

积分电路的输出电压为

$$u_o = -\frac{1}{R_4 C}u_{o1}(t_1-t_0)+u_o(t_0)$$

设初态时 $u_{o1}=+U_Z$，因为反向积分，所以 u_o 随时间增长而线性下降，一旦 u_o 达到 $-U_T$，再稍减小，u_{o1} 将从 $+U_Z$ 跃变为 $-U_Z$，积分电路正向积分，u_o 随时间增长而线性增大；一旦增大到 $+U_T$，再稍增大，u_{o1} 将从 $-U_Z$ 跃变为 $+U_Z$，回到初态，如此周而复始，就产生振荡。

综上可知，u_{o1} 为方波，幅值为 $\pm U_Z$，输出为三角波，幅值为 $\pm U_T$，波形如图 6-42 所示。输出三角波周期为

$$T = \frac{4R_1 R_4 C}{R_2} \tag{6-29}$$

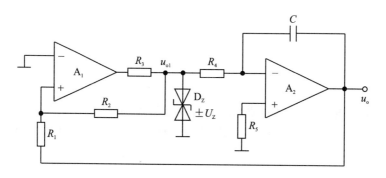

图 6-41 三角波产生电路

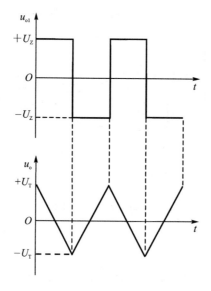

图 6-42 三角波产生电路波形图

在三角波产生电路的基础上,使正向积分的时间常数远大于(或远小于)反向积分的时间常数,就可以获得锯齿波。

6.4.4 波形产生电路 Multisim 仿真举例

1. RC 正弦波产生电路仿真

主动稳幅 RC 正弦波振荡电路如图 6-43 所示,电路中利用二极管 D_1 和 D_2 正向电阻随正向电流增大而减小的特点,实现自动稳幅。设计的振荡频率为

$$f_0 = \frac{1}{2\pi R_4 C_1} \approx 1 \text{ kHz}$$

设二极管的正向压降为 0.6 V,D_1 或 D_2 导通时的正向电阻与 R_3 的并联总电阻为 R_3',由稳幅时

$$A = 1 + \frac{R_2 + R_3'}{R_1}$$

可得

$$R_3' = (A-1)R_1 - R_2 = 1.1 \text{ k}\Omega$$

设输出正弦波振幅为 U_{OM},则有

$$\frac{0.6}{R_3'} = \frac{U_{OM}}{R_1 + R_2 + R_3'}$$

解得 $U_{OM} \approx 8.35$ V。

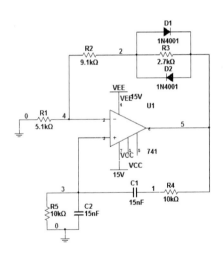

图 6-43 主动稳幅 RC 正弦波振荡电路

电路测试波形如图 6-44 所示,可见上电后有明显的起振过程。

稳幅时的测试如图 6-45 所示,可见,实测振荡周期为 994.152 μs,振荡频率约为 1 kHz,基本与理论值一致;输出正弦波的有效值实测为 5.632 V,振幅为 5.632 V×1.414≈8 V,基本接近理论值。

由理论分析可知,当电阻 R_2 短路时,电路的放大倍数将不满足起振条件,导致电路停振。此时的仿真电路和输出波形如图 6-46 所示。

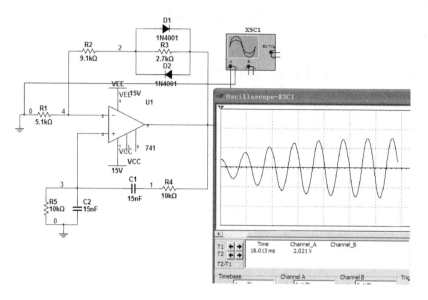

图 6-44　RC 正弦波产生电路的起振过程

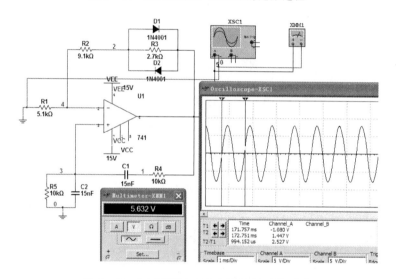

图 6-45　RC 正弦波产生电路稳幅时的测试

2. 矩形波产生电路仿真

占空比可调的矩形波产生电路仿真如图 6-47 所示。电路中利用二极管的单向导电性,通过改变电容的充电和放电时间常数来改变输出矩形波电压的占空比。振荡周期

$$T \approx (R_5 + 2R_4)C_1 \ln\left(1 + \frac{2R_1}{R_2}\right) \approx 11.86 \text{ ms}$$

由测试结果可见,实测周期与理论值基本接近。稳压管的稳定电压 $U_Z = 6$ V,输出矩形波峰-峰值理论值 $U_{opp} = 2U_Z = 12$ V,由实测波形可见,电路产生的矩形波峰-峰值约为 12 V,与理论值接近。调节电位器 R_5,矩形波的占空比会发生变化,如图 6-48 所示。输出方波时的测试结果如图 6-49 所示。

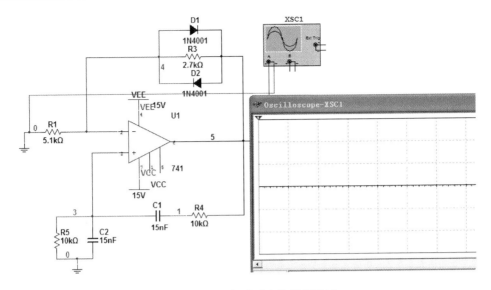

图 6-46　R_2 短路时电路停振测试

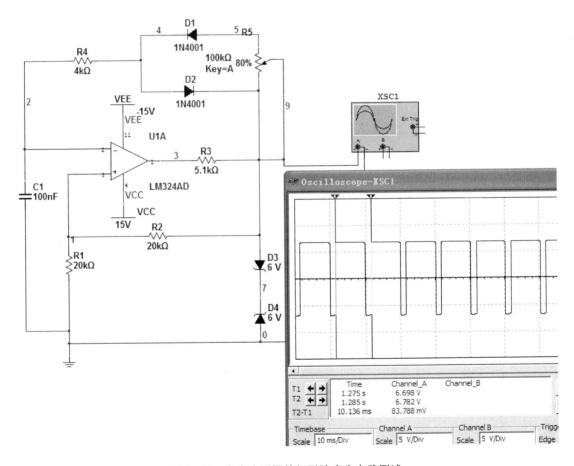

图 6-47　占空比可调的矩形波产生电路测试

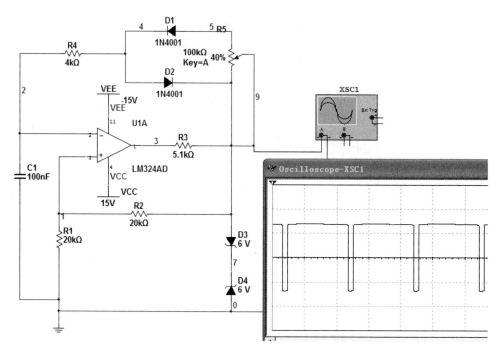

图 6-48 改变 R_5 使占空比可调的测试结果

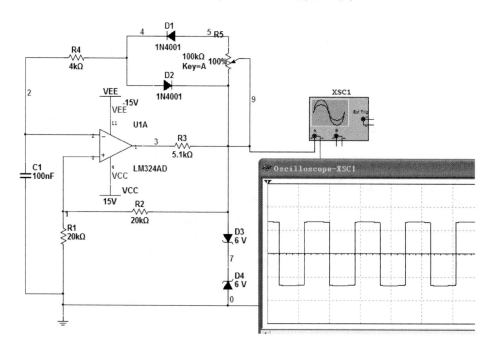

图 6-49 输出方波时的测试结果

3. 三角波产生电路仿真

三角波产生电路仿真如图 6-50 所示,其中集成运放 U1 组成的是同相输入的滞回比较器,U2 组成的是积分运算电路,其输入电压是滞回比较器的输出电压。上电后有明显的起振过程如图 6-51 所示。

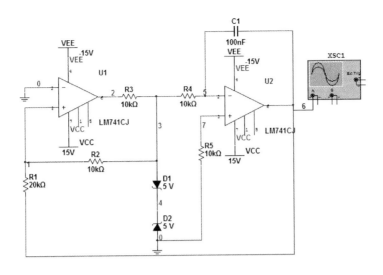

图 6-50 三角波产生电路测试

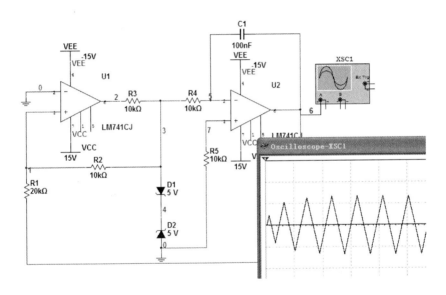

图 6-51 三角波产生电路的起振过程

6.5 集成运算放大器综合应用电路设计实例

6.5.1 设计要求

人的发声器官发出的声音频率范围为 80 Hz～3.4 kHz，但人的语音信号频率范围通常在 300 Hz～3 kHz 之间。要求利用集成运放设计一个语音信号放大电路，具体技术指标如下：

① 输入信号有效值 $U_i \leqslant 5$ mV；
② 信号频率范围 300 Hz～3 kHz；
③ 输出功率 $P_{om} \geqslant 1$ W；

④ 负载 $R_L = 16\ \Omega$；

⑤ 电源电压 $V_{CC} = +12\ V$。

6.5.2 设计方法

1. 根据设计要求确定整个语音放大电路的级数

一般语音放大电路均由三级电路组成，即第一级为话筒放大电路(小信号放大电路)、语音滤波电路(带通滤波电路)和功率放大电路，其组成框图如图6-52所示。

图6-52 语音放大电路框图

2. 确定各级电路的电压放大倍数

主要根据各级电路的功能和技术指标来分配各级的电压放大倍数。由于话筒送出的信号一般为5 mV左右，根据设计要求，当语音放大电路的输入信号为5 mV、负载电阻(扬声器)为16 Ω、输出功率为1 W时，最大输出电压有效值为 $U_{om} = 4\ V$，总电压放大倍数为 $|A_u| = 800$。所以，分配给各级电路电压放大倍数：话筒放大电路为8，语音滤波电路为5，功率放大电路为20。

3. 确定各级电路的元件参数

首先确定话筒放大电路和语音滤波电路均由集成运放LM324构成，其中语音滤波电路为带通滤波电路，设计中将高通滤波电路与低通滤波电路串联构成二阶有源带通滤波器来实现。功率放大级选用集成功率放大器LM386构成。所设计的语音放大电路如图6-53所示。

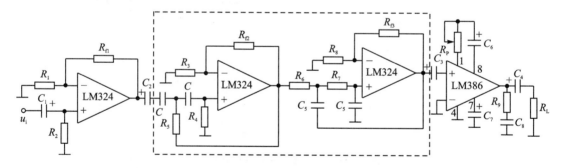

图6-53 语音放大电路

其中，C_1、C_2、C_3 和 C_4 为耦合电容，可选容量为几十 μF 以上的电解电容；对于第一级话筒放大电路，要根据放大倍数 $1 + \dfrac{R_{f1}}{R_1} = 8$，来确定电阻 R_1 和 R_{f1}；虚线框内为滤波电路，是由高通滤波电路与低通滤波电路串联构成的二阶有源带通滤波电路，按设计要求，其上限截止频率为3 kHz，下限截止频率为300 Hz，通带放大倍数应为5，应根据这些指标确定语音滤波电路中各电阻、电容的值；最后一级采用集成功率放大器LM386构成功率放大电路，作用是将前级电路送来的信号进行放大，获得足够大的功率，以推动负载工作，在LM386的1脚接入电位器 R_P，调节电位器，可使集成功放的电压放大倍数在20～200之间任意调整，满足指标中对本级电压放大倍数的要求。

6.6 集成运算放大器实际应用电路举例

1. 程控增益电路

由集成运放 LM324 和多路模拟开关 CD4052 构成的程控增益控制电路如图 6-54 所示。其中 CD4052 为 4 通道数字控制模拟开关,可通过程序控制模拟开关的某一通道选通,从而调节运算放大器比例电路的增益,实现对增益 $\dot{A}_{uf}$ 的程序控制。图中 S1~S4 分别代表 CD4052 的 4 个电子开关。若需要增加增益路数,则可适当增加模拟开关的数量。

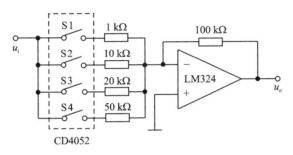

图 6-54 程控增益控制电路

当开关 S1 接通时,增益 $\dot{A}_{uf}=-\dfrac{100}{1}=-100$;当 S2 接通时,$\dot{A}_{uf}=-\dfrac{100}{10}=-10$;当 S3 接通时,$\dot{A}_{uf}=-\dfrac{100}{20}=-5$;当 S4 接通时,$\dot{A}_{uf}=-\dfrac{100}{50}=-2$。

2. 仪用放大电路

在精密测量仪器中,常采用由 3 个集成运放和一些精密电阻组成的放大电路,称为仪用放大电路,如图 6-55 所示。其中 A_1、A_2 为高输入阻抗同相放大电路,A_3 为差分放大电路,均选用 LM324 运算放大器。此处同相放大电路的反相端并不是通过电阻接地,而是将两个同相放大电路的反相端通过电阻 R_2 直接相连。只要改变该电阻的大小,就可达到改变仪用放大电路增益的目的。另外,由于 A_1、A_2 构成两个近似相同的同相放大电路,由共模输入电压引起的输出电压也近似相等,经差分放大电路 A_3 相减后可以补偿由 A_1、A_2 共模电压引起的误差。因此,仪用放大电路的共模误差主要取决于 A_3 的共模抑制比。当 A_1、A_2 具有相同的漂移特性时,也可以通过 A_3 构成的差分放大电路相减而得到补偿。

3. 摩托车尾灯闪烁电路

利用集成运放及外围电阻等元件构成的摩托车尾灯闪烁电路,可在夜间行驶时控制摩托车尾灯具有闪烁效果,电路如图 6-56 所示。电路中集成运放选用 2 个 LM324。

当打开夜行灯时,12 V 电源接入电路中,首先点亮发光二极管 L_1,然后点亮 L_2,L_1 熄灭,再点亮 L_3,L_1 和 L_2 熄灭,也就是 L_1~L_6 依次被点亮。

4. 峰值检测电路

峰值检测电路一般是由集成运放构成的电压跟随器及二极管和电容组成,它能记忆输入信号的峰值,其输出电压的大小能够保持在输入信号的最大峰值。基本的正峰值检测电路如

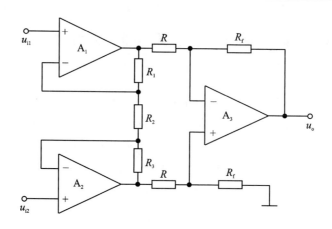

图 6-55 仪用放大电路

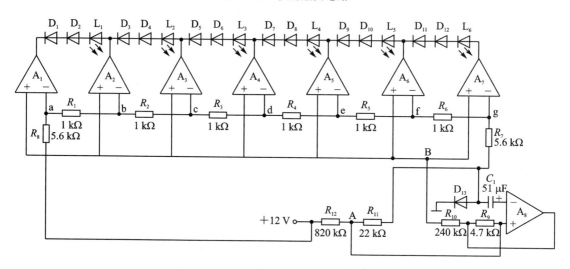

图 6-56 摩托车尾灯闪烁电路

图 6-57 所示。

由于输入信号作用于运放的同相输入端,当 $u_i > u_o$ 时,集成运放输出高电平,二极管 D 导通,于是运放 A_1 输出电流经二极管 D 对电容 C 充电,直至电容两端电压充至与 u_i 的峰值相等,电容电压再经运放 A_2 构成的电压跟随器,得到的输出 u_o 即为 u_i 的峰值。当 $u_i < u_o$ 时,二极管 D 截止,C 既不充电也不放电,电容两端的电压经 A_2 构成的跟随器后,输出电压仍维持在输入信号的最大值电压,实现对输入信号峰值的检测。

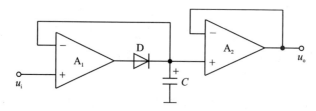

图 6-57 基本正峰值检测电路

5. 绝对值检测电路

绝对值电路又称为整流电路,其输出电压等于输入信号电压的绝对值,而与输入信号电压的极性无关。采用绝对值电路能把双极性输入信号变成单极性信号。在精密线性检波器的基础上,加一级加法器,让输入信号 u_i 的另一极性电压不经检波,而直接送到加法器,与来自检波器的输出电压相加,便构成绝对值电路,如图 6-58 所示。其中 A_1 构成精密检波电路,A_2 组成反相加法电路。

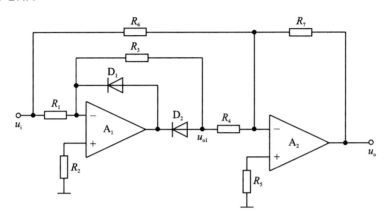

图 6-58 绝对值电路

当 $u_i < 0$ 时,运放 A_1 的输出大于 0,二极管 D_1 导通,D_2 截止,$u_{o1} = 0$,运放 A_2 构成的加法电路输出为

$$u_o = -\frac{R_7}{R_6} u_i \tag{6-30}$$

当 $u_i > 0$ 时,运放 A_1 的输出小于 0,二极管 D_1 截止,D_2 导通,

$$u_{o1} = -\frac{R_3}{R_1} u_i \tag{6-31}$$

运放 A_2 构成的加法电路输出为

$$u_o = -\frac{R_7}{R_4} u_{o1} - \frac{R_7}{R_6} u_i = \left(\frac{R_3 R_7}{R_1 R_4} - \frac{R_7}{R_6} \right) u_i \tag{6-32}$$

若电路设计时满足 $R_1 = R_3 = R_6 = R_7 = 2R_4$,则有

$$u_o = |u_i| \tag{6-33}$$

由式(6-33)可见,电路实现了对输入信号的绝对值运算。

6. PWM 调制电路

利用三角波产生电路和集成运放构成的比较器来生成脉宽调制(PWM)波形的电路如图 6-59 所示。其中运算放大器 A_1 和 A_2 组成三角波产生电路,其产生的三角波作为运放 A_3 比较器的参考电压信号,将正弦波输入信号 u_i 接入 A_3 的反相输入端,则输出为矩形波,且脉宽将随 u_i 变化,即生成了 PWM 波形。应当说明的是,在图 6-59 电路中直接使运放 A_3 处于开环状态而实现比较器的功能,此种应用方法只适用于要求不高的场合。实际应用中,若对转换速度等要求较高,则应用专用比较器来代替 A_3,以实现电压比较。

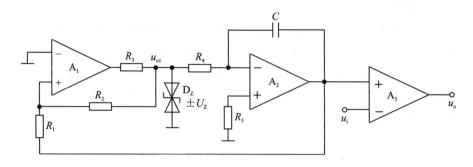

图 6-59 PWM 电路

习　　题

6-1 判断题:

(1) 为了使集成运放处于线性工作状态,必须在电路中引入负反馈。(　　)

(2) 只要集成运放电路中引入了正反馈,则运放一定工作在非线性区。(　　)

(3) 反相比例运算电路中引入了电压串联负反馈,同相比例运算电路中引入了电压并联负反馈。(　　)

(4) 为了获得输入信号中的低频分量,应选用低通滤波电路。(　　)

(5) 利用微分运算电路可将方波转换成三角波。(　　)

(6) 只要满足正弦波振荡的相位平衡条件,电路就一定会振荡。(　　)

(7) 滞回比较器比单限比较器抗干扰能力强,而单限比较器比滞回比较器更灵敏。(　　)

(8) 无源滤波电路比有源滤波电路的带负载能力更强。(　　)

6-2 电路如图 6-60 所示,试求输出电压与输入电压的关系式并说明电阻 R_2、R_6 的作用。

6-3 电路如图 6-61 所示,试求 u_o 与 u_{i1}、u_{i2} 的关系,并分别求出电阻 R_2、R_7 的值。

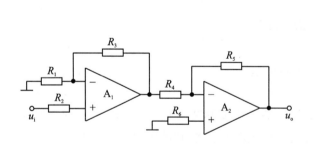

图 6-60　题 6-2 图

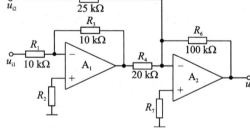

图 6-61　题 6-3 图

6-4 电路如图 6-62 所示,试求 u_o 与 u_{i1}、u_{i2} 的关系。

6-5 电路如图 6-63 所示,试求 u_o 与 u_i 的关系式。

6-6 电路如图 6-64 所示,已知 $R_1 = R_3 = 10\ \text{k}\Omega$,$R_2 = R_4 = 100\ \text{k}\Omega$。

(1) 试求 u_o 与 u_{i1}、u_{i2} 的关系式;

(2) 当 $u_{i1} = u_{i2} = 0.5$ V 时,测得 $u_o = 0.5$ V,说明这种现象是否正常。若不正常,则假设在运放未损坏的情况下,是哪个电阻可能出现了开路或短路故障。

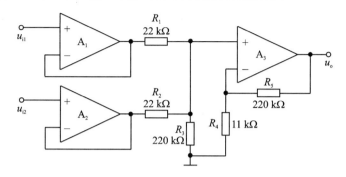

图 6 - 62　题 6 - 4 图

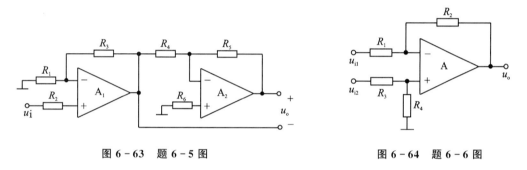

图 6 - 63　题 6 - 5 图　　　　　　　　　图 6 - 64　题 6 - 6 图

6 - 7 电路如图 6 - 65(a)所示,其输入电压 u_i 的波形如图 6 - 65(b)所示,当 $t = 0$ 时,$u_o = 0$。试对应 u_i 画出输出电压 u_o 的波形。

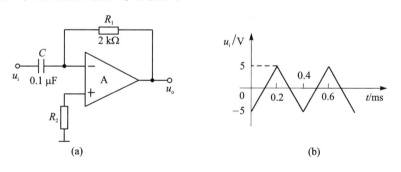

图 6 - 65　题 6 - 7 图

6 - 8 电路如图 6 - 66(a)所示,其输入电压 u_i 的波形如图 6 - 66(b)所示,当 $t = 0$ 时,$u_o = 0$。试对应 u_i 画出输出电压 u_o 的波形。

6 - 9 电路如图 6 - 67 所示。

(1) 求电路的传递函数;

(2) 求通带放大倍数 $\dot{A}_{up}$ 和通带截止频率 f_p;

(3) 说明该电路为何种类型的滤波器(高通、低通、带通)。

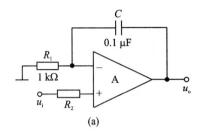
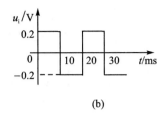

图 6-66 题 6-8 图

6-10 说明如图 6-68 所示电路的作用,并求其传递函数 $\dot{A}_u$。

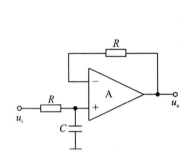
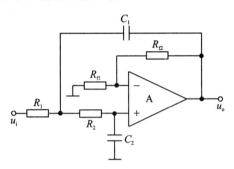

图 6-67 题 6-9 图　　　　　　　　图 6-68 题 6-10 图

6-11 分别求解如图 6-69 所示各电路的电压传输特性。

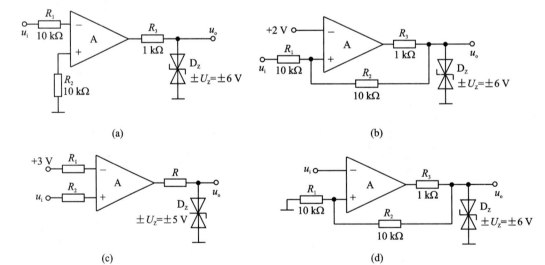

图 6-69 题 6-11 图

6-12 已知如图 6-69 所示各电路的输入电压波形均如图 6-70 所示,试分别画出各电路输出电压的波形。

6-13 设计两个电压比较器电路,它们的电压传输特性分别如图 6-71 所示,要求所选用电阻的阻值≤50 kΩ。

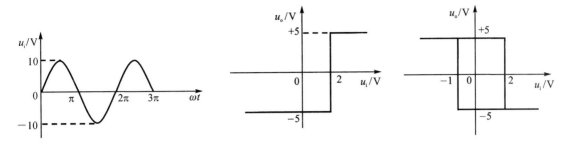

图 6-70 题 6-12 图 　　　　　　　　图 6-71 题 6-13 图

6-14 正弦波振荡电路如图 6-72 所示。

(1) 正确连接 a、b、c、d、e、f、g 端，使电路正常工作。

(2) R_2 应选多大，电路才能振荡？

(3) 电路振荡的频率 f_o 是多少？

(4) R_2 使用热敏电阻时，应该具有何种温度系数？

6-15 正弦波振荡电路如图 6-73 所示，已知二极管导通压降 $U_D = 0.7$ V，集成运放最大输出电压为 ±14 V。

(1) 二极管 D_1、D_2 的作用是什么？

(2) 设电路已产生正弦波振荡，当输出电压达到峰值时，二极管正向压降 $U_D = 0.7$ V，试估算输出电压的峰值 U_{OM}；

(3) 电路正常工作时的振荡频率为多少？

(4) 当 R_2 不慎短路时，输出电压会有何变化？

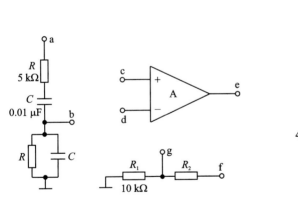 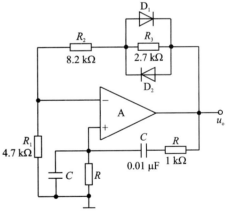

图 6-72 题 6-14 图 　　　　　　　　图 6-73 题 6-15 图

6-16 电路如图 6-74(a)所示，其输入信号波形如图 6-74(b)所示。

(1) 运放 A_1、A_2 工作在线性区还是非线性区？各组成电路的名称是什么？

(2) 对应 u_i 画出 u_{o1} 和 u_o 的波形。

6-17 电路如图 6-75(a)所示，其输入信号波形如图 6-75(b)所示。

(1) 说明运放 A_1、A_2 各组成电路的名称；

(2) 对应 u_i 画出 u_{o1} 和 u_o 的波形。

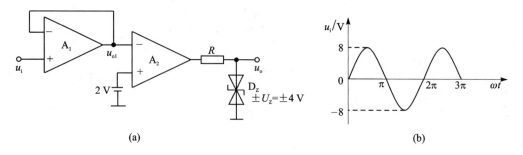

图 6-74　题 6-16 图

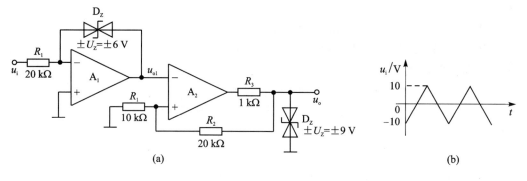

图 6-75　题 6-17 图

6-18 判断如图 6-76 所示各电路是否可能产生正弦波振荡，并简述理由。

6-19 用集成运放设计电路，实现运算：$u_o = 5(u_{i1} - u_{i2})$，要求电阻取值 $\leqslant 100\ \text{k}\Omega$。

6-20 用集成运放设计加减运算电路，实现运算关系 $u_o = 3u_{i1} - 2u_{i2}$，要求电阻取值 $\leqslant 100\ \text{k}\Omega$。

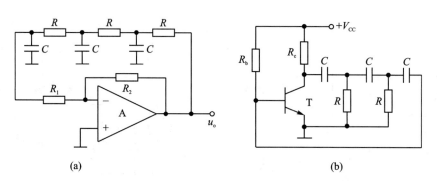

图 6-76　题 6-18 图

第7章 直流电源

本章主要介绍电子电路与系统小功率直流稳压电源的组成、工作原理及设计方法,具体内容包括整流电路、滤波电路及稳压电路的原理和分析。本章的重点是整流电路的工作原理、稳压电路的工作原理、三端集成稳压器的工作原理与应用;难点是串联型稳压电源电路的工作原理。

本章知识要点:
1. 直流电源电路一般由哪些电路模块组成?
2. 什么是整流?为什么要整流?
3. 小功率整流电路的工作原理和整流电压如何估算?
4. 电源电路中为什么要进行滤波?常用的滤波电路有哪些?各有什么特点?
5. 为什么稳压电路是影响直流电源性能的关键?稳压电路有哪些指标?
6. 常用的稳压电路有哪些?各有什么特点?
7. 常用的三端集成稳压器有哪些?如何应用?

7.1 直流电源的组成

交流电比较容易获得,所以在工农业生产和日常生活中主要采用交流电(我国采用220 V、50 Hz)供电。而电子系统一般都需要稳定的直流电源供电,比如在第1章图1-1所示的扩音系统框图中,电源模块将交流电转变为稳定的直流电,为系统中的小信号放大电路、功率放大电路供电。

单相交流电一般需经过变压器、整流电路、滤波电路和稳压电路转换成稳定的直流电压,直流电源的方框图如图7-1所示。

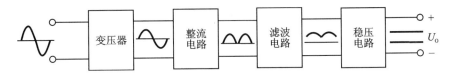

图7-1 直流电源方框图

直流电源的输入为220 V的交流电压,而一般电子电路所需的直流电压为几伏到几十伏,所以一般需要经过变压器进行降压,传送至整流电路转换为单向脉动直流电,再经过滤波电路滤除脉动直流电中的交流成分,得到交流分量较小的直流电。当交流电网电压波动或者负载变化时,滤波电路输出电压的平均值也将随之变化,所以通常需要在滤波后增加稳压电路,使直流电源电路输出的直流电压基本不受电网电压波动和负载变化的影响,从而获得足够高的稳定性。

7.2 单相桥式整流电路

7.2.1 工作原理

实用直流电源整流多采用单相桥式整流电路,如图 7-2 所示。由于 4 个整流二极管连接成电桥形式,所以得名单相桥式整流电路。

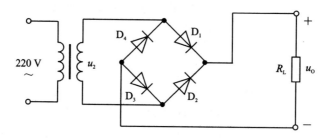

图 7-2 单相桥式整流电路

设变压器副边电压 $u_2 = \sqrt{2}U_2\sin\omega t$,忽略二极管正向导通电压,则在 u_2 的正半周,二极管 D_1、D_3 导通,D_2、D_4 截止,$u_O = u_2$;在 u_2 的负半周,二极管 D_1、D_3 截止,D_2、D_4 导通,$u_O = -u_2$。单相桥式整流电路各部分的波形如图 7-3 所示。

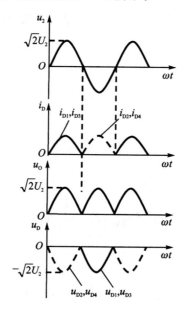

图 7-3 单相桥式整流电路波形图

7.2.2 参数计算

根据图 7-3 可知,单相桥式整流电路输出电压(负载上获得电压)平均值为

$$U_O = \frac{1}{\pi}\int_0^{\pi}\sqrt{2}U_2\sin\omega t\,\mathrm{d}\omega t = \frac{2\sqrt{2}}{\pi}U_2 \approx 0.9U_2 \tag{7-1}$$

输出电流(流过负载的电流)平均值为

$$I_\mathrm{O} = \frac{U_\mathrm{O}}{R_\mathrm{L}} \approx \frac{0.9U_2}{R_\mathrm{L}} \qquad (7-2)$$

由于每个二极管都只在半个周期导通,所以流过每个二极管的平均电流为流过负载平均电流的一半,即

$$I_\mathrm{D} = \frac{1}{2}I_\mathrm{O} \approx \frac{0.45U_2}{R_\mathrm{L}} \qquad (7-3)$$

整流二极管承受的最高反向电压为

$$U_\mathrm{Rmax} = \sqrt{2}U_2 \qquad (7-4)$$

实际中,可根据式(7-3)和式(7-4)选择整流二极管,同时还要考虑电网电压±10%的波动,至少应留有10%的余量。

7.3 滤波电路

整流电路输出的是单向脉动电压,这难以满足大部分电子系统的需要,因此一般在整流后,还需利用滤波电路将脉动的直流电压变为平滑的直流电压。滤波电路利用电抗性元件(电容和电感)对交、直流信号阻抗的不同实现滤波。电容对交流信号阻抗小,对直流信号相当于开路,所以滤波时应将电容并联在负载两端;电感对直流信号阻抗小,对交流信号阻抗大,因此滤波时应与负载串联。

7.3.1 电容滤波电路

在小功率电源中,最常用的滤波电路为电容滤波电路。电容滤波电路利用电容的充放电,滤除整流电路输出电压的交流分量,使输出电压趋于平滑。为增大电容放电时间常数,使电压变化缓慢(即交流分量减小),滤波电容的容量应较大,一般采用电解电容,电路连接时要注意电解电容的正、负极。在整流电路的输出端并联一个电容就构成了电容滤波电路,如图 7-4 所示,电压、电流波形如图 7-5 所示。

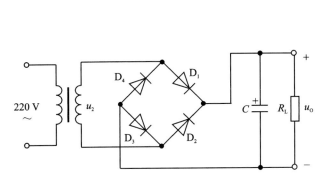

图 7-4 电容滤波电路

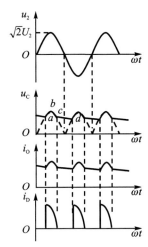

图 7-5 电容滤波电路电压电流波形

在 u_2 的正半周,若 u_2 的数值大于电容两端电压 u_C,则二极管 D_1、D_3 正偏导通,电容 C 充电,由于变压器副边绕组的直流电阻和二极管的正向电阻都很小,所以充电时间常数很小,充电速度很快,即 $u_C=u_2$,见图 7-5 中 u_C 的 ab 段。从 b 点开始,u_2 从峰值开始下降,电容通过负载 R_L 放电,u_C 开始下降,由于电容按指数规律放电,开始时放电速度快,但当 u_2 下降到一定数值后,即从 c 点开始,电容放电速度低于正弦信号 u_2 的下降速度,使 $u_C>u_2$,从而导致 D_1、D_3 反偏而截止。此后,电容继续放电,由于电容容量较大,所以放电时间常数也较大,u_C 按指数规律缓慢下降,见图 7-5 曲线的 cd 段。

在 u_2 的负半周,当 u_2 幅值大于 u_C 时,D_2、D_4 正偏而导通,电容又开始充电,重复上述过程。

由图 7-5 可见,经电容滤波后的输出电压不但变得平滑,而且平均值也有所提高。当 $R_L C=(3\sim5)T/2$ 时,输出的直流电压可近似为

$$U_O \approx 1.2 U_2 \tag{7-5}$$

根据滤波电路的原理可见,只有当电容充电时,二极管才导通,二极管电流 i_D 的波形如图 7-5 所示。每只二极管的导通角都小于 π,而且 $R_L C$ 的值越大,滤波效果越好,二极管导通角越小,这将导致整流二极管在短暂时间内流过一个很大的冲击电流。为此,实际中通常应选用最大整流平均电流 I_F 较大的管子,一般应满足 $I_F \approx (2\sim3)I_O$。另外,当负载 R_L 很小,即负载电流很大时,滤波效果不好;反之,当 R_L 很大,即负载电流很小时,即使 C 很小,$R_L C$ 仍很大,滤波效果也很好。所以,电容滤波电流适合输出电流较小的场合。

7.3.2 其他滤波电路

1. 电感滤波电路

当负载 R_L 很小,即负载电流很大时,可以采用电感滤波电路。在整流电路与负载之间串联一个电感线圈 L,构成电感滤波电路,如图 7-6 所示。

由于电感对频率越高的信号阻抗越大,所以经过电感滤波后,直流分量基本没有损失,但交流分量大部分被滤掉,从而减小了输出电压的纹波,使输出电压变得平滑了。当输出电流变化时,电感产生感生电动势,阻止电流变化,从而使输出电流平滑。电感容量越大,滤波效果越好,所以在实际中一般采用带铁芯的线圈。但由于电感铁芯体积大、笨重,且易引入电磁干扰,所以在小型电子设备中很少使用。

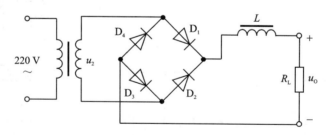

图 7-6 电感滤波电路

2. 复式滤波电路

实际中,如果单独采用电容或电感进行滤波,输出电压波形不理想时,还可采用如图 7-7 所示的复式滤波电路改善滤波效果。

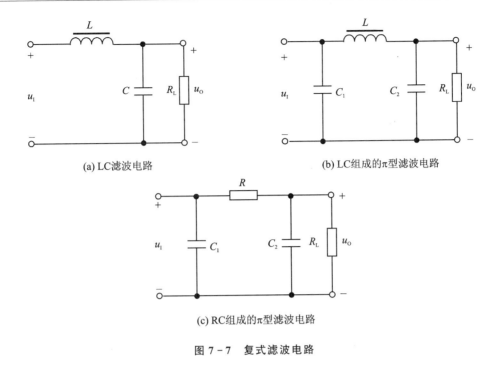

(a) LC滤波电路　　　(b) LC组成的π型滤波电路

(c) RC组成的π型滤波电路

图 7-7　复式滤波电路

7.4　稳压电路

经过整流滤波电路后,虽然将交流电转变为较为平滑的直流电,但是这个直流电压仍然不够稳定,造成整流滤波电路输出电压不稳定的主要因素有两个:一是电网电压有±10%的波动,二是负载的变化。直流电源电压的不稳定不但会产生测量和计算误差,而且还会导致电子电路及设备无法正常工作,所以在整流滤波后,必须采用稳压电路稳压,以便于满足实际需求。

稳压电路分类方式有多种,根据调整元件与负载的连接方式可分为串联型稳压电路和并联型稳压电路;根据调整元件的类型可分为稳压管稳压电路、三极管稳压电路、可控硅稳压电路和集成稳压电路;根据调整元件的工作状态可分为线性稳压电路和开关型稳压电路。

稳压电源的性能主要取决于稳压电路。稳压电路的技术指标包括规格指标和质量指标两种。规格指标用来表示稳压电路的规格,如输入电压、输出直流电压、输出直流电流、输出功率等;质量指标用来描述输出直流电压的稳定程度,即稳压电路性能的高低。

稳压电路的主要质量指标如下:

1) 稳压系数 S_r

稳压系数 S_r 用来表示电网电压波动对输出电压的影响,定义为负载一定时稳压电路输出电压相对变化量与输入电压相对变化量之比,即

$$S_r = \frac{\Delta U_O/U_O}{\Delta U_I/U_I}\bigg|_{R_L=常数} = \frac{U_I}{U_O} \cdot \frac{\Delta U_O}{\Delta U_I}\bigg|_{R_L=常数} \tag{7-6}$$

式中:U_I 为整流滤波后的直流电压。

2) 输出电阻 R_o

用来表示负载电阻变化时对稳压性能的影响,定义为输入电压一定时输出电压变化量与

输出电流变化量之比，即

$$R_o = \left| \frac{\Delta U_O}{\Delta I_O} \right|_{U_I = 常数} \tag{7-7}$$

通常，S_r 和 R_o 越小，说明稳压电路及直流电源的稳压性能越好。

7.4.1 稳压管稳压电路

1. 稳压二极管特性

稳压二极管是一种由硅材料制成的面接触型二极管，简称稳压管，其电路符号及伏安特性如图 7-8 所示。可见，稳压管正向特性与普通二极管相似，当反向电压达到一定数值（U_Z）时稳压管击穿，击穿后曲线很陡，在一定的电流变化范围内（$I_{Zmin} \sim I_{Zmax}$）稳压管端电压基本不变，表现出稳压特性。

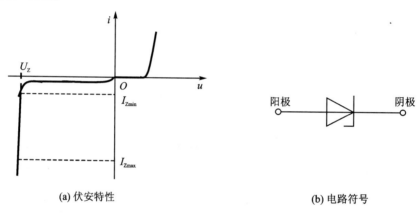

(a) 伏安特性 　　　　　　　　　　(b) 电路符号

图 7-8　稳压管的伏安特性和电路符号

2. 稳压管稳压电路

利用稳压管工作在反向击穿区时的稳压特性，可构成最简单的稳压电路，如图 7-9 所示。由于稳压管反向电流小于 I_{Zmin} 时不能稳压，大于 I_{Zmax} 时又会因功耗过大而损坏，所以必须串接限流电阻 R 来限制电流，以保证稳压管正常工作。

（1）稳压原理

稳压管稳压电路的两个基本关系式为

$$U_I = U_R + U_O \tag{7-8}$$

$$I_R = I_Z + I_L \tag{7-9}$$

当负载不变，电网电压升高时，稳压电路的输入电压 U_I 随之增大，这必然引起输出电压 U_O 增大，因为 $U_O = U_Z$，根据稳压管的伏安特性，U_Z 的增大将导致 I_Z 急剧增大，由式(7-9)可得，I_R 也随着 I_Z 急剧增大，从而使 U_R 急剧增大，由式(7-8)可得，U_R 的增大必将导致输出电压 U_O 减小，使输出电压基本稳定。当电网电压降低时，各量的变化正好相反，同样能够实现 U_O 稳定。

当电网电压不变，负载电阻减小即负载电流 I_L 增大时，根据式(7-9)，必然导致 I_R 增大，U_R 也随之增大，再由式(7-8)可得，U_O 将减小，即 U_Z 减小，根据稳压管的伏安特性可得，I_Z 将急剧减小，从而导致 I_R 减小，输出电压 U_O 增大，补偿了由于负载电阻减小引起的 U_O 的减小，使输出电压基本稳定。同理，当负载电阻增大时也可以保持 U_O 基本稳定。

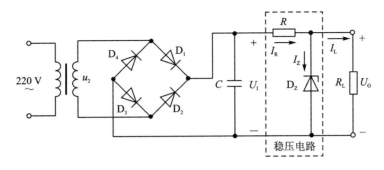

图 7-9 稳压管稳压电路

综上所述,稳压管稳压电路是通过稳压管起到电流调节作用,通过限流电阻 R 上电压或电流的变化进行补偿来实现稳压的。

(2) 电路参数的选择

在设计稳压管稳压电路时,通常已知负载两端的输出电压 U_O,负载电流的最小值 I_{Lmin} 和最大值 I_{Lmax},需要合理选择的稳压电路元件参数及原则有:

1)输入电压 U_I 的选择

按经验,一般取

$$U_I = (2 \sim 3)U_O \quad (7-10)$$

2)稳压管的选择

在稳压管稳压电路中,稳压管的稳压值 U_Z 就是电路所需的输出电压 U_O,同时,由于负载开路时输出电流将全部流过稳压管,所以要选择最大稳定电流 I_{ZM} 大于输出电流 I_L 的稳压管,即

$$U_Z = U_O \quad (7-11)$$

$$I_{Zmax} = (2 \sim 3)I_L \quad (7-12)$$

3)限流电阻 R 的选择

① 当输入电压最低而负载电流最大时,流过稳压管的电流最小,为了保证稳压,这个最小电流必须大于稳压管的最小稳定电流,即

$$\frac{U_{Imin} - U_Z}{R} - I_{Lmax} \geqslant I_{Zmin}$$

可得出限流电阻的上限值为

$$R_{max} = \frac{U_{Imin} - U_Z}{I_{Zmin} + I_{Lmax}} \quad (7-13)$$

② 当输入电压最高而负载电流最小时,流过稳压管的电流最大,为了保证稳压管不被烧坏,这个电流必须小于稳压管的最大稳定电流,即

$$\frac{U_{Imax} - U_Z}{R} - I_{Lmin} \leqslant I_{Zmax}$$

可得出限流电阻的下限值为

$$R_{min} = \frac{U_{Imax} - U_Z}{I_{Zmax} + I_{Lmin}} \quad (7-14)$$

稳压管稳压电路是最简单的稳压电路,使用元件少且容易选择,但是其输出电流较小,输

出电压不能调节,带负载能力差,因此只适用于输出电压固定且负载电流较小的场合。

7.4.2 串联型稳压电路

在稳压管稳压电路的基础上,增加晶体管进行电流放大来增大输出电流,并在电路中引入电压负反馈稳定输出电压,就构成了串联型稳压电路,如图 7-10 所示。其中晶体管 T 称为调整管,因调整管与负载电阻串联,所以得名串联型稳压电路。

电阻 R 和稳压管 D_Z 构成基准电压电路,电阻 R_1、R_2 和 R_3 为输出电压取样环节,其中 R_2 为电位器,改变 R_2 可保证输出电压可调。集成运放构成放大环节,由于运放的开环差模增益很高,所以电路引入了深度电压负反馈,输出电阻趋于零,带负载能力很强,输出电压很稳定。

当电网电压波动或负载电阻变化引起输出电压 U_O 升高时,经过取样电路对 U_O 取样,运放反相输入端电位 U_N 随着 U_O 升高而升高,由于同相输入端电位固定为 U_Z,所以运放的净输入信号减小,从而导致运放输出即调整管的基极电位 U_B 降低,输出电压 U_O 降低,从而保证了 U_O 的稳定,调节过程如下:

$$U_O \uparrow \to U_N \uparrow \to U_B \downarrow \to U_O \downarrow$$

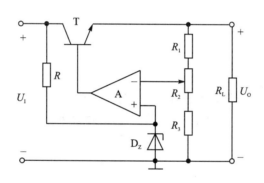

图 7-10 串联型稳压电路

当某种原因引起 U_O 降低时,电路的调节过程如下:

$$U_O \downarrow \to U_N \downarrow \to U_B \uparrow \to U_O \uparrow$$

可见,图 7-10 所示的串联型稳压电路是靠引入深度电压负反馈来稳定输出电压的。

设 A 为理想运放,当 R_2 滑动端在最上端时,输出电压最小,为

$$U_{Omin} = \frac{R_1 + R_2 + R_3}{R_2 + R_3} U_Z \tag{7-15}$$

当 R_2 滑动端在最下端时,输出电压最大,为

$$U_{Omax} = \frac{R_1 + R_2 + R_3}{R_3} U_Z \tag{7-16}$$

在串联型稳压电路中,调整管是核心元件,为使其起到调整作用,必须使它工作在线性放大状态,因此应满足

$$U_I - U_O \geqslant U_{CES} \tag{7-17}$$

同时,调整管安全工作是稳压电路正常运行的关键。通常调整管为大功率管,因而选用原则与功率放大电路中的功放管相同,主要考虑其极限参数 I_{CM}、$U_{(BR)CEO}$ 和 P_{CM}。

7.4.3 集成稳压电路

将串联型稳压电路和必要的保护电路封装在一个芯片上,就构成了集成稳压电路,它一般有 3 个引脚,分别为输入端、输出端和公共端(或调整端),因而也称为三端稳压器。按功能可分为固定式稳压器(如 W7800)和可调式稳压器(如 W317),前者的输出电压为固定值,后者可通过外接元件实现输出电压在一定范围内可调。

1. 三端固定式稳压器

在要求输出电压是固定的标准系列值并且技术性能要求不高的场合,可选择三端固定式集成稳压器,如 W7800 系列(输出电压为固定的正电压)和 W7900 系列(输出电压为固定的负电压)。型号中最后两位数字表示输出电压值,通常有 5 V、6 V、9 V、12 V、15 V、18 V 和 24 V 七种规格。输出电流有 1.5 A(W7800)、0.5 A(W78M00)和 0.1 A(W78L00)三个档次。例如 W7809 表示输出固定电压为 9 V、最大输出电流为 1.5 A,W78M09 表示输出固定电压为 9 V、最大输出电流为 0.5 A,其他类推。

三端固定式稳压器使用简单,且价格低廉,因此应用十分广泛。W7800 的基本应用电路如图 7-11 所示。电容 C_i 的作用是防止输入线较长时的自激振荡,一般容量小于 1 μF。电容 C_o 的作用是减小瞬时增减负载电阻所引起的输出电压的波动,一般也取小于 1 μF 的电容。负载电阻两端的输出电压即为稳压器稳定电压值,若采用 W7805,则 U_o=5 V。利用 W7800 系列和 W7900 系列的三端稳压器可以组成正、负输出两组电源的稳压电路,如图 7-12 所示。二极管 D_1 和 D_2 的作用是保护稳压器。

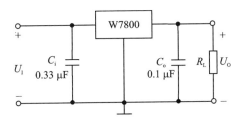

图 7-11 W7800 基本应用电路

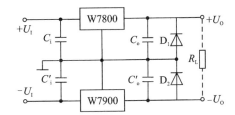

图 7-12 正、负电源输出稳压电路

2. 可调式稳压器

常用的可调式集成稳压器有 W117、W217 和 W317,它们具有相似的内部电路和外部引脚,区别在于工作温度范围不同,W117 为 -55~150 ℃,W217 为 -25~150 ℃,W317 为 0~150 ℃。可调式集成稳压器的输出端和调整端之间为稳定的基准电压 U_{REF}=1.25 V,由 W317 构成的输出电压可调稳压电路如图 7-13 所示。

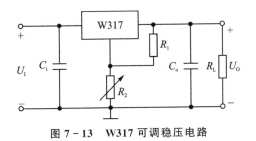

图 7-13 W317 可调稳压电路

由于调整端的电流很小,可以忽略,所以输出电压为

$$U_O = \left(1 + \frac{R_2}{R_1}\right) \times U_{REF} = 1.25\left(1 + \frac{R_2}{R_1}\right) \text{V} \qquad (7-18)$$

7.5 直流稳压电源电路设计实例

7.5.1 设计要求

要求设计一个直流稳压电源电路,输出电压为 5 V,输出电流为 1 A,最大输入电流不超过 2 A。

7.5.2 设计思路

由于直流电源电路由电源变压器、整流电路、滤波电路和稳压电路几部分组成,所以设计思路通常如下:

① 根据输出电压及输出电流,进行稳压电路设计,并通过计算极限参数(电压、电流和功率)选择器件。

② 根据稳压电路所要求的输入电压、输入电流进行整流滤波电路的设计,并确定变压器副边电压有效值、电流有效值和变压器功率。

③ 由电路的最大功耗及工作条件确定稳压器和扩流管的散热措施。

7.5.3 具体设计过程及器件选择

由于输出电流为 1 A,故选用 W78M05 三端集成稳压器,所设计的直流电源电路的基本形式如图 7-14 所示。

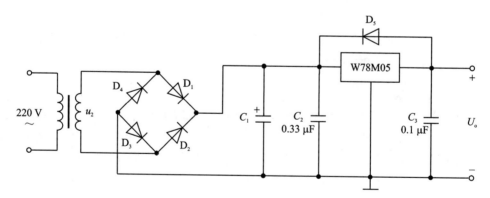

图 7-14 W78M05 设计的直流稳压电源电路

1. 稳压电路最低输入电压 U_{Imin} 的确定

为了保证稳压器能够稳压,要求 $U_I \geqslant U_O + 3$ V,考虑 220 V 的电网电压有 ±10% 的波动,为了保证在电网电压最低时仍能够稳压,应满足 $0.9 U_I \geqslant 8$ V,即 $U_{Imin} = \dfrac{8 \text{ V}}{0.9} \approx 8.89$ V,根据经验可取 $U_{Imin} = 9$ V。

2. 变压器参数的确定

根据稳压电路最低输入电压 $U_{I\min}$，可计算出最小变压器副边电压有效值 $U_{2\min}=\dfrac{U_{I\min}}{1.2}=\dfrac{9\text{ V}}{1.2}\approx 8\text{ V}$，由于最大输入电流不超过 2 A，根据经验，变压器副边电流可取 1.1 A，所以变压器副边功率 $P_2 \geqslant 8\text{ V}\times 1.1\text{ A}\approx 8.8\text{ W}$，根据经验，可取 $P_2=10\text{ W}$。设变压器效率 $\eta=0.7$，则原边功率为 $P_1 \geqslant \dfrac{P_2}{\eta}=\dfrac{10\text{ W}}{0.7}\approx 14.3\text{ W}$，所以可以选择副边电压为 8 V，输出电流为 1.1 A，功率 20 W 的变压器。

3. 整流二极管及滤波电容的确定

整流二极管可选用 1N5401，其极限参数为 $U_{RM}=50\text{ V}$，$I_F=5\text{ A}$。

已知交流电网电压周期为 T，由前述电容滤波电路的原理可知，为了保证较好的滤波效果，滤波电容 C_1 的容量应满足 $R_L C_1=(3\sim 5)T/2$，所以滤波电容 C_1 为

$$C_1=(3\sim 5)\dfrac{T}{2R_L}=(3\sim 5)\dfrac{2\times 10^4}{2}\times \dfrac{1.1}{9}\mu F=(3\,666\sim 6\,111)\mu F$$

根据经验，可选用 4 700 μF/16 V 的电解电容作滤波电容。

注意，图 7-14 中二极管的作用是保护稳压器。

习　　题

7-1 选择题：

(1) 直流稳压电源通常由整流电路、滤波电路和_____组成。

A. 放大电路　　　　　　B. 稳压电路　　　　　　C. 运算电路

(2) 直流稳压电源中整流电路的作用是_____。

A. 将交流信号变为直流信号　　　　　　B. 将正弦波变为方波

C. 将低频信号变为高频信号

(3) 直流稳压电源中滤波电路的作用是_____。

A. 将高频信号变为低频信号　　　　　　B. 将交流信号变为直流信号

C. 滤掉整流后信号中的交流成分

(4) 直流稳压电源中的滤波电路应选用_____。

A. 高通滤波电路　　　　B. 低通滤波电路　　　　C. 带通滤波电路

(5) 串联型稳压电路中的调整管应工作在_____。

A. 放大状态　　　　　　B. 开关状态　　　　　　C. 饱和状态

(6) 串联型稳压电路中，为了稳定输出电压，一般引入_____。

A. 正反馈　　　　　　　B. 电压负反馈　　　　　C. 电流负反馈

(7) 若_____，则说明直流稳压电源的性能越好。

A. 稳压系数越大　　　　B. 输出电阻越大　　　　C. 输出电阻越小

7-2 判断题：

(1) 单相桥式整流电路比半波整流电路的效率要高。(　　　)

(2) 在负载电流很大的情况下，应采用电容滤波电路。(　　　)

(3) 为提高直流电源的效率,可使调整管工作在开关状态。(　　　)
(4) 在稳压管稳压电路中,要保证稳压管的最大稳定电流大于负载电流最大值。(　　　)
(5) 串联型稳压电路中的放大环节放大的是对输出电压的采样电压。(　　　)

7-3 电路如图 7-15 所示,已知变压器副边电压有效值为 $U_2=12$ V,$D_1 \sim D_4$ 为理想二极管,交流电网电压周期为 T,电容容量 C 满足 $R_L C=(3\sim5)T/2$。

(1) 说明二极管 $D_1 \sim D_4$ 的作用;

(2) 开关 S 断开时,求负载两端电压平均值 $U_{O(AV)}$,并画出此时 U_O 的波形;

(3) 开关 S 闭合时,求负载两端电压平均值 $U_{O(AV)}$;

(4) 说明电容 C 的作用;

(5) 开关 S 断开时,若二极管 D_1 脱焊,此时负载两端电压平均值 $U_{O(AV)}$ 为多少? 画出此时 U_O 的波形。

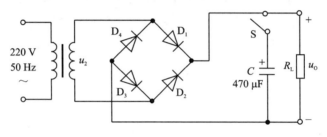

图 7-15　题 7-3 图

7-4 单相桥式整流及电容滤波电路如图 7-16 所示,已知变压器副边电压有效值为 $U_2=15$ V。

(1) 指出电路中的错误并改正;

(2) 当改正后的整流滤波电路正常工作时,求输出电压的平均值 $U_{O(AV)}$;

(3) 当改正后的整流滤波电路正常工作时,求二极管 $D_1 \sim D_4$ 承受的最高反向电压 U_R。

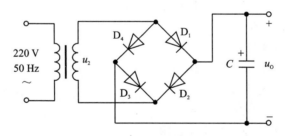

图 7-16　题 7-4 图

7-5 输出电压为 4 V 的稳压管稳压电源电路如图 7-17 所示,找出图中的错误,并改正。

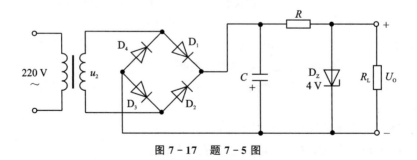

图 7-17　题 7-5 图

7-6 稳压管稳压电路如图 7-18 所示，已知 $U_I = 20$ V，稳压管的稳定电压 $U_Z = 5$ V，最小稳定电流 $I_{Zmin} = 5$ mA，最大稳定电流 $I_{Zmax} = 30$ mA，负载电阻 $R_L = 500$ Ω。试求限流电阻 R 的取值范围。

7-7 稳压管稳压电路如图 7-18 所示，已知 $U_I = 24$ V，稳压管的稳定电压 $U_Z = 9$ V，$R = R_L = 1$ kΩ。

(1) 试求 U_O、I_L、I_R 和 I_Z；

(2) 当负载电阻 R_L 减小为 500 Ω 时，求 U_O、I_L、I_R 和 I_Z。

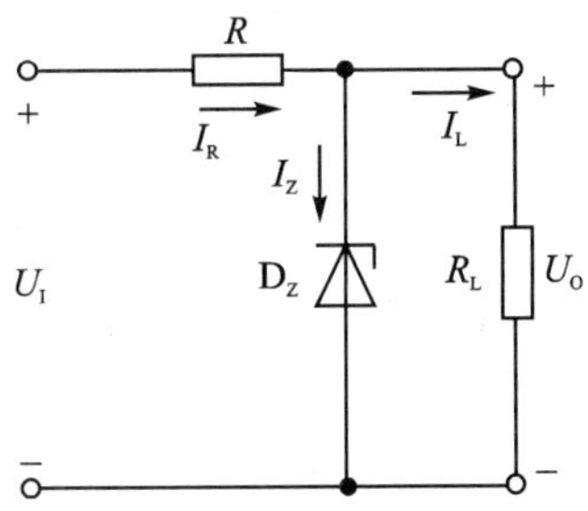

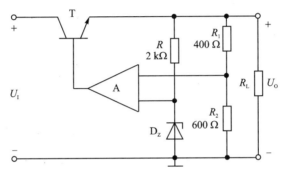

图 7-18 题 7-6 图

7-8 串联型稳压电路如图 7-19 所示，已知稳压管的稳定电压 $U_Z = 6$ V。

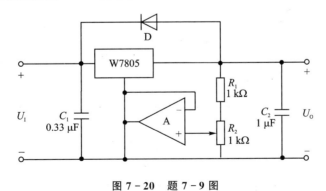

图 7-19 题 7-8 图

(1) 在图 7-19 中标出集成运放的同相输入端和反相输入端；

(2) 求电路的输出电压 U_O；

(3) 说明电路中集成运放的作用；

(4) 为了保证电路能够稳压，输入电压 U_I 的最小值应为多少？

(5) 若已知三极管的 $\beta = 100$，稳压管最小稳定电流 $I_{Zmin} = 100$ mA，集成运放的最大输出电流 $I_{Amax} = 1.5$ mA，试求负载电流的最大值 I_{Lmax}。

7-9 集成稳压电路如图 7-20 所示。

图 7-20 题 7-9 图

(1) 说明电容 C_1、C_2 的作用；

(2) 二极管 D 有什么作用？

(3) 说明电路中集成运放的作用；

(4) 求电路输出电压 U_O 的范围；

(5) 为保证稳压所需的最小输入电压 U_{Imin} 应为多少？

7-10 集成稳压电路如图 7-21 所示，设稳压器公共端静态电流可以忽略，试求电路的输出电压 U_O。

7-11 电路如图 7-22 所示，已知 W217 输入端和输出端的电压允许范围为 3～40 V，输出端和调整端之间的电压 $U_{REF}=1.25$ V。

(1) 求输出电压 U_O 的调节范围；

(2) 求输入电压 U_I 的允许范围。

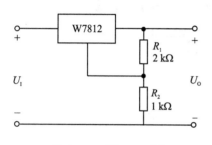

图 7-21 题 7-10 图

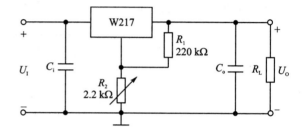

图 7-22 题 7-11 图

7-12 输出电压为 15 V 的直流电源电路如图 7-23 所示，请指出电路中的错误并改正。

7-13 电路如图 7-24 所示，已知 W317 输入端和输出端的电压允许范围为 3～40 V，输出端和调整端之间的电压 $U_{REF}=1.25$ V。

(1) 说明电阻 R_1 的作用；

(2) 求输出电压 U_O；

(3) 求输入电压 U_I 的最小值。

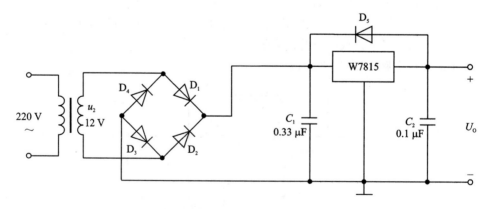

图 7-23 题 7-12 图

7-14 设计题：

合理连接图 7-25 所示的电路，组成 9 V 的直流电源。

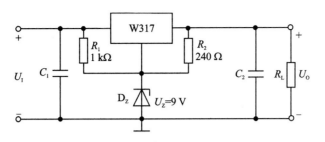

图 7-24 题 7-13 图

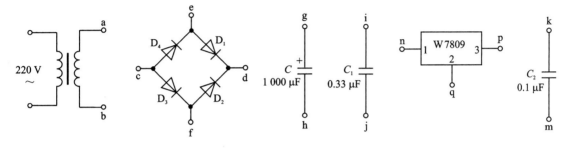

图 7-25 题 7-14 图

附录Ⅰ 半导体分立元件的测试

半导体分立元件主要有半导体二极管、三极管、单结管、可控硅等几种,下面分别进行说明。

一、二极管

半导体二极管也称晶体二极管,简称二极管。二极管具有单向导电性,可用于整流、检波、稳压及混频电路中。

1. 二极管的分类

(1) 按材料分类

二极管按材料可以分为锗管和硅管两大类。两者的性能区别在于锗管的正向压降比硅管小(锗管约为 0.2 V,硅管约为 0.6 V);锗管的反向漏电流比硅管大(锗管约为几百 μA,硅管小于 1 μA);锗管的 PN 结可以承受的温度比硅管低(锗管约为 100 ℃,硅管约为 200 ℃)。

(2) 按用途分类

二极管按用途不同,可以分为普通二极管和特殊二极管。普通二极管包括检波二极管、整流二极管、开关二极管和稳压二极管;特殊二极管包括变容二极管、光电二极管和发光二极管等。

2. 常用的二极管

常用二极管的特性及用途如表Ⅰ-1 所列。

表Ⅰ-1 常用二极管的特性及用途

名 称	原理特性	用 途
整流二极管	多用硅半导体制成,利用 PN 结单向导电性	将交流变成脉动直流,即整流将调制在高频电磁波上的低频信号检测出来
检波二极管	常用点接触式,高频特性好	将调制在高频电磁波上的低频信号检测出来
稳压二极管	利用二极管反向击穿时两端电压不变原理	稳压限幅,过载保护,广泛用于稳压电源装置中
开关二极管	利用加正向偏压时二极管电阻很小,加反向偏压时二极管电阻很大的单向导电性	在电路中对电流进行控制,起到接通或关断的作用
变容二极管	利用 PN 结结电容随加到管子上的反向电压大小而变化的特性	在调谐等电路中取代可变电容
发光二极管	正向电压为 1.5～3 V 时,只要正向电流通过,就可以发光	用于指示,组成数字或符号的数码管
光电二极管	将光信息转换成电信号,有光照时其反向电流随光照强度的增加而正比上升	用于光的测量或进行光转换

3. 二极管的主要参数及命名

反映二极管性能的参数较多,且不同类型的二极管主要参数和种类也不一样,下面以普通二极管为例,介绍几个主要参数。

(1) 最大整流电流 I_F

在正常工作的情况下,二极管允许通过的最大正向平均电流称为最大整流电流 I_F,二极管的平均电流不能超过这个数值。

(2) 最高反向电压 U_{RM}

反向加在二极管两端,而不致引起 PN 结击穿的最大电压称为最高反向电压 U_{RM},工作电压仅为击穿电压的 $\frac{1}{3} \sim \frac{1}{2}$,工作电压的峰值不能超过 U_{RM}。

(3) 最大反向电流 I_{RM}

因载流子的漂移作用,二极管截止时仍有反向电流流过 PN 结,该电流受温度及反向电压的影响。I_{RM} 越小,二极管质量越好。

(4) 最高工作频率

最高工作频率指保证二极管单向导电作用的最高工作频率,若信号频率超过此值,管子和单向导电性将变坏。

(5) 二极管与三极管的型号命名

根据国标 GB 249—1974 规定,半导体二极管的型号由五部分组成:

第一部分:用数字"2"表示二极管,用数字"3"表示三极管;

第二部分:材料和极性,用字母表示;

第三部分:类型,用字母表示;

第四部分:序号,用数字表示;

第五部分:规格.用字母表示。

例 1:2CN1 表示硅材料 N 型阻尼二极管。

例 2:3AX31A 表示 PNP 型锗材料低频小功率三极管,序号为 31,管子规格为 A 挡。

国标 GB 249—1974 的半导体分立元件型号说明如表Ⅰ-2 所列。

表Ⅰ-2 半导体分立元件型号说明

第一部分		第二部分		第三部分		第四部分	第五部分
用数字表示器件的电极数		用字母表示器件的材料和极性		用字母表示器件的类别		用数字表示器件的序号	用字母表示规格号
符号	含义	符号	含义	符号	含义	符号	含义
2	二极管	A	N 型锗材料	P	普通管		
		B	P 型锗材料	V	微波管		
		C	N 型硅材料	W	稳压管		
		D	P 型硅材料	C	参量管		

续表Ⅰ-2

第一部分		第二部分		第三部分		第四部分		第五部分	
用数字表示器件的电极数		用字母表示器件的材料和极性		用字母表示器件的类别		用数字表示器件的序号		用字母表示规格号	
符号	含义	符号	含义	符号	含义	符号	含义	符号	含义
3	三极管	A B C D E	PNP 型锗材料 NPN 型锗材料 PNP 型硅材料 NPN 型硅材料 化合物材料	Z L S N U K X G D A	整流管 整流堆 隧道管 阻尼管 光电器件 开关管 低频小功率管 高频小功率管 低频大功率管 高频大功率管		反映了极限参数、直流参数和交流参数等的差别		反映了承受反向击穿电压的程度,如规格号 A,B,C,D,…其中 A 承受的反向击穿电压最低,B 次之…

4. 二极管的简易测试

(1) 极性的判别方法

常用二极管的外壳上均印有型号和标记,标记箭头所指的方向为阳极。有的二极管外壳上标有一个色点(白色或红色),有色点的一端为阳极;有的二极管有色环,带色环的一端为阴极;还有的带定位标志,判别时,观察者面对管底,由定位标志起,按顺时针方向,引出线依次为正极和负极,如图Ⅰ-1 所示。

(2) 检测方法

1) 单向导电性的检测

用万用表欧姆挡测量二极管的正、反向电阻,有以下几种情况:

① 测得的反向电阻(几百千欧以上)和正向电阻(几千欧以下)的比值在 100 以上,表明二极管性能良好。

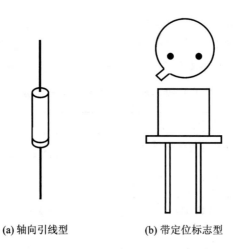

(a) 轴向引线型　　(b) 带定位标志型

图Ⅰ-1　二极管极性判别示意图

② 反、正向电阻之比为几十,甚至几百,表明二极管单向导电性不佳,不宜使用。

③ 正、反向电阻为无限大,表明二极管断路。

④ 正、反向电阻为零,表明二极管短路。

测试时需注意,检测小功率二极管时,应将万用表置于 $R\times 100$ 或 $R\times 1k$ 挡;检测中、大功率二极管时,可将量程置于 $R\times 1$ 或 $R\times 10$ 挡。

2) 二极管极性判断

当二极管外壳标志不清楚时,可以用万用表来判断。将万用表的两只表笔分别接触二极管的两个电极,若测出的电阻约为几十、几百或几千欧时,则黑表笔所接触的电极为二极管的阳极,红表笔所接触的电极是二极管的阴极。若检测出来的电阻约为几十千欧,则黑表笔所接触的电极为二极管的阴极,红笔所接触的电极为二极管的阳极。

5．二极管的选择

(1) 类型选择

按照用途选择二极管的类型:用作检波可以选择点接触式普通二极管;用作整流可以选择面接触型普通二极管或整流二极管;用作光电转换可以选择光电二极管;在开关电路中应使用开关二极管等。

(2) 参数选择

用在电源电路中的整流二极管,通常要考虑两个参数,即 I_R 与 U_R,在选择的时候应适当留有 $\pm 10\%$ 的余量。

(3) 材料选择

二极管选择硅管还是锗管,可以按照以下原则决定:要求正向压降小时选择锗管;要求反向电流小时选择硅管;要求反向电压高、耐高压时选择硅管。

二、三极管

半导体三极管又称晶体三极管,通常简称为晶体管、三极管或双极型晶体管。它是一种电流控制电流的半导体器件,可用来对微弱信号进行放大和作无触点开关。它具有结构牢固、寿命长、体积小、耗电省等优点,故在各个领域广泛应用。

1．三极管的分类

(1) 按材料分类

三极管按材料分可分为硅三极管、锗三极管。

(2) 按导电类型分类

三极管按导电类型可分为 PNP 型和 PNP 型。锗三极管多为 PNP 型,硅三极管多为 PNP 型。

(3) 按用途分类

三极管按工作频率可分为高频($f_T>3$ MHz)、低频($f_T<3$ MHz)和开关三极管;按工作功率可分为大功率($P_{CM}>1$ W)、中功率(P_{CM} 在 $0.5\sim 1$ W 之间)和小功率($P_{CM}<0.5$ W)三极管。

常用三极管的外形如图 I-2 所示,符号如图 I-3 所示。

2．三极管的主要参数

表征三极管特性的参数很多,可分为三类,即直流参数、交流参数和极限参数。其具体包括共发射极电流放大倍数 H_{FE}(或 β)、极间反向饱和电流、特征频率 f_T 和集电极最大允许电流 I_{CM}、集电极最大允许功率损耗 P_{CM} 等参数。

图Ⅰ-2 常用三极管的外形　　　　　图Ⅰ-3 三极管的符号

3. 三极管的型号命名

国产三极管型号由五部分组成。例如,3AG11C表示锗PNP型高频小功率管序号为11,管子的规格号为C。

常用中、小功率晶体三极管的主要技术参数如表Ⅰ-3所列。

表Ⅰ-3 部分常用中、小功率晶体三极管的主要技术参数

型 号	U_{CEO}/V	I_{CM}/A	P_{CM}/A	β	f_T/MHz
2N5401	150	0.6	1	60	100
2N5550	140	0.6	1	60	100
2N5551	160	0.6	1	80	100
2SC945	50	0.1	0.25	90~600	200
2SC1815	50	0.15	0.4	70~700	80
2SC965	20	5	0.75	180~600	150
2N5400	120	0.6	1	40	100
9011	30	0.03	0.4	28~200	370
9012	20	0.5	0.625	64~200	
9013	20	0.5	0.625	64~200	
9014	45	0.1	0.625	60~1 800	270
9015	45	0.1	0.45	60~600	190
9016	20	0.025	0.4	28~200	620
9018	15	0.05	0.4	28~200	1100
8050	25	1.5	1	85~300	110
8550	25	1.5	1	60~300	200

4. 三极管的检测

(1) 放大倍数与极性的识别方法

一般情况下可以根据命名规则从三极管管壳上的符号辨别出它的型号和类型。同时还可以从管壳上的色点的颜色来判断出管子的放大系数β值的大致范围,见表Ⅰ-4。常用色点对β值分挡如下:例如色标为橙色表明该管的β值在25~40之间。但有的厂家并不按此规定,使用时要注意。当从管壳上知道它们的类型号以及β值后,还应进一步判别它们的三个电极。

表Ⅰ-4 部分常用中、小功率晶体三极管的 β 值与色标的对应关系

β	5~15	15~25	25~45	40~55	55~80	80~120	120~180	180~270	270~400	400 以上
色标	棕	红	橙	黄	绿	蓝	紫	灰	白	黑（或无色）

小功率三极管有金属外壳和塑料外壳封装两种。金属外壳封装的三极管如果管壳上带有定位销，那么将管底朝上，从定位销起，按顺时针方向，三个电极依次为 e，b，c；如果管壳上无定位销，且三个电极在半圆内，那么将有三个极的半圆置于上方，按顺时针方向，三个电极依次为 e，b，c，如图Ⅰ-4 (a) 所示。

塑料外壳封装的三极管，面对平面，三个电极置于下方，从左到右，三个电极依次为 e，b，c，如图Ⅰ-4 (b) 所示。

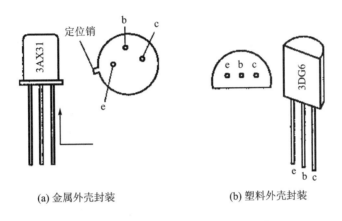

(a) 金属外壳封装　　　　　　(b) 塑料外壳封装

图Ⅰ-4　小功率三极管电极的识别

对于大功率三极管，外形一般分为 F 型和 G 型两种，如图Ⅰ-5 所示。F 型管从外形上只能看到两个电极。将 F 型管管底朝上，两个电极置于左侧，则上为 e，下为 b，底座为 c。G 型管的三个电极一般在管壳的顶部，将管底朝下，三个电极置于左方，从最下电极起，顺时针方向，依次为 e，b，c。

三极管的引脚必须正确确认，否则接入电路中不但不能正常工作，还可能烧坏管子。

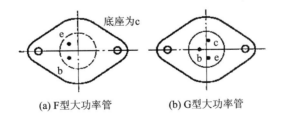

(a) F 型大功率管　　　　　　(b) G 型大功率管

图Ⅰ-5　大功率三极管电极的识别

(2) 三极管的检测方法：应用万用表判别三极管的引脚

1) 判别基极 b 和三极管的类型

将万用表欧姆挡置于 $R \times 100$ 或 $R \times 1k$ 挡，先假设三极管的某极为"基极"，并将黑表笔接

在假设的基极上,再将红表笔先后接到其余两个电极上。如果两次测得的电阻值都很大(或都很小),而对换表笔后测得的两个电阻值都很小(或都很大),则可以确定假设的基极是正确的。如果两次测得的电阻是一大一小,则可肯定所假设的基极是错误的,这时必须重新假设另一电极为"基极",再重复上述的测试。

当基极确定以后,将黑表笔接基极,红表笔分别接其他两极。此时,若测得的电阻值都很小,则该三极管为 NPN 型管;反之,则为 PNP 型管。

2) 判别集电极 c 和发射极 e

以 PNP 型管为例:把黑表笔接到假设的集电极 c 上,红表笔接到假设的发射极 e 上,并且用手握住 b 和 c 极(b 和 c 极不能直接接触),通过人体,相当于在 b、c 之间接入偏置电阻。读出万用表所示 c、e 间的电阻值,然后将红、黑两表笔反接重测,若第一次电阻比第二次小,则说明原假设成立,即黑表笔所接的是集电极 c,红表笔所接的是发射极 e。因为 c、e 间电阻值小,说明通过万用表的电流大,偏置较小,如图Ⅰ-16 所示。

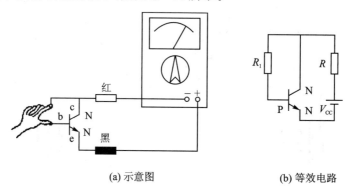

(a) 示意图 (b) 等效电路

图Ⅰ-6 判别三极管 c、e 电极的原理图

(3) 三极管性能简单测试

1) 测量穿透电流 I_{CEO} 的大小

以 PNP 型为例,将基极 b 开路,测量 c、e 极间的电阻。万用表红笔接发射极,黑笔接集电极,若阻值较高(几十千欧以上),则说明穿透电流较小,管子能正常工作。若 c、e 极间电阻小,则穿透电流大,受温度影响大,工作不稳定。在技术指标要求高的电路中不能用这种管子。若测得阻值近似为 0,表明管子已被击穿;若阻值为无穷大,则说明管子内部已断路。

2) 测量电流放大系数 β 的大小

在集电极 c 与基极 b 之间接入 100 kΩ 的电阻 R_b,测量 R_b 接入前后两次发射极和集电极之间的电阻。万用表红表笔接发射极,黑表笔接集电极,电阻值相差越大,说明 β 越大。

一般的万用表具备测 β 值的功能,将晶体管按电极对应插入测试孔中,即可从表头的度盘上直读 β 值。若依此法在已确定基极 b 的条件下来判别发射极和集电极也很容易,保持基极 b 的插孔位置不变,将管子另外两个电极分别插在万用表上标有 c、e 的插孔上,这样 β 将有两次读数,读数大的一次对应管子的两个电极恰好与插孔标号指示一致。

5. 三极管的选择

(1) 类型选择

按用途选择三极管的类型。按电路的工作频率,可分为低频放大和高频放大,选用时应选择相应的低频管或高频管;若要求管子工作在开关状态,应选用开关管。根据集电极电流和耗散功率的大小,可分别选用小功率管或大功率管,一般集电极电流在 0.5 A 以上,集电极耗散功率在 1 W 以上的选用大功率三极管,而集电极电流在 0.1 A 以下的选用小功率管。另外,还可按电路要求选用 PNP 型或 NPN 型管等。

(2) 参数选择

对放大管,通常必须考虑四个参数 β、$U_{(BR)CBO}$、I_{CM} 和 P_{CM}。一般希望 β 大,但并不是越大越好,需根据电路要求选择 β 值。β 值太高,易引起自激振荡,工作稳定性差,受温度影响也大。通常 β 值选在 40～100 之间。β、$U_{(BR)CBO}$、I_{CM} 和 P_{CM} 是三极管极限参数,实际电路的电压、电流、功率值不得超过这些极限参数。

三、 场效应管

场效应晶体管因具有较高输入阻抗和低噪声等优点,被广泛应用于各种电子设备中。尤其用场效应管作为整个电子设备的输入级,可以获得一般晶体三极管很难达到的性能。场效应管分为结型和绝缘栅型两大类,其控制原理类似,都是利用电场效应来控制电流的。

场效应管是电压控制元件,而晶体管是电流控制元件。在只允许从信号源取得较少电流的情况下,应选用场效应管;而在信号电压较低,又允许从信号源索取较多电流的条件下,应选用晶体管。有些场效应管的源极和漏极可以互换使用,栅源电压也可正可负,灵活性比晶体管好。场效应管能在电流很小和电压很低的条件下工作,而且它的制造工艺可以很方便地把很多场效应管集成在一块硅片上,因此场效应管在大规模集成电路中得到了广泛的应用。场效应管的简易测试方法有两种。

1. 电阻法测管子的好坏

电阻法是用万用表测量场效应管栅极与源极、源极与漏极、栅极与漏极之间的电阻值与场效应管手册标明的电阻值是否相符来判断管子的好坏。具体方法:首先将万用表置于 $R\times 10$ 或 $R\times 100$ 挡,测量源极与漏极之间的电阻,正常值应在几十欧到几千欧范围之内,如果测得的阻值大于正常值,则可能是由于内部接触不良;若测得的阻值是无穷大,则可能是内部断路。然后把万用表置于 $R\times 10k$ 挡,再测栅极与源极、栅极与漏极之间的电阻值,若测得的各项电阻值均为无穷大,则说明管子是正常的;若测得的各电阻值太小或为通路,则说明管子已坏。

2. 感应信号法测放大能力

首先测量结型场效应管:将万用表置于 $R\times 100$ 挡,红表笔接源极,黑表笔接漏极,给场效应管加上 1.5 V 的电源电压,此时万用表指示的是漏源极间电阻值。然后用手捏住结型场效应管的栅极,将人体的感应电压信号加到栅极上。这样,由于管子的放大作用,漏源电压和漏极电流都要发生变化,也就是漏源极间电阻发生了变化,由此可以观察到万用表示数有很大的变化。如果手捏栅极而万用表示数变化较小,则说明管子的放大能力较差;若万用表示数不变,则说明管子已坏。

应说明的是:感应信号法对于 MOS 场效应管也适用。但要注意,MOS 场效应管的输入电阻高,栅极允许的感应电压不应过高,所以不要直接用手去捏栅极,必须用手握螺丝刀的绝缘柄,用金属杆去触碰栅极,以防止人体感应电荷直接加到栅极,引起栅极击穿。

注意:每次测量完毕,应把栅源极间短路一下。这是因为栅源结电容上会充有少量电荷,建立起栅源电压,造成再进行测量时表针可能不动,只有将栅源间的电荷短路放掉才行。

四、单结管

单结管又称双基极二极管,由于特殊的内部结构,使单结管具有负阻特性,广泛用于脉冲电路与数字电路中。单结晶体管的结构示意图和符号如图Ⅰ-7所示。它是利用发射极注入的空穴(电子),在基极和发射极之间引起电导率调制,从而产生负阻特性的器件。它的电特性完全不同于通常所说的晶体管,其特性粗看与闸流管相仿。

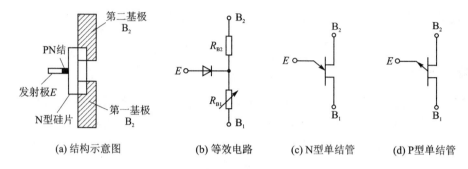

图Ⅰ-7 单结管的内部结构及符号

在一般情况下,B_1 接地,B_2 加正向偏压 V_{BB},由该电压使硅片导电而形成电场,在发射结的 N 区一边产生一个电压,此电压为 V_{BB} 的一部分电压,设为 ηV_{BB}。

当发射极加正电压 V_E 时,如果 $V_E < \eta V_{BB}$,则发射极处于反向偏压状态,只有极小的反向漏电流。当 $V_E > V_D$(V_D 为发射结的正向压降)时,发射结处于正向偏压状态,发射极注入电流。

1. 单结管的主要参数

单结晶体管的参数很多,较重要的直流参数有两个。

(1) 基极电阻 R_{BB}

它是发射极开路时基极 B_1 和基极 B_2 间的电阻,一般为 2~10 kΩ,其阻值还随温度上升而增大。

(2) 分压比 η

它是发射极到第一基极之间的电压和第二基极到第一基极之间的电压之比。它是管子内部结构所决定的一个常数,一般为 0.3~0.8。

常用单结晶体管的主要参数如表Ⅰ-5所列。

表Ⅰ-5 常用单结晶体管的主要参数

型号	分压比 η	基极电阻/kΩ	峰点电流/μA	调制电流/mA	总耗散功率/mW	谷点电流/mA	谷点电压/V
BT31A	0.3~0.55	3~6					
BT31B	0.3~0.55	5~12					
BT31C	0.45~0.75	3~6					
BT31D	0.45~0.75	5~12					
BT31E	0.65~0.9	3~6		5~30	100		
BT31F	0.65~0.9	5~12	≤2			≥1.5	≤3.5
BT32A	0.3~0.55	3~6		8~35	250		

续表 I-5

型 号	分压比 η	基极电阻/kΩ	峰点电流/μA	调制电流/mA	总耗散功率/mW	谷点电流/mA	谷点电压/V
BT32B	0.3~0.55	5~12					
BT32C	0.45~0.75	3~6					
BT32D	0.45~0.75	5~12					
BT32E	0.65~0.9	3~6					
BT32F	0.65~0.9	5~12					
BT33A	0.3~0.55	3~6					
BT33B	0.3~0.55	5~12		8~40	400		
BT33C	0.45~0.75	3~6					
BT33D	0.45~0.75	5~12					
BT33E	0.65~0.9	3~6	≤2	8~40	400	≥1.5	≤3.5

2. 单结管的简易测试

(1) 判定发射极 e

将万用表电阻挡置于 $R\times 1k$ 挡,用两表笔测得任意两个电极间的正、反向电阻均相等 (2~10 kΩ)时,这两个电极即为 B_1 和 B_2,余下的一个电极为发射极。

(2) 区分第一基极 B_1 和第二基极 B_2

将黑表笔接 E 极,用红表笔依次去接触另外两个电极,分别测得正向电阻值。由于管子构造上的原因,第二基极 B_2 靠近 PN 结,所以发射极 E 与 B_2 间的正向电阻应比 E 与 B_1 间的正向电阻小一些。它们的数量级应在几 kΩ 到十几 kΩ 范围内。因此,当按上述接法测得的阻值较小时,其红表笔所接的电极即为 B_2,当测得的阻值较大时,红表笔所接的电极为 B_1。

五、晶闸管

1. 晶闸管的结构与工作原理

晶闸管是在硅二极管基础上发展起来的一种大功率半导体器件,它是"晶体闸流管"的简称(以前称为"可控硅"),具有 PNPN 四层半导体结构。晶闸管有三个电极,分别为阳极(A)、阴极(K)、控制极(G),其外形及电路符号如图 I-8 所示。晶闸管主要有螺栓型、平板型、塑封型和三极管型,通过的电流可为几安到几千安。

晶闸管的工作原理可以通过下面的实验电路加以说明。如图 I-9 所示,接好电源,阴极与阳极间加正向电压,即阳极接电源 E_1 的正极,阴极接电源 E_1 的负极,控制极接电源的正极,这时 S 为断开状态,灯泡不亮,说明晶闸管不导通。将 S 闭合,即给控制极加上正电压,这时灯泡亮了,说明晶闸管处于导通状态。晶闸管导通后,将 S 断开,去掉控制极上的电压,会发现灯泡仍然亮着。说明晶闸管一旦导通后,控制极就失去了控制作用。

如果给阴极与阳极间加反向电压,如图 I-9(b)所示,即阳极接 E_1 的负极,阴极接 E_1 的正极。这时给控制极加电压,灯泡不亮,说明晶闸管不导通。如果将 E_2 极性对调,即控制极加反向电压,如图 I-9(c)所示,则阳极与阴极间无论加正向电压还是反向电压,晶闸管都不导通。

以上说明，晶闸管导通必须具备两个条件：一是晶闸管阴极与阳极间必须加正向电压；二是控制极也要接正向电压。另外，晶闸管一旦导通后，即使降低控制极电压或去掉控制极电压，晶闸管仍然导通。

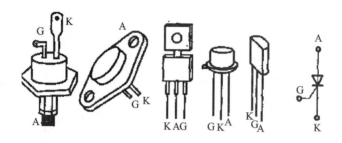

图 Ⅰ-8　晶闸管外形及其电路符号

如图 Ⅰ-9（d）所示，当改变 R_P 的触点位置时，可使灯泡的亮度逐渐降低，直到完全熄灭。当灯泡熄灭后，不论如何改变 R_P 触点的位置，灯泡都不会再亮，这说明了晶闸管已不再导通。此实验进一步表明：当晶闸管导通后控制极就不起控制作用了，此时要使晶闸管再度处于关断状态，就要降低晶闸管阳极电压或通态的电流。

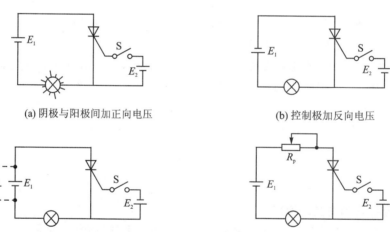

图 Ⅰ-9　晶闸管工作原理

晶闸管的控制极电压、电流一般是比较低的，电压只有几伏，电流只有几十至几百毫安，但被控制的器件中可以通过很大的电压和电流，电压可达几千伏、电流可达千安以上。因为晶闸管是一个可控的单向导电开关，它能以弱电去控制强电的各种电路。利用晶闸管的这种特点，可将它用于整流、调速、交直流变换、开关和调光等自动控制电路。同时晶闸管还有控制特性好、反应快、寿命长、体积小和质量轻等优点。

2. 晶闸管的主要参数

（1）正向阻断峰值电压

正向阻断峰值电压指在控制极断路和晶闸管正向阻断的条件下，可以重复加在晶闸管两端的正向峰值，此电压规定为正向转折电压的 80%。平常所说的多少伏晶闸管就是针对这个参数而言的。其中晶闸管的正向转折电压是指额定结温为100及控制极为开路的条件下,在其阳极与阴极之间加正弦半波正向电压,使其由关断状态转变为导通状态时所对应的峰值电压。

(2) 反向阻断值电压

反向阻断值电压是指在控制极断路时,可以重复加在晶闸管元件上的反向峰值电压,此电压规定为反向击穿电压的80%。

(3) 额定正向平均电流

在环境温度不大于40 ℃时,标准散热条件下,可以连续通过50 Hz正弦半波电流的平均值,称为额定正向平均电流。

(4) 维持电流

在控制极断路时,维持器件继续导通的最小正向电流,称为维持电流。

(5) 控制极触发电流

阳极与阴极之间加6 V直流电压时,使晶闸管完全导通所必需的最小控制极电流,称为控制极触发电流。

(6) 控制极触发电压

从阻断转变成导通状态时控制极上所加的最小直流电压,称为控制极触发电压。

3. 晶闸管的简易测试

晶闸管的类型很多,且用途不同。双向晶闸管主要用于交流控制电路,例如灯光的控制、温度的调整等。快速晶闸管,主要用在频率较高的条件下,例如激光电源、电脉冲加工电源的电路。可关断晶闸管,它能弥补晶闸管一旦导通后,控制极失去控制作用的不足,能很方便地控制通和断,例如用它作无触点开关等。它们的型号有3CT001、3CT010、3CT00103等,几种3CT系列的晶闸管参数见表Ⅰ-6。

表Ⅰ-6 几种3CT系列的晶闸管参数

参 数	型 号				
	3CT1	3CT3	3CT5	3CT10	3CT20
额定正向平均电流/A	1	3	5	10	20
正向阻断峰值电压/V	30～3 000	30～3 000	30～3 000	30～3 000	30～3 000
反向阻断值电压/V	30～3 000	30～3 000	30～3 000	30～3 000	30～3 000
维持电流/mA	20	40	40	60	60
控制极触发电压/V	2.5	3.5	3.5	3.5	3.5
控制极电流/mA	20	50	50	70	70
控制极最大允许正向电压/V	10	10	10	10	10

(1) 晶闸管极性的判断

晶闸管的电极有的可从外形封装上加以判别,如外壳就为阳极,阴极引线比控制极引线长。从外形无法判断的晶闸管,可用万用表进行判别。将万用表拨至$R \times 1k$或$R \times 100$挡,分别测量各脚间的正反向电阻。如测得某两脚之间的电阻较大(80 kΩ左右),再将两表笔对调,重测这两脚之间的电阻。若阻值较小(2 kΩ左右),这时黑表笔所接触的引脚为控制极G,红表笔所接触的引脚为阴极 K，当然剩余的一个引脚就为阳极 A。在测量中如正反向阻值都很大，则应更换引脚位置重新测量，直到出现上述的情况为止。

(2) 晶闸管质量好坏的判别

晶闸管质量好坏的判别可以从四个方面进行。第一是三个极应完好；第二是当阴极与阳极间电压反向连接时能够阻断，不导通；第三是当控制极开路时，阴极与阳极间的电压正向连接时也不导通；第四是给控制极加正向电流，给阴极与阳极加正向电压时，晶闸管应当导通，把控制极电流去掉，仍处于导通状态。

用万用表的欧姆挡测量晶闸管的极间电阻，就可对前三个方面的好坏进行判断。具体方法是用 $R\times 1k$ 或 $R\times 10k$ 挡测阴极与阳极之间的正反向电阻(控制极不接电压)，这两个阻值均应很大。电阻值越大，表明正反向漏电电流越小。如果测得的阻值很低，或接近于无穷大，则说明晶闸管已经击穿短路或已经开路，晶闸管就不能使用了。

用 $R\times 1k$ 或 $R\times 10k$ 挡，测量阳极与控制极之间的电阻，电阻值很小表明晶闸管已经损坏。

用 $R\times 1k$ 或 $R\times 10k$ 挡，测量控制极与阴极之间的 PN 结的正反向电阻，如出现正向阻值接近于零值或为无穷大，则表明控制极与阴极之间的 PN 结已经损坏。反向阻值应很大，但不能为无穷大。正常情况是反向阻值明显大于正向阻值。

晶闸管是否具有可控特性，仅通过电流的测量是不能确定的，而应通过下面的实验电路加以判断。首先按图Ⅰ-10接好电路。电源为直流 6 V，电阻都为 47 Ω，电流表量程大于100 mA。先不闭合开关 S，此时电流正常值应很小，若电流表指示数很大，表明管子已坏。当合上开关 S 时，电流表读数在几十毫安以上为正常，若此时电流很小，或电流表示数几乎为零，则说明晶闸管已坏。最后将开关 S 打开，这时电流表的指示数应与打开前一样，说明晶闸管是好的。如打开开关 S 后，电流表指示值降为零，则说明晶闸管没有维持导通的功能。

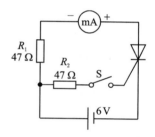

图Ⅰ-10 可控硅可控特性测试实验电路

4. 晶闸管的选择

(1) 晶闸管的选择标准

选择晶闸管时，元件的正向、反向额定电压应为实际电压最大值的 1.5～2 倍以上；而晶闸管的电流容量的选择则必须考虑多种因素，如导电角的大小、工作频率的高低、散热器的大小、冷却方式和环境温度等，因此必须综合考虑、合理选用。

(2) 晶闸管的散热与冷却

晶闸管必须使用产品规定的散热器(一般为螺旋型散热器或平板型散热器)及采用规定的冷却方式(如自然冷却、强迫风冷或强迫水冷)。

(3) 过流保护措施

由于晶闸管过载时极易损坏，因此使用时必须采取过流保护措施。常用的方法如下：

1) 装设过流继电器及快速开关

由于继电器及开关动作需要一定时间，故短路电流较大时并不是很有效，但在大功率设备上,为了整个设备的安全仍是必需的。

2) 在输入侧或与元件串联设置快速熔断器

快速熔断器的电流定额必须由回路电流的有效值而不是平均值来选择。

(4) 使用晶闸管必须采用过压保护措施

1) 采用硒堆保护

因硒整流元件具有较陡的反向非线性特性,当加在硒堆上的反向电压稍微超过转折电压后,其电阻迅速减小,而且可以通过较大的电流,把过电压的能量消耗在硒堆的非线性电阻上,即在硒堆上的反向电压超过转折电压不多时就能达到吸收过电压的目的。硒片的片数可按每片承受有效值电压 18~20 V 来决定。

2) 采用阻容吸收电路

即采用电阻和电容串联后,再与晶闸管并联。阻容元件的选择如表Ⅰ-7所列。

表Ⅰ-7 阻容元件的选择

元件容量/A	5	10	20	50	100	200	500
电容量/mF	0.05	0.1	0.15	0.2	0.25	0.5	1
电阻值/Ω	5~50						

附录Ⅱ 常用电子元器件的识别

任何电子电路都是由电子元器件组成的。常用的电子元器件有电阻器、电容器、电感器(包括电感线圈和变压器)、开关、接插件、继电器、各种半导体器件(如二极管、三极管、集成电路等),以及电声、电光等各种传感器件。要正确地选择和使用这些器件,就必须了解和掌握它们的性能、结构及其主要参数等相关知识。

一、电阻器

1. 电阻器的基本概念和作用

当打开收音机、录音机或电视机时,可以看到很多的电子元器件。其中为数最多的就是一种有引出线的仿圆柱形小棒,它们当中细的如火柴梗,粗的如小鞭炮,这就是组成电子电路的主要元件之一电阻器,简称电阻。

电阻(resistance),它反映了物质限制电流通过的一种性质,是导体的一种基本性质。电阻的大小与导体的尺寸、材料、温度有关。根据欧姆定律 $I=U/R$,可知 $R=U/I$,电阻的基本单位是欧,用希腊字母"Ω"表示。有这样的定义:当在电阻的两端加上 1 V 电压,流过电阻的电流为 1 A 时,称这个电阻的阻值为 1 Ω。表示电阻阻值的常用单位有 Ω(欧),还有 kΩ(千欧)、MΩ(兆欧)。电阻在电路中通常用"R"加数字表示,如:R_{15} 表示编号为 15 的电阻。电阻在电路中的主要作用为分流、限流、分压、偏置、滤波(与电容器组合使用)和阻抗匹配等。

2. 电阻器的种类

电阻器的种类很多,通常分为三大类:固定电阻器、可变电阻器和特种电阻器。在电子产品中,以固定电阻器应用最多。固定电阻一般简称为电阻,以其制造材料又可分为很多种,但常用、常见的有 RT 型碳膜电阻、RJ 型金属膜电阻、RX 型线绕电阻,还有近年来开始广泛应用的片状电阻。型号命名的规律:R 代表电阻,T 代表碳膜,J 代表金属,X 代表线绕,是拼音的第一个字母。在老式电子产品中,常可以看到外表涂覆绿漆的电阻,这就是 RT 型的;而红颜色的电阻,是 RJ 型的。

电阻器当然也有功率之分。常见的有 1/20 W、1/8 W、1/4 W、1/2 W、1 W、2 W、4 W、5 W 等19 个等级。实际应用的有 1/8 W、1/4 W、1/2 W、1 W、2 W。线绕电阻应用较多的是 2 W、3 W、5 W、10 W 等。

当然在一些微型产品中,会用到微型片状电阻,它是贴片元件家族的一员,以前多见于进口微型产品中,现在电子爱好者也可以买到,用来做小型的电子产品。

3. 电阻器的主要技术参数

电阻的单位为 Ω(欧),倍率单位有:kΩ(千欧)、MΩ(兆欧)等。换算方法是:1 MΩ = 1 000 kΩ = 1 000 000 Ω。电阻的参数标注方法有 3 种,即数标法、色环标法和直标法。

(1) 数标法

数标法主要用于贴片等小体积的电路,如:472 表示 47×10^2 Ω(即 4.7 kΩ);104 则表示 10×10^4 Ω = 100 kΩ。

(2) 色环标注法

色环标注法使用最多,如 4 色环电阻和 5 色环电阻(精密电阻)等。"色环电阻"顾名思义,就是在电阻器上用不同颜色的环来表示电阻的规格。有的是用 4 个色环表示,有的是用 5 个色环表示,这是有区别的。4 环电阻,一般是碳膜电阻,用 3 个色环来表示阻值,用 1 个色环表示误差。5 环电阻一般是金属膜电阻,用 4 个色环表示阻值,另一个色环表示误差,这主要是为了更好地表示精度。电阻的色标位置和倍率关系如表Ⅱ-1所列。

表Ⅱ-1 电阻的色标位置和倍率关系

颜 色	有效数字	倍 率	允许偏差/%
银色	—	10^{-2}	±10
金色	—	10^{-1}	±5
黑色	0	10^{0}	—
棕色	1	10^{1}	±1
红色	2	10^{2}	±2
橙色	3	10^{3}	—
黄色	4	10^{4}	—
绿色	5	10^{5}	±0.5
蓝色	6	10^{6}	±0.2
紫色	7	10^{7}	±0.1
灰色	8	10^{8}	—
白色	9	10^{9}	$+5 \sim -20$
无色	—	—	±20

色环电阻的规则是最后一圈代表误差。对于 4 环电阻,前 2 环代表有效值,第 3 环代表乘以的次方数。面对一个色环电阻,找出金色或银色的一端,并将它朝下,从头开始读色环。例如第 1 环是棕色的,第 2 环是黑色的,第 3 环是红色的,第 4 环是金色的,那么它的电阻值是 10,第 3 环是添零的个数,这个电阻添 2 个零,所以它的实际阻值是 1 000 Ω,即 1 kΩ。

4. 可变电阻

可变电阻又称为电位器,电子设备上的音量电位器就是个可变电阻。但是一般认为电位器都是可以手动调节的,而可变电阻一般都较小,装在电路板上不经常调节。可变电阻有三个引脚,其中两个引脚之间的电阻值固定,并将该电阻值称为这个可变电阻的阻值;第三个引脚与任两个引脚间的电阻值可以随着轴臂的旋转而改变,这样可以调节电路中的电压或电流,达到调节的效果。电阻、电位器、带开关的音量电位器如图Ⅱ-1所示。

5. 特种电阻

光敏电阻:是一种电阻值随外界光照强弱(明暗)变化而变化的元件,光越强阻值越小,光越弱阻值越大。如果把光敏电阻的两个引脚接在万用表的表笔上,用万用表的 $R \times 1k$ 挡测量在不同光照下光敏电阻的阻值,发现将光敏电阻从较暗的抽屉里移到阳光下或灯光下,万用表的读数将会发生变化。在完全黑暗处,光敏电阻的阻值可达几兆欧以上(万用表指示电阻为无穷大,即指针不动),而在较强光线下,阻值可降到几千欧甚至一千欧以下。利用这一特性,光敏电阻可以制作各种光控的小电路。实际上,街边的路灯大多是用光控开关自动控制的,其中一个重要的元器件就是光敏电阻(或者是光敏三极管,即一种功能相似的带放大作用的半导体元件)。光敏电阻是在陶瓷基座上沉积一层硫化镉(CdS)膜后制成的,实际上也是一种半导体元件。楼道的声控灯在白天不会点亮,也是因为光敏电阻在起作用。另外还可以利用光敏电阻制作电子报晓鸡,清晨天亮时喔喔叫。

  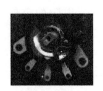

(a) 电　阻　　　　　(b) 电位器　　　　(c) 带开关的音量电位器

图Ⅱ-1　各种电阻实物图

热敏电阻:是一个特殊的半导体器件,它的电阻值随着其表面温度的高低变化而变化。热敏电阻原来是为了使电子设备在不同的环境温度下正常工作而使用的,叫作温度补偿。新型的计算机主板利用热敏电阻为CPU提供了测温、超温报警功能。

6. 电阻简单测试

测量电阻器的方法很多,可以用电阻电桥测量,或用数字万用表直接测量,也可以根据欧姆定律 $R=U/I$,通过测量流过电阻器的电流 I 和电阻器两端的电压 U 来间接测量电阻值。

当测量精度要求较高时,通常采用电阻电桥来测量。电阻电桥有单臂电桥(惠斯登电桥)和双臂电桥(凯尔文电桥)两种,这里不进行介绍。

当测量精度要求不高时,可以直接利用万用表来测量电阻。现在以数字万用表为例,首先将万用表的功能选择开关置欧姆挡,将被测电阻接在两表笔之间,这时屏幕上将显示电阻的阻值。测量时应根据实际电阻的大小调整挡位。应特别注意的是,在测量电阻时不能在电路中进行测量,应将电阻从电路中断开一脚,同时不能用双手同时握住电阻或表笔,因为这样会使人体的电阻与被测电阻并联在一起。

二、电容器

在我们周围的物质世界中,大家都能看到许多容器,如粮仓、油桶、杯子等。在无线电设备中,有一种与众不同的容器,即在它的内部可储存电荷,称为电容器。

电容器是电子制作中主要的元器件之一,电子制作中需要用到各种各样的电容器,它们在电路中分别起着不同的作用。与电阻器相似,电容器通常简称为电容,用字母 C 表示。顾名思义,电容器就是"储存电荷的容器"。尽管电容器品种繁多,但它们的基本结构和原理是相同的。两片相距很近的金属中间被某物质(固体、气体或液体)所隔开,就构成了电容器。两片金属称为极板,中间的物质叫作介质。电容器也分为容量固定的与容量可变的。但常见的是固定容量的电容,最多见的是电解电容和瓷片电容。

1. 电容器的作用

电容的特性主要是隔直流通交流。电容是由两片紧靠的金属膜,中间用绝缘材料隔开而组成的元件。在电子线路中,电容用来通过交流而阻隔直流,也用来存储和释放电荷以充当滤波器,平滑输出脉动信号。小容量的电容,通常在高频电路中使用,如收音机、发射机和振荡器。大容量的电容往往用于滤波和存储电荷。此外,它还有一个特点,一般 1 μF 以上的电容均为电解电容,而 1 μF 以下的电容多为瓷片电容,当然也有其他的,比如独石电容、涤纶电容、小容量的云母电容等。铝电解电容是有极性的电容器,它的正极板用铝箔,将其浸在电解液中进行氧化处理后,便会在铝箔表面上生成一层氧化膜,这层氧化膜便是正、负极板间的绝缘介质。铝电解电容器的负极板是由电解质构成的,与其他电容器不同,它们在电路中的极性不能接错,而其他电容则没有极性。

把电容器的两个电极分别接在电源的正、负极上,过一会儿即使把电源断开,两个引脚间仍然会有残留电压,称电容器储存了电荷。电容器极板间建立起电压,积蓄起电能,这个过程称为电容器的充电,充好电的电容器两端有一定的电压。电容器储存的电荷向电路释放的过程,称为电容器的放电。举一个现实生活中的例子,我们看到市售的整流电源在拔下插头后,上面的发光二极管还会继续亮一会儿,然后逐渐熄灭,就是因为里面的电容事先存储了电能,然后释放。当然这个电容原本是用作滤波的。滤波电容越大,输出的电压波形越接近直流,而且大电容的储能作用,使得突发的大信号到来时,电路有足够的能量转换为强劲有力的音频输出。这时,大电容的作用有点像水库,使得原来汹涌的水流平滑地输出,还可以保证下游大量用水时的供应。

电子电路中,只有在电容器充电过程中,才有电流流过,充电过程结束后,电容器是不能通过直流电的,它在电路中起着"隔直流"的作用。电路中,电容器常被用作耦合、旁路、滤波等,这都是利用它"通交流,隔直流"的特性。那么交流电为什么能够通过电容器呢?这是由交流电的特点决定的。交流电不仅方向往复交变,而且它的大小也在按规律变化。电容器接在交流电源上,电容器连续地充电、放电,电路中就会流过与交流电变化规律一致的充电电流和放电电流。

电容容量的大小就是表示能储存电能的大小,电容对交流信号的阻碍作用称为容抗,它与交流信号的频率和电容量有关。容抗 $X_C = \dfrac{1}{\omega C} = \dfrac{1}{2\pi f C}$($f$ 表示交流信号的频率,C 表示电容容量)。

2. 电容器的分类

电容器的种类很多,按其结构来分,有固定电容器、可变电容器、微调电容器。电容器的电性能和用途在很大程度上取决于所用的电介质,按电介质分类有:电解电容、瓷片电容、纸介电容、油质电容、薄膜电容、贴片电、独石电容、钽电容和涤纶电容等。各种电容外形如图Ⅱ-2所示。

电解电容　　　　瓷片电容　　　　独石电容　　　　可变电容

图Ⅱ-2　各种电容外形

3. 电容器的主要技术参数

(1) 电容在电路中的表示方法

电容在电路中一般用"C"加数字表示(如 C_{25} 表示编号为 25 的电容)。

(2) 识别方法

电容的识别方法与电阻的识别方法基本相同,分直标法、色标法和数标法 3 种。电容的基本单位用 F(法)表示,其他单位还有:mF(毫法)、μF(微法)、nF(纳法)、pF(皮法)。其中:$1\text{ F}=10^3\text{ mF}=10^6\text{ μF}=10^9\text{ nF}=10^{12}\text{ pF}$。容量大的电容其容量值在电容上直接标明,如 10 μF/16 V。容量小的电容其容量值在电容上用字母表示或数字表示。

字母表示法:1 mF=1 000 μF,1P2=1.2 pF,1 nF=1 000 pF。数字表示法:一般用三位数字表示容量大小,前两位表示有效数字,第三位数字是倍率。如:102 表示 10×10^2 pF=1 000 pF,224 表示 22×10^4 pF=0.22 μF。

(3) 电容容量误差

电容容量误差如表 Ⅱ-2 所列。

表 Ⅱ-2 电容容量误差

符 号	F	G	J	K	L	M
允许误差/%	±1	±2	±5	±10	±15	±20

例如:一瓷片电容为 104J 表示容量为 0.1 μF、误差为±5%。

(4) 故障特点

在实际维修中,电容器的故障主要表现为:

① 引脚腐蚀致断的开路故障;

② 脱焊和虚焊的开路故障;

③ 漏液后造成容量小或开路故障;

④ 漏电、严重漏电和击穿故障。

(5) 耐压问题

电容器的选用涉及很多问题,首先是耐压的问题。加在一个电容器两端的电压超过了它的额定电压,电容器就会被击穿损坏。一般电解电容的耐压分为 6.3 V、10 V、16 V、25 V、50 V 等。

三、 电感器

电感器是指电感线圈和各种变压器,能在电路中产生电磁转换的作用,是电子电路中重要的元件之一。它和电阻、电容、三极管等元件进行适当组合,能构成放大器、振荡器等功能电路。

电感器和电容器一样,也是一种储能元件,它能把电能转变为磁场能,并在磁场中储存能量。电感器用符号 L 表示,它的基本单位是 H(亨),常用 mH(毫亨)。它经常和电容器一起使用,构成 LC 滤波器、LC 振荡器等。另外,人们还利用电感的特性,制造了阻流圈、变压器、继电器等。电感在电路中常用"L"加数字表示,如 L_6 表示编号为 6 的电感。

电感线圈是将绝缘的导线在绝缘的骨架上绕一定的圈数制成的。直流可通过线圈,直流电阻就是导线本身的电阻,压降很小;当交流信号通过线圈时,线圈两端将会产生自感电动势,自感电动势的方向与外加电压的方向相反,阻碍交流的通过,所以电感的特性是通直流阻交流,频率越高,线圈阻抗越大。

电感一般有直标法和色标法,色标法与电阻类似。如:棕、黑、金、金表示 1 μH(误差 5%)的电感。电感的基本单位为 H(亨) 换算单位有:1 H = 10^3 mH = 10^6 μH。

电感器的特性恰好与电容的特性相反,它具有阻止交流电通过而让直流电通过的特性。小小的收音机上就有不少电感线圈,几乎都是用漆包线绕成的空心线圈或在骨架磁芯、铁芯上绕制而成的,有天线线圈(它是用漆包线在磁棒上绕制而成的)、中频变压器(俗称中周)、输入/输出变压器等。

变压器:是由铁芯和绕在绝缘骨架上的铜线线圈构成的。绝缘铜线绕在塑料骨架上,每个骨架需绕制输入和输出两组线圈。线圈中间用绝缘纸隔离。绕好后将许多铁芯薄片插在塑料骨架的中间。这样就能够使线圈的电感量显著增大。变压器利用电磁感应原理从它的一个绕组向另一个绕组传输电能量。变压器在电路中具有重要的功能:耦合交流信号而阻隔直流信号,并可以改变输入/输出的电压比;利用变压器使电路两端的阻抗得到良好匹配,以获得最大限度的传送信号功率。

电力变压器就是把高压电变成民用市电,而许多电器都是使用低压直流电源工作的,需要用电源变压器把 220 V 交流市电变换成低压交流电,再通过二极管整流,电容器滤波,形成直流电供电器工作。电视机显像管需要上万伏的电压来工作,是由"行输出变压器"供给的。

当然,电源变压器也有不少缺点,例如功率与体积成正比、笨重、效率低等,现在正在被新型的"电子变压器"所取代。电子变压器一般是"开关电源",计算机工作需要的几组电压就是开关电源供给的,彩电、显示器中更是无一例外地使用了开关电源。

继电器:就是电子机械开关,其外形如图Ⅱ-3所示。它是用漆包铜线在一个圆铁芯上绕几百圈至几千圈,当线圈中流过电流时,圆铁芯产生了磁场,把圆铁芯上边的带有接触片的铁板吸住,使之断开第一个触点而接通第二个开关触点。当线圈断电时,铁芯失去磁性,由于接触铜片的弹性作用,使铁板离开铁芯,恢复与第一个触点的接通。因此,可以用很小的电流去控制其他电路的开关。整个继电器由塑料或有机玻璃防尘罩保护着,有的还是全密封的,以防触电氧化。

图Ⅱ-3 继电器外形

四、电声器件

简单地说,电声器件是把电信号变成声信号或把声信号变成电信号的器件。也可以说它能将电能和声能互相转换,故常称电声器件为"换能器"。常见的电声器件有扬声器、耳机和驻极体话筒等。

扬声器俗称喇叭,它是收音机、录音机、音响设备中的重要部件。常见的扬声器有动圈式、舌簧式、压电式等好几种,但最常用的是动圈式扬声器(又称电动式)。而动圈式扬声器又分为内磁式和外磁式,因为外磁式便宜,所以外磁式使用较多。当音频电流通过音圈时,音圈产生随音频电流而变化的磁场,在永久磁铁的磁场中时而吸引时而排斥,带动纸盆振动发出声音。

扬声器在电路图中的符号很形象。音响用的扬声器大多要求大功率、高保真。为完美再现声响,扬声器又被分为专用的低音、中音、高音,以各司其职。低音扬声器的纸盆不再由单一的材料构成,出现了布边、尼龙边和橡皮边等扬声器,使纸盆更有弹性,低音更加丰富。号筒式扬声器、球顶高音扬声器使高音更加清晰。另外还有一种全频扬声器,它将高、低音扬声器做在了一起。

扬声器上一般都标有标称功率和标称阻抗值,例如 0.25 W 8 Ω。一般认为若扬声器的口径大,则标称功率也大。在使用时,输入功率最好不要超过标称功率太多,以防损坏。万用表电阻挡测试扬声器,若有咯咯声发出则说明基本上能用;测出的电阻值是直流电阻值,比标称阻抗值要小,是正常现象。

还有一种压电陶瓷片,也是一种发声元件,它利用压电效应工作,既可以作发声元件又可以作接收声音的元件。而且它很便宜,生日卡上的发声元件就是它。压电陶瓷片是在圆形铜底板上涂覆了一层厚约 1 mm 的压电陶瓷,再在陶瓷表面沉积一层涂银层,涂银层和铜底板就是它的两个电极。压电陶瓷有一个奇妙的特性——压电效应,即如果将它弯曲,它的表面就会出现异种电荷,如反向弯曲,电荷的极性也会相反。奇妙的是如果在压电陶瓷片的两个电极上施加一定的电压,它就会发生弯曲,当电压方向改变时,弯曲的方向也随之改变。

利用压电效应,有了一种声—电,电—声转换的两用器件,可以当话筒用,对压电陶瓷片讲话,使它受到声波的振动而发生前后弯曲(当然人的眼睛分辨不出这种弯曲),在压电陶瓷片的两电极就会有音频电压输出。相反地,把一定的音频电压加在压电陶瓷片的两极,由于音频电压的极性和大小不断变化,压电陶瓷片就会产生相应的弯曲运动,推动空气形成声音,这时候,它又成了喇叭。

压电陶瓷片作为一种电子元件,在新买来的时候,是不带引线的,需要自己焊接。一般采用多股软线,先剥头搪锡,焊接时要求速度快,焊点小,否则容易损坏压电陶瓷片娇嫩的镀银层。

在对讲机、小闹钟里广泛应用的讯响器是电磁式的。

话筒有电容式的、动圈式的,等等,常用的卡拉 OK 话筒一般都是动圈式的。其实它是动圈式扬声器的反应用。电子制作中常用的话筒是驻极体电容话筒,价格很低(约 1 元一个),音质也不算差,体积很小。

五、二极管

二极管应该算是半导体器件家族中的元老了。很久以前,人们热衷于装配一种矿石收音机来收听无线电广播,这种矿石后来就被做成了晶体二极管。二极管最明显的性质就是它的单向导电特性,就是说电流只能从一边过去,却不能从另一边过来(从正极流向负极)。用万用表来对常见的 1N4001 型硅整流二极管进行测量,红表笔接二极管的正极,黑表笔接二极管的负极时,表针会动,说明它能够导电;然后将黑表笔接二极管正极,红表笔接二极管负极,这时万用表的表针根本不动或者只偏转一点点,说明导电不良。

晶体二极管在电路中常用"D"加数字表示,如 D_5 表示编号为 5 的二极管。它主要有玻璃封装、塑料封装和金属封装等几种。二极管有两个电极,分为正、负两极,一般把极性标示在二极管的外壳上。大多数是用一个不同颜色的环来表示负极,有的直接标上"—"号。大功率二极管多采用金属封装,并且有个螺帽以便固定在散热器上。利用二极管单向导电的特性,常用二极管作整流器,把交流电变为直流电,即只让交流电的正半周(或负半周)通过,再用电容器滤波形成平滑的直流。事实上好多电器的电源部分都是这样的。二极管也用来作检波器,把高频信号中的有用信号"检出来",老式收音机中会有一个"检波二极管",一般用 2AP9 型锗管。

二极管的类型很多,对于电子制作来说,常常用到以下的二极管:用于稳压的稳压二极管,用于数字电路的开关二极管,用于调谐的变容二极管,以及光电二极管等,最常见的是发光二极管,其外形如图 II-4 所示。

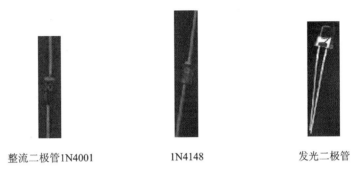

整流二极管1N4001　　　　　1N4148　　　　　发光二极管

图 II-4　各种二极管的外形

1. 发光二极管

发光二极管在日常生活电器中无处不在,它能够发光,有红色、绿色和黄色等,有直径 3 mm、5 mm 和 2 mm×5 mm 长方形的。与普通二极管一样,发光二极管也是由半导体材料制成的,也具有单向导电的性质,即只有接对极性才能发光。发光二极管符号比一般二极管多了两个箭头,示意能够发光。通常发光二极管用来作电路工作状态的指示,它比小灯泡的耗电低得多,而且寿命也长得多。用发光二极管,还可以构成电子显示屏,证券交易所的显示屏就是由发光二极管点阵构成的。因为各种色彩都是由红绿蓝构成的,而蓝色发光二极管在以前还未大量生产出来,所以一般的电子显示屏都不能显示出真彩色。

发光二极管的发光颜色一般和它本身的颜色相同,但是近年来出现了透明色的发光管,它能发出红黄绿等颜色的光,只有通电了才能知道。辨别发光二极管正负极的方法有实验法和目测法。实验法就是通电看能不能发光,若不能发光则是极性接错或是发光管损坏。

注意,发光二极管是一种电流型器件,虽然在它的两端直接接上 3 V 的电压后能够发光,但容易损坏,在实际使用中一定要串接限流电阻,工作电流根据型号不同一般为 1~30 mA。另外,由于发光二极管的导通电压一般为 1.7 V 以上,所以一节 1.5 V 的电池不能点亮发光二极管。同样,一般万用表的 $R×1$ 挡到 $R×1k$ 挡均不能测试发光二极管,而 $R×10k$ 挡由于使用 15 V 的电池,能把被测的发光管点亮。用眼睛来观察发光二极管,可以发现内部的两个电极一大一小。一般来说,电极较小、个头较矮的一个是发光二极管的正极,电极较大的一个是它的负极。若是新买来的发光管,则引脚较长的一个是正极。

2. 稳压二极管

稳压二极管在电路中常用"D_Z"加数字表示,如:D_{Z5} 表示编号为 5 的稳压管。

(1) 稳压二极管的稳压原理

稳压二极管的特点就是击穿后,其两端的电压基本保持不变。这样,当把稳压管接入电路以后,若由于电源电压发生波动,或其他原因造成电路中各点电压变动时,则负载两端的电压将基本保持不变。

(2) 故障特点

稳压二极管的故障主要表现在开路、短路和稳压值不稳定。在这三种故障中,前一种故障表现为电源电压升高;后两种故障表现为电源电压变低到 0 V 或输出不稳定。

常用稳压二极管的型号及稳压值如表Ⅱ-3 所列。

表Ⅱ-3 常用稳压二极管的型号及稳压值

型 号	1N4728	1N4729	1N4730	1N4732	1N4733	1N4734	1N4735	1N4744
稳压值/V	3.3	3.6	3.9	4.7	5.1	5.6	6.2	15

3. 变容二极管

变容二极管是根据普通二极管内部"PN 结"的结电容能随外加反向电压的变化而变化这一原理专门设计出来的一种特殊二极管。变容二极管主要用于手机或座机的高频调制电路中,实现低频信号调制到高频信号上,并发射出去。在工作状态,变容二极管调制电压一般加到负极上,使变容二极管的内部结电容容量随调制电压的变化而变化。

变容二极管发生故障,主要表现为漏电或性能变差:

(1) 发生漏电现象时,高频调制电路将不工作或调制性能变差。

(2) 变容性能变差时,高频调制电路的工作不稳定,使调制后的高频信号发送到对方被对方接收后产生失真。出现上述情况之一时,就应该更换同型号的变容二极管。

4. 使用二极管的注意事项

(1) 识别方法:二极管的识别很简单,小功率二极管的 N 极(负极),在二极管外大多采用一种色圈标出来,有些二极管也用二极管专用符号来表示 P 极(正极)或 N 极(负极),也有采用符号标志为"P"、"N"来确定二极管极性的。发光二极管的正负极可从引脚长短来识别,长脚为正,短脚为负。

(2) 测试注意事项:用数字式万用表测二极管时,红表笔接二极管的正极,黑表笔接二极管的负极,此时测得的阻值才是二极管的正向导通阻值,这与指针式万用表的表笔接法刚好相反。

(3) 常用的 1N4000 系列二极管耐压比较如表Ⅱ-4 所列。

表Ⅱ-4 1N4000 系列二极管耐压比较

型 号	1N4001	1N4002	1N4003	1N4004	1N4005	1N4006	1N4007
耐压/V	50	100	200	400	600	800	1000
电流/A	1	1	1	1	1	1	1

六、三极管

半导体三极管也称为晶体三极管,可以说它是电子电路中最重要的器件。它最主要的功能是电流放大和开关作用。三极管顾名思义具有三个电极。二极管是由一个 PN 结构成的,而三极管是由两个 PN 结构成的,共用的一个电极称为三极管的基极(用字母 b 表示),其他的两个电极称为集电极(用字母 c 表示)和发射极(用字母 e 表示)。

三极管型号不同用途也不同。三极管大都是塑料封装或金属封装,大的很大,小的很小。

三极管的电路符号有两种:有一个箭头的电极是发射极,箭头朝外的是 NPN 型三极管,而箭头朝内的是 PNP 型。实际上箭头所指的方向是电流的方向。NPN 型和 PNP 型两种类型的三极管从工作特性上可互相弥补,OTL 电路中的对管就是由 PNP 型和 NPN 型配对使用的。电话机中常用的 PNP 型三极管有:A92、9015 等型号;NPN 型三极管有:A42、9014、9018、9013、9012 等型号。晶体三极管在电路中常用"VT"加数字表示,如 VT_{17} 表示编号为 17 的三极管。

三极管最基本的作用是放大作用,它可以把微弱的电信号变成一定强度的信号,当然这种转换仍然遵循能量守恒,它只是把电源的能量转换成信号的能量罢了。三极管有一个重要参数就是电流放大系数 β。当三极管的基极上加一个微小的电流时,在集电极上可以得到一个是注入电流 β 倍的电流,即集电极电流。集电极电流随基极电流的变化而变化,并且基极电流的很小变化可以引起集电极电流很大的变化,这就是三极管的放大作用。

三极管还可以作电子开关,配合其他元件还可以构成振荡器。

七、 模拟集成电路

集成电路是一种采用特殊工艺,将晶体管、电阻、电容等元件集成在硅基片上而形成的具有一定功能的器件,英文缩写为 IC,也俗称芯片。集成电路是 20 世纪 60 年代出现的,当时只集成了十几个元器件。后来集成度越来越高,有几百甚至上万个器件。集成电路根据不同的功能用途分为模拟和数字两大派别,而具体功能更是数不胜数,其应用遍及人类生活的方方面面。集成电路根据内部的集成度分为大规模、中规模、小规模三类。其封装又有许多形式以"双列直插"和"单列直插"最为常见。消费类电子产品一般采用软封装的 IC,精密产品一般采用贴片封装的 IC 等。对于 CMOS 型 IC,要特别注意防止静电击穿 IC,最好不要用未接地的电烙铁焊接。使用 IC 还要注意其参数,如工作电压、散热等。数字 IC 多用+5 V 的工作电压,模拟 IC 工作电压各异。

集成电路有各种型号,其命名也有一定规律,一般是由前缀、数字编号、后缀组成。前缀表示集成电路的生产厂家及类别,后缀一般用来表示集成电路的封装形式、版本代号等。常用的集成电路如小功率音频放大器 LM386 就因为后缀不同而有许多种。LM386N 是美国国家半导体公司的产品,LM 代表线性电路,N 代表塑料双列直插。

集成电路型号众多,随着技术的发展,又涌现出许多功能更强、集成度更高的集成电路,为电子产品的生产制作带来了方便。在设计制作时,若没有专用的集成电路可以应用,则应该尽量选用应用广泛的通用集成电路,同时还要考虑集成电路的价格和制作的复杂度。集成电路的外形如图 Ⅱ-5 所示。

模拟集成电路被广泛地应用在各种视听设备中。收录机、电视机、音响设备等,即使冠上了"数码设备"的好名声,却也离不开模拟集成电路。实际上,模拟集成电路在应用上比数字集成电路复杂。对于模拟集成电路的参数、在线各引脚电压,都是应该关注的,实际中往往要凭借这些来判断电路故障。

可以采用集成电路组装收音机、音响放大器。AM 中波收音机,通常用 CIC7642、TA7641 集成块。FM 调频收音机,通常用 TDA7010、TDA7021、TDA7088、CXA1019(CXA1191)、CXA1238 等。这些集成块也是收音机厂商所采用的经典 IC。CIC7642 的外形像一个 9013 三极管,仅三个引脚,工作于 1.5 V 下,其内部集成了多三极管,用于组装直放式收音机,而且极易成功,其兼容型号为 MK484、YS414,许多进口的微型收音机、电子表收音机都用它。

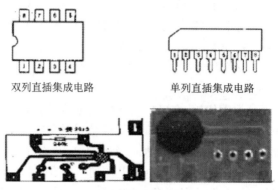

图Ⅱ-5 各种集成电路的外形

TA7641P 组装出来的收音机为超外差式,性能好,但是因为有中周,制作调试都有点复杂。CXA1019 是索尼公司生产的,CXA1191 是它的改进型号,它们被称为单片 AM/FM 收音集成电路,因为一片 IC 包含了高频放大、本振到中频放大、低频(音频)放大的所有功能。CXA1238 是 AM/FM 立体声收音集成电路,它不包括音频放大器,但有立体声解码功能,通常用于 WALKMAN 收放机等。此外,还有 TDA2822、LM386 等的小功率音频放大器,在电池供电的产品中作功放,用它们也可作有源音箱,廉价的有源音箱就用它们。

八、 三端稳压 IC

电子产品中常见到的三端稳压集成电路有正电压输出的 78×× 系列和负电压输出的 79×× 系列。顾名思义,三端 IC 是指这种稳压用的集成电路只有三个引脚输出,分别是输入端、接地端和输出端。它的样子像是普通的三极管,TO-220 的标准封装,也有 9013 样子的 TO-92 封装。

用 78/79 系列三端稳压 IC 组成稳压电源所需的外围元件极少,电路内部还有过流、过热及调整管的保护电路,使用起来可靠、方便,而且价格低廉。该系列集成稳压 IC 型号中的 78 或 79 后面的数字代表该三端集成稳压电路的输出电压,如 7806 表示输出电压为 +6 V,7909 表示输出电压为 -9 V。78/79 系列三端稳压 IC 有很多电子厂家生产,20 世纪 80 年代就有了,通常前缀为生产厂家的代号,如 TA7805 是东芝的产品,AN7909 是松下的产品。有时在数字 78 或 79 后面还有一个 M 或 L,如 78M12 或 79L24,用来区别输出电流和封装形式等,其中 78L 系列的最大输出电流为 100 mA,78M 系列的最大输出电流为 1 A,78 系列的最大输出电流为 1.5 A。塑料封装的稳压电路具有安装容易、价格低廉等优点,因此用得比较多。79 系列除了输出电压为负,引脚排列不同以外,命名方法、外形等均与 78 系列的相同。

因为三端固定集成稳压电路使用方便,可以用来改装分立元件的稳压电源,所以也经常用作电子设备的工作电源。注意三端集成稳压电路的输入、输出和接地端绝不能接错,否则容易烧坏。一般三端集成稳压电路的最小输入、输出电压差约为 2 V,否则不能输出稳定的电压,一般应使电压差保持在 3~5 V,即经变压器变压,二极管整流,电容器滤波后的电压应比稳压值高一些。在实际应用中,应在三端集成稳压电路上安装足够大的散热器(当然小功率的条件下不用)。当稳压管温度过高时,稳压性能将变差,甚至损坏。当制作中需要一个能输出 1.5 A 以上电流的稳压电源时,通常采用几块三端稳压电路并联起来,使其最大输出电流为 N 个 1.5 A,但应用时需注意:并联使用的集成稳压电路应采用同一厂家、同一批号的产品,以保证参数的一致。另外在输出电流上留有一定的余量,以避免个别集成稳压电路失效时导致其他电路的连锁烧毁。

九、电池

电池的历史非常悠久,世界上最古老的电池起源于约 2000 年前,这个被叫作"巴格达"的电池,还保存在伊拉克首都的博物馆内。电池有两个常用的参数,分别为电压和容量。电压主要取决于正负极的材料。一般的干电池,电压均为 1.5 V,而充电电池的电压为 1.2 V。容量就是容纳多少电量,用放电电流和放电时间的乘积表示。例如容量为 500 mA·h 的电池,是指该电池用 500 mA 的电流放电,能使用 1 小时。显然,如果用 250 mA 的电流放电,就能使用 2 小时,以此类推。

常用电池有锰干电池、碱性电池、镍镉电池、叠层电池、纽扣电池等。锰锌干电池,标称电压 1.5 V,便宜,但是连续放电性差,不适合大电流放电,而且不能充电,只适用于一些小电流的电子电路。锰干电池有一个奇怪的特性,间歇放电的时间和比连续放电的时间要长,这是一个使用普通干电池的诀窍。

碱性电池,标称电压也是 1.5 V,其电解液是水溶氢氧化钾溶液,容量大,能大电流放电,各方面特性均优于锰干电池。在实际中,越是需要大电流的电路,碱性电池越能发挥作用。

大多数的碱性电池外壳上,标有"不准充电"的中文或是英文,但事实上,碱性电池是可以充电的,最多可以充电几十次。只是对碱性电池只能采取小电流充电的方法,以 50 mA 的充电电流为宜,而大多数的充电器的充电电流都比较大,结果使电池内的液体流出,腐蚀电器。LR20 代表一号碱性电池,LR6 代表五号。

许多计算器上都使用了太阳能硅光电池,有光照的时候给纽扣电池充电。太阳能电池有长方形片状的,也有晶体管状扁圆形的,一般每片能产生 0.5 V 的电压,需多片串联以提高电压,多组并联以增大输出电流。它一般都和纽扣电池并联,以随时把电能存储起来,再向小负载供电。

日本早在 20 世纪 90 年代初就禁止在本土生产镍镉电池了,以保护他们的环境。现在提倡用镍氢电池,容量大,又没有记忆效应,而且环保。

十、特殊器件

1. 特殊电阻

力敏电阻:通常电子秤中就有力敏电阻,常用的压力传感器有金属应变片和半导体力敏电阻。力敏电阻一般以桥式连接,受力后就破坏了电桥的平衡,使之输出电信号。

气敏电阻:有一种煤气泄漏报警器,在瓦斯泄漏后会报警,甚至启动脱排油烟机通风。这种报警器内就装置了一种气敏电阻。这种半导体在表面吸收了某种自身敏感的气体之后会发生反应,使自身的电阻值改变。它一般有四个电极,两个为加热电极,另两个为测量电极。气敏电阻根据型号对不同的气体敏感,有的是对汽油,有的是对一氧化碳,有的是对酒精敏感。

湿敏电阻:湿敏电阻对环境湿度敏感,它吸收环境中的水分,直接把湿度变成电阻值的变化。

压敏电阻：压敏电阻用作电路的过压保护。将压敏电阻和电路并联，其两端电压正常时电阻值很大，不起作用。一旦超过保护电压，它的电阻值迅速变小，使电流尽量从自己身流过（很有牺牲精神），从而保护了电路。

2．霍尔器件

霍尔器件几乎是每台录像机都使用的器件，另外在各种精密的工业设备中也有它的身影。它主要用来检测磁力，而且基本上都是以"集成霍尔传感器"的形式出现。用高灵敏的霍尔器件还可以制作电子罗盘。

3．数码管

许多电子产品上都有跳动的数码来指示电器的工作状态，其实数码管显示的数码均是由七个发光二极管构成的，每段上加上合适的电压，该段就点亮。为方便连接，数码管分为共阳型和共阴型，共阳型就是七个发光管的正极都连在一起，作为一条引线。

4．干簧管

干簧管是一种磁敏的特殊开关。它的两个触点由特殊材料制成，被封装在真空的玻璃管里。只要用磁铁接近它，干簧管的两个节点就会吸合在一起，使电路导通。因此它可以作为传感器使用，用于计数、限位等。有一种自行车公里计，就是在轮胎上粘上磁铁，并在一旁固定上干簧管所构成。干簧管装在门上，可作为开门时的报警、问候等。在"断线报警器"的制作中，也会用到干簧管。

索　引

BTL 功率放大电路	68	多路电流源	97
OCL 电路	63	二极管的等效电路	11
OTL 功率放大电路	67	二极管的伏安特性	9
PN 结的单向导电性	8	二极管的使用	13
PN 结的电容特性	9	二阶低通有源滤波电路	144
PWM 调制电路	167	反馈放大电路的方框图	117
RC 正弦波振荡电路	155	反相比例运算电路	136
半导体二极管	6	反相加法运算电路	138
半导体三极管的型号	19	方波产生电路	156
饱和失真	34	放大倍数	2
本征半导体	5	非线性失真系数	4
比例电流源	97	分立元件放大电路设计实例	51
变压器耦合	49	分压式偏置电路	44
差动放大电路	98	峰值检测电路	165
场效应管的低频小信号等效模型	45	负反馈对放大电路性能的影响	125
场效应管的型号	28	负反馈放大电路的设计实例	131
场效应管与晶体三极管的比较	28	复合管及准互补 OCL 电路	66
乘法运算电路	142	复式滤波电路	176
程控增益电路	165	高通滤波电路	145
串联型稳压电路	180	各种场效应管的比较	27
窗口比较器	153	功率放大电路设计实例	74
带通滤波电路和带阻滤波电路	146	共基极放大电路	42
单相桥式整流电路	174	共集电极放大电路	41
电感滤波电路	176	共漏放大电路	46
电流并联负反馈	121	共射放大电路的频率响应	84
电流串联负反馈	120	共源放大电路	45
电容滤波电路	175	光电耦合	50
电压并联负反馈	121	过零比较器	152
电压串联负反馈	120	互补功率放大电路	62
电压反馈与电流反馈的判断	119	积分运算电路	140
电压跟随器	138	集成功率放大电路	69
对数运算电路	141	集成稳压电路	180
多级放大电路的分析	50	集成运放的使用	107
多级放大电路的频率响应	89	集成运放的组成框图	96

集成运放电路举例	105	同相比例运算电路	138
集成运算放大器的电压传输特性	110	同相加法运算电路	139
甲类放大电路	61	微变等效电路法	36
甲乙类功率放大电路	62	微电流源	97
减法运算电路	139	微分运算电路	140
交流负载线	32	稳压管稳压电路	178
结型场效应管	20	无源 RC 电路的频率响应分析	80
截止失真	33	一阶低通有源滤波电路	143
镜像电流源	96	仪用放大电路	165
矩形波产生电路	156	乙类功率放大电路	61
绝对值检测电路	166	有无反馈的判断	118
绝缘栅场效应管	24	有源负载放大电路	98
理想运算放大器	111	杂质半导体	6
摩托车尾灯闪烁电路	165	正、负反馈的判断	118
频率响应的基本概念	79	直接耦合	47
频率响应分析与设计举例	91	直接耦合共射放大电路	29
任意电平比较器	152	直接耦合共射放大电路的静态工作点	31
三极管的电流放大作用	14	直流电源方框图	173
三极管的电流分配关系	15	直流反馈与交流反馈的判断	118
三极管的共射 h 参数等效模型	34	直流负载线	32
三极管的混合 π 模型	83	指数运算电路	141
三极管的结构	13	滞回比较器	152
三极管的特性曲线	16	自给偏压电路	44
三角波产生电路	157	自激振荡	129
三种组态的比较	43	阻容耦合	48
深度负反馈的实质	122	阻容耦合共射放大电路	29
深度负反馈放大电路电压放大倍数的计算	123	阻容耦合共射放大电路的静态工作点	31
输出电阻	3	最常用的静态工作点稳定电路	38
输入电阻	3	最大不失真输出电压	4
双通道功率放大电路	69	最大输出功率和效率	4
通频带	3		

参考文献

[1] 童诗白,华成英.模拟电子技术基础[M].4版.北京:高等教育出版社,2006.
[2] 孙肖子,张企民.模拟电子技术基础[M].西安:西安电子科技大学出版社,2001.
[3] 陆秀令,韩清涛.模拟电子技术[M].北京:北京大学出版社,2008.
[4] 黑田彻.晶体管电路设计与制作[M].北京:科学出版社,2006.
[5] 劳五一,劳佳.模拟电子技术[M].北京:清华大学出版社,2015.
[6] 韩春光,等.模拟电子技术与实践[M].北京:电子工业出版社,2009.
[7] 康华光.电子技术基础模拟部分[M].4版.北京:高等教育出版社,2004.
[8] 谢嘉奎.电子线路[M].4版.北京:高等教育出版社,1999.
[9] 陈大钦.电子技术基础模拟部分教师手册[M].北京:高等教育出版社,2000.
[10] 高吉祥.模拟电子[M].北京:电子工业出版社,2004.
[11] 池保勇.模拟集成电路与系统[M].北京:清华大学出版社,2009.
[12] 王卫东.现代模拟集成电路原理及应用[M].北京:电子工业出版社,2008.
[13] 高吉祥,等.电子技术基础实验与课程设计[M].北京:电子工业出版社,2010.
[14] 梁宗善.新型集成电路的应用[M].武汉:华中理工大学出版社,1998.
[15] 路而.虚拟电子实验室[M].北京:人民邮电出版社,2001.
[16] 马建国.电子系统设计[M].北京:高等教育出版社,2004.
[17] 约翰斯,马丁.模拟集成电路设计[M].北京:机械工业出版社,2005.
[18] 王昊,李昕.集成运放应用电路设计360例[M].北京:电子工业出版社,2007.